DIANGONG DIANZI GONGCHENG SHIXUN

电工电子
工程实训

吕翔　房卓娅　主编

江苏大学出版社
JIANGSU UNIVERSITY PRESS

镇　江

图书在版编目(CIP)数据

电工电子工程实训 / 吕翔,房卓娅主编. -- 镇江 : 江苏大学出版社,2024.7(2025.1 重印). -- ISBN 978-7-5684-2199-7

Ⅰ. TM;TN

中国国家版本馆 CIP 数据核字第 2024GA0285 号

电工电子工程实训

Diangong Dianzi Gongcheng Shixun

主 编/	吕 翔 房卓娅	
责任编辑/	吴春娥	
出版发行/	江苏大学出版社	
地 址/	江苏省镇江市京口区学府路 301 号(邮编:212013)	
电 话/	0511-84446464(传真)	
网 址/	http://press.ujs.edu.cn	
排 版/	镇江文苑制版印刷有限责任公司	
印 刷/	镇江文苑制版印刷有限责任公司	
开 本/	787 mm×1 092 mm 1/16	
印 张/	17	
字 数/	372 千字	
版 次/	2024 年 7 月第 1 版	
印 次/	2025 年 1 月第 2 次印刷	
书 号/	ISBN 978-7-5684-2199-7	
定 价/	42.00 元	

如有印装质量问题请与本社营销部联系(电话:0511-84440882)

前　言

在当今的高等教育体系中，实践与创新能力的培养被赋予了前所未有的重要性。"电工电子实训"作为工科专业教育体系中的核心实践课程，其地位日益凸显。本书精心设计了一系列实训项目，旨在搭建一座桥梁，连通理论知识与工程实践，引导学生深入电工电子技术的广阔天地，将课堂所学转化为解决实际问题的能力，进而激发学生的创新思维，提升其工程素养。

一、课程定位与特色

"电工电子实训"课程凭借其丰富的知识点、广泛的应用领域及高度的实践性，成为连接理论与实践的关键纽带。本书紧跟技术发展的步伐，紧密结合电工电子领域的最新动态与实际应用，力求在夯实学生基础理论的同时，拓宽其视野，培养其解决实际问题的综合能力。我们期望学生学习本书后，不仅能够掌握电工电子的基本技能，而且能学会如何灵活运用这些技能去应对复杂多变的工程挑战，为未来在科技创新领域的探索与发展奠定坚实的基础。

二、内容架构与模块设计

本书结构清晰，分为三篇，每篇围绕特定的实训主题展开，既独立成章又相互关联，共同构建起一个完整的电工电子实训体系。

第一篇为电工实训，聚焦电工技术的核心领域，通过"安全用电与触电急救""常用电气控制线路的安装训练"及"智能家居系统安装与调试"三个模块的学习，使学生掌握安全用电的基本规范，熟悉电气控制线路的设计与安装流程，并初步接触智能家居这一前沿技术，培养安全意识与实践操作能力。本篇强调安全为先，将安全教育与实训操作紧密结合，确保学生在实践中树立正确的安全意识。

第二篇为电子实训，深入探索电子技术的奥秘，涵盖"常用仪器仪表使用与电子元器件识别""电子元器件的焊接工艺""表面贴装技术""印制电路板设计与制作工艺""电子产品的装配及调试工艺"五个模块。从基础工具的使用到高级工艺的实践，每一步都力求让学生亲自动手，体验电子产品的制作全过程。本篇注重培养学生的动手能力、工艺意识和团队协作精神，为其未来的电子设计工作奠定坚实的基础。

第三篇为综合实训与创新制作。作为本书的亮点，本篇通过"基于 OpenMV 的扫码识别""基于 STM32 的循迹避障小车""基于 Arduino 的蓝牙控制小车""Bittle 仿生四足开源机器狗""三相异步电动机正转、反转的 PLC 控制"五个创新项目,将电工电子技术与现代科技应用深度融合。这些项目不仅具有高度的实用性和趣味性,还能激发学生的创新思维和探索欲望。本篇注重鼓励学生动手实践和创新,在解决问题的过程中不断挑战自我、超越自我。

三、教学理念与方法

在本书编撰过程中,我们始终秉持"以学生为中心,以能力为本位"的教学理念,注重培养学生的自学能力、探索精神和知识应用能力。采用项目式教学法,以实训项目为载体,重构知识体系,将知识点融入具体项目中,让学生在"做中学、学中做"的过程中掌握知识、提升技能。同时,我们注重融入思政元素,强化育人目标,通过二维码链接展示电气行业的先进事迹和科学家精神,培养学生的职业素养和家国情怀。

四、致谢与展望

本书由江苏大学基础工程训练中心组织编写,由吕翔、房卓娅共同担任主编,张新星、倪寅坤、胡旭、朱洁、孙劲、陈毅强等参与编写。在编写过程中我们参考和借鉴了大量文献资料、网络资源和相关研究成果,在此一并向相关作者表示真诚的感谢!

电工电子技术日新月异,加之编者水平有限,本书难免存在不足之处,敬请广大读者批评指正,以便改进。我们相信,在大家的共同努力下,本书定能成为广大工科学生成长道路上的良师益友,为培养更多优秀的工科专业人才贡献一份力量。

编者

目　录

第一篇　电工实训

第二篇　电子实训

第三篇 综合实训与创新制作

第一篇

电工实训

模块一

安全用电与触电急救

项目教学目标

1. 了解电力系统的组成部分。

2. 了解电流对人体的危害、触电的种类，以及触电事故的有效防护措施。

3. 掌握电气安全技术，学会正确使用防护用具进行安全操作和正确运用施救措施应对触电事故。

4. 培养团队合作能力，养成敢创新、敢挑战、爱岗敬业、崇尚劳动的职业精神。

实训项目任务

任务：触电急救训练。

视野拓展

1. 避雷与静电防护。

2. 常用电工仪表及工具。

思政聚焦

用电安全小贴士

我国特高压技术有多牛？
中国标准就是世界标准

实训知识储备

一、电力系统概述

随着电力工业和现代科学技术的发展,电能已经成为人们日常生活中不可缺少的能源,世界也几乎成了一个"电的世界"。

1. 电力系统

电力系统是指由发电、供电(输电、变电、配电)、用电设施,以及为保障其正常运行所需的调节控制及继电保护和安全自动装置、计量装置、调度自动化、电力通信等二次设施构成的统一整体。电能一般由发电厂的发电机产生,经升压变压器升压后由输电线路输送至区域变电所,经区域变电所降压后再供给用户。通常将除发电设施之外的电力系统称为电网,因此,电力系统也可以看作由各类发电厂、电力网及电力用户组成。图 1-1-1 是典型的电力系统,主要包括发电厂、变电所、电力线路和电力用户几部分。图 1-1-2 是从发电厂到用户的送电过程。

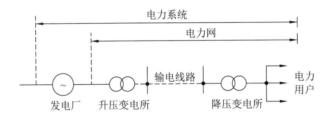

图 1-1-1 典型的电力系统

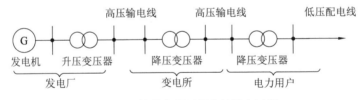

图 1-1-2 从发电厂到用户的送电过程

(1)发电厂

发电厂的功能是将其他形式的能量转换成电能。根据电能在生产中所利用能源的不同,发电厂主要可分为火力发电厂、水力发电厂和核能发电厂,以及风力、潮汐、太阳能发电厂等。当前我国发电厂装机容量比例最大的仍然是火力发电厂,发电厂提供的电能以交流电为主,其频率为 50 Hz,称为"工频电"。

(2)变电所

变电所的功能是变换电压等级、汇集配送电能。要实现电能的远距离输送和将电能分配到用户,就需要将发电机发出的电压进行多次变压,这个任务由变电所完成。为了保证电能的质量和设备的安全,变电所中还需要进行电压调整、潮流(电力系统中各节点和支路中的电压、电流和功率的流向及分布)控制和对输配电线路及主要电工设备的保护等工作。

按性质和任务的不同，变电所可分为升压变电所和降压变电所两大类。升压变电所一般建在发电厂一侧，主要任务是将低电压升压，便于电能并网传输；降压变电所一般建在负荷一侧，主要任务是将高电压降压到合理的电压等级，便于电能的分配、使用。

（3）电力线路

电力线路是指在发电厂、变电所和电力用户间传送电能的线路，承担着输送和分配电能的任务。电力线路有不同的电压等级，通常将 110 kV 及以上电压等级的电力线路称为输电线路，110 kV 及以下电压等级的电力线路称为配电线路。配电线路又分为高压配电线路（100 kV）、中压配电线路（6～35 kV）和低压配电线路（380/220 V），高压配电线路一般为城市配电网骨架和特大型企业供电线路，中压配电线路一般为城市主要配电网和大中型企业供电线路，低压配电线路一般为城市和企业的低压配电网。

（4）电力用户

所有消耗电能的用电设备或用电单位均称为电力用户。

2. 供配电系统

供配电系统是电力系统的重要组成部分，由总降压变电所、高压配电站、配电线路、车间变电所和用电设备组成。供配电系统结构框架如图 1-1-3 所示。

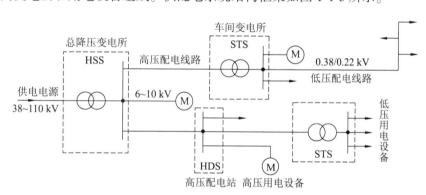

图 1-1-3　供配电系统结构框架

（1）总降压变电所

总降压变电所通常将 35～110 kV 的电源电压降至 6～10 kV，再送至附近的高压配电站、车间变电所或某些 6～10 kV 的高压用电设备，是电能供应的枢纽。总降压变电所的设置是根据地区供电电源的电压等级和用户负荷的大小及分布情况确定的。

（2）高压配电站

高压配电站集中接收 6～10 kV 的电压，再分配到附近各车间变电所和高压用电设备。

（3）配电线路

配电线路分为 6～10 kV 厂区高压配电线路和 380/220 V 车间低压配电线路。高压配电线路将总降压变电所与高压配电站、车间变电所和高压设备连接起来；低压配电线路将车间变电所的 380/220 V 电能送到各低压用电设备。

（4）车间变电所

在一个生产车间内，根据生产规模、用电设备的多少和用电量的大小等情况，可设立一个或多个车间变电所。车间变电所将 6~10 kV 的电压降至 380/220 V，通过车间低压配电线路给车间用电设备供电。

（5）用电设备

根据用途不同，可将用电设备分为动力用电设备和照明用电设备等。

二、人身安全用电

1. 人体电阻

人体电阻因人而异，基本上由人体表皮角质层电阻的大小决定。影响人体电阻值的因素很多，皮肤状况（如皮肤厚薄、是否多汗、有无损伤、有无带电灰尘等）和触电时与带电体的接触情况（如皮肤与带电体的接触面积、压力大小）等均会影响人体电阻值的大小。一般情况下，人体电阻为 1~2 kΩ。

2. 与人身安全相关的电流

通过人体的电流越大，人体的生理反应越明显，感觉越强烈，引起心室颤动所需的时间就越短，致命的危险性就越大。按照通过人体的电流大小和人体呈现的不同状态，可将人体触电电流划分为以下三种类型。

（1）感知电流

它是指引起人体感知的最小电流。实验表明，成年男性平均感知电流的有效值约为 1.1 mA，成年女性约为 0.7 mA。感知电流一般不会对人体造成伤害，但是电流增大，感知则增强，人体反应变大，可能造成坠落等间接事故。

（2）摆脱电流

人触电后能自行摆脱电源的最大电流称为摆脱电流。成年男性的平均摆脱电流约为 16 mA，成年女性约为 10 mA，儿童的摆脱电流较成年人小。摆脱电流是人体可以忍受而一般不会造成危险的电流。若通过人体的电流超过摆脱电流且通电时间过长，会造成昏迷、窒息甚至死亡，因此，人体摆脱电源的能力随触电时间的延长而降低。

（3）致命电流

在较短时间内危及生命的最小电流称为致命电流。电流达到 50 mA 以上时就会引起心室颤动，有生命危险；达到 100 mA 以上时，足以致人死亡；30 mA 以下的电流通常不会对人体有生命威胁。

不同大小的电流对人体的影响见表 1-1-1。

表 1-1-1　不同大小的电流对人体的影响

电流/mA	通电时间	人体反应	
		交流电	直流电
0~0.5	连续	无感觉	无感觉
0.5~5	连续	有麻痹、疼痛感，无痉挛	无感觉
5~10	数分钟内	痉挛，有刺痛感，但可摆脱电源	有针刺、压迫和灼热感
10~30	数分钟内	心跳不规律、呼吸困难、不能自立	压痛、刺痛、灼热感强烈
30~50	数秒至数分钟	心跳不规律、昏迷、强烈痉挛	感觉强烈，有刺痛感
50~100	超过 3 s	心室颤动、呼吸麻痹、心脏因麻痹而停止跳动	剧痛、强烈痉挛、呼吸困难或麻痹

电流对人体的伤害与电流通过人体的时间长短有关。随着通电时间的增加，因人体发热出汗和电流对人体组织的电解作用，人体电阻值逐渐降低，导致通过人体的电流增大，触电的危险程度亦随之增加。

3. 电压的影响

当人体电阻值一定时，作用于人体的电压越高，通过人体的电流就越大。实际上通过人体的电流与作用于人体的电压并不成正比，这是因为随着作用于人体的电压的升高，人体的电阻值急剧下降，致使电流迅速增大，从而对人体造成更为严重的伤害。

4. 人体特征

常用的 50~60 Hz 的工频交流电对人体的伤害程度最为严重。电源的频率偏离工频越远，对人体的伤害就越轻。在直流电和高频情况下，人体虽可以承受更大的电流，但高压高频电流对人体依然是非常危险的。

三、设备安全用电

电气设备的金属壳在正常情况下是不带电的，一旦漏电，外壳便会带电，人体触及外壳时就会触电。保护接地和保护接零是防止触电事故发生的有效措施。

1. 保护接地

为防止电气设备的金属外壳、配电装置的构架和线路杆塔等带电危及人体和设备安全而进行的接地称为保护接地。它是将正常情况下不带电，但在绝缘材料损坏后或其他情况下可能带电的电气设备金属部分（即与带电部分相绝缘的金属结构部分）用导线与接地体可靠连接起来的一种保护接线方式，如图 1-1-4 所示。为了保证效果，接地电阻应小于 4 Ω。接地保护一般用于配电变压器中性点不直接接地（三相三线制）的供电系统中，用

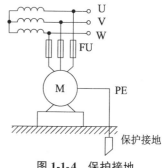

图 1-1-4　保护接地

以保证当电气设备因绝缘损坏而漏电时产生的对地电压不超出安全范围。

2. 保护接零

保护接零是将电气设备的金属外壳接到零线上，适用于中性点接地的电网中，如图 1-1-5 所示。当一相绝缘损坏时与外壳相碰，则形成单相短路，使此相线上的保护装置迅速动作并切断电源，从而避免触电的危险。为确保安全，零线和接零线必须连接牢固，开关和熔断器不允许装在零线上。

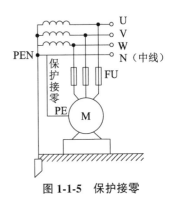

图 1-1-5　保护接零

为了改善和提高三相四线低压电网的安全程度，提出了三相五线制，即增加一根保护零线（PE），而原三相四线中的零线则称为工作零线（N），如图 1-1-6 所示。这对于家用电器的保护接零特别重要。因为目前单相电源的进线（相线和中性线）都安装有熔断器，一旦熔断器熔断，此时的中线（工作零线）就不能用于保护接零了，所以要增加一根保护零线（PE），这样工作零线只通过单相负载的工作电流和三相不平衡电流，而保护零线只作为保护接零使用并通过漏电电流。需要注意的是，在同一供电系统中，保护接地和保护接零不可同时使用。

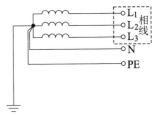

图 1-1-6　三相五线制的设置

四、触电与急救

电是现代化生产和生活中不可缺少的重要能源。若用电不慎，则可能造成电源中断、设备损坏、人身伤亡等事故，给生产和生活带来很大影响，因此安全用电具有重要意义。

1. 触电的种类与原因

（1）触电的种类

触电是指人体触及带电体后，电流流经人体造成生理伤害的事故。触电包括电击和电伤两种类型。

电击是指电流通过人体内部所引起的人体内部组织损伤，呼吸系统、心脏及神经系统的正常功能障碍，严重时甚至危及生命。电击致伤的部位主要在人体内部，它可以使肌肉抽搐、内部组织损伤，造成发热发麻、神经麻痹等，严重时将引起昏迷、窒息，甚至心脏停止跳动而死亡。几十毫安的工频电流即可使人遭到致命电击，人们通常所说的触电就是指电击，大部分触电死亡事故都是由电击造成的。

电伤是指电流的热效应、化学效应、机械效应及电流本身作用造成的人体伤害。电伤会在人体皮肤表面留下明显的伤痕，常见的有灼伤、烙伤和皮肤金属化等。

（2）触电的原因

人体是导电体，只要有足够的电流（大于 50 mA）流经人体，就会对人体造成伤害，即通常所说的触电。由于触电伤害事先根本无法预测，因此一旦发生，后果可能十分严重。造成触电伤害的主要因素包括电流大小、触电部位、电流种类及触电时间等。

① 电流大小。流经人体的电流大小直接关系到人体的生命安全，当电流小于 30 mA 时，不会对人体造成伤害，人类利用安全电流的刺激作用制造医疗仪器就是最好的证明。

② 触电部位。触电伤害因触电部位不同而不同。人体触电时的电阻是不确定的，如人体皮肤的干燥程度、个体身体状态等因素都会影响触电时的人体电阻。

③ 电流种类。电流种类不同，对人体造成的伤害也不同。相同电压下，交流电触电的伤害往往比直流电触电的伤害更大。频率在 40~60 Hz 的交流电对人体最危险，而日常使用电流的工频为 50 Hz，就在这个危险频率范围内，因此要特别注意用电安全。

④ 触电时间。电流对人体的伤害程度同触电时间的长短密切相关。漏电保护器的重要技术参数就是漏电电流与切断电路时间。一般当漏电电流≥30 mA 时，要求切断电路时间≤0.1 s。

2. 电气火灾、爆炸的预防与处理

（1）产生电气火灾、爆炸的原因

① 电气设备选型与安装不当。如在有爆炸危险的场所选用非防爆电机、电器，在易燃易爆场所中安装普通照明灯等。

② 违反安全操作规程。操作不规范、设备安装接线不规范，运行时可能产生电弧爆炸现象。

③ 设备故障引发火灾。如设备的绝缘老化、磨损等造成电气设备短路。

④ 设备过负荷引发火灾。如电气设备规格选择过小、容量小于负荷的实际容量，导线截面选得过细，负荷突然增大，乱拉电线等。

（2）电气火灾、爆炸的预防

电气火灾是指电气设备因短路、过载、绝缘损坏、老化或散热等故障产生过热或电火花而引起的火灾。

其预防方法有以下几种：在线路设计上充分考虑负载容量及合理的过载能力；在用电线路上禁止过载；禁止乱接乱搭电源线，防止短路故障；用电设备有故障时应停用并尽快检修；某些电气设备应在有人监护的情况下使用，做到人去停用（电）；对于易引起火灾的场所，应加强防火措施，配置防火器材，使用防爆电器；规范操作流程；等等。

（3）电气火灾的紧急处理步骤

① 切断电源。当电气设备发生火灾时，首先要切断电源（用木柄消防斧切断电源进线），防止事故扩大、火势蔓延及灭火过程中发生触电事故等，同时拨打"119"火警电话，向消防部门报警。

② 正确使用灭火器材。发生电气火灾时，绝不可用水或普通灭火器（如泡沫灭火器）进行灭火，因为水和普通灭火器中的溶液都是导体，如果电源未被切断，救火者

就有触电的可能。发生电气火灾时应使用二氧化碳、干粉或 1211 灭火器等灭火，也可使用干燥的黄沙灭火。表 1-1-2 列举了三种常用的电气火灾灭火器的主要性能及使用方法。

表 1-1-2   常用电气火灾灭火器的主要性能及使用方法

种类	规格	药剂	用途	功效	使用方法
二氧化碳灭火器	2 kg, 2~3 kg, 5~7 kg	瓶内装有液态二氧化碳	不导电，可扑救电器、精密仪器、油类、酸类物质火灾；不能扑救钾、钠、镁、铝等物质火灾	接近着火地点，保护 3 m 距离	一手拿喇叭筒对准火源，另一手打开开关即可
干粉灭火器	8 kg, 50 kg	钢桶内装有钾或钠盐干粉，并备有盛装压缩空气的小钢瓶	不导电，可扑救电气设备（旋转电机不宜）、石油产品、油漆、有机溶剂、天然气及天然气设备火灾	8 kg 喷射时间 14~18 s，射程 4~5 m；50 kg 喷射时间 14~18 s，射程 6~8 m	提起圆环，干粉即可喷出
1211灭火器	1 kg, 2 kg, 3 kg	钢桶内装有二氟一氯一溴甲烷，并填充压缩氮	不导电，可扑救油类、电气设备、化工化纤原料等初起火灾	喷射时间 6~8 s，射程 2~3 m	拔下铅封或衡锁，用力压下压把即可

3．触电的急救

（1）触电急救原则

触电急救的原则是迅速、就地、准确、坚持。触电急救必须分秒必争，立即就地迅速用心肺复苏法抢救，并坚持不断地进行，同时及早与医疗部门联系，争取尽早让医务人员接替救治。在医务人员未接替救治前，不应放弃现场抢救，更不能只根据没有呼吸或脉搏就擅自判定伤员死亡，放弃抢救。只有医生有权做出伤员死亡的诊断。

（2）触电急救步骤

发生触电事件时，施救者应先帮助触电者脱离电源，要注意避免人体脱离电源后的二次伤害，如高处坠落、摔伤等，提前做好预防措施，方法有如下几种。

① 拉：就近拉开电源开关，拔出插销式瓷插保险。

② 剪：用带有绝缘手柄的绝缘工具剪断电源线。

③ 砍：用具有干燥手柄的斧头、铁镐、锄头砍断电线。

④ 挑：用干燥的木棒、竹竿等挑开触电者身上的导线。

⑤ 拽：将绝缘物品戴在手上拽开触电者。

⑥ 搭：用绝缘导线一端良好接地，另一端搭接在触电者接触的相线上，使该相对地短路，跳闸或熔断保险丝，从而断开电源。

触电者脱离电源后，可采取心肺复苏法施救，主要包括"胸外心脏按压法"和"口对口人工呼吸法"。

能力训练项目

任务：触电急救训练

● **实训目的**

（1）了解触电急救的相关知识。

（2）学会触电急救的方法。

（3）了解自动体外除颤器（AED）的有关知识，学会其使用方法。

● **实训仪器与材料**

（1）模拟的低压触电现场。

（2）各种工具（含绝缘工具和非绝缘工具）。

（3）体操垫1张。

（4）心肺复苏急救模拟人（图1-1-7）。

（5）自动体外除颤器。

● **实训内容**

（1）帮助触电者尽快脱离电源。

图 1-1-7 心肺复苏急救模拟人

学生两人一组，一名学生模拟触电后的各种情况，另一名学生选择正确的绝缘工具，使用安全快捷的方法帮助触电者脱离电源。将脱离电源的触电者按急救要求放置在体操垫上，使用"看、听、试"的判断方法。

（2）心肺复苏急救办法。

让学生用心肺复苏急救模拟人进行心肺复苏急救训练，根据打印输出的训练结果判断学生急救手法的力度和节奏是否符合要求（若采用的模拟人无打印输出功能，则可由指导教师计时和观察学生的手法以判断其心肺复苏急救手法的正确性），直到学生掌握方法为止。

一、触电急救

一旦发生触电事故，应立即组织人员急救。急救时必须做到沉着果断、动作迅速、方法正确，要先尽快使触电者脱离电源，再根据触电者的具体情况采取相应的急救措施。具体步骤如下。

1. 脱离电源

根据事故现场情况，正确帮助触电者脱离电源是保证急救工作顺利进行的前提。一般情况下，首先应拉闸断电或通知有关部门立即停电。若事故地点附近有电源开关或插头，则应立即断开开关或拔掉电源插头，以切断电源。若电源开关远离事故地点，则可用绝缘钳或带有干燥木柄的斧子切断电源。当电线搭落在触电者身上或被压在触电者身下时，可用干燥的衣服、橡胶手套、绳索、木棒等绝缘物作为救护工具，拉开触电者或挑开电线，使触电者脱离电源；或将干木板、干胶木板等绝缘物插入触电者身下，隔断电源。此外，也可以抛掷裸金属导线，使线路接地短路，迫使保护装置动作，断开电源。

需要注意的是：在帮助触电者脱离电源时，不仅要保证触电者的安全，而且要保证现场其他人员的生命安全；施救者不得直接用手或其他金属及潮湿的物件作为救护工具，最好单手操作，以防止自身触电；要防止触电者摔伤，触电者脱离电源后，肌肉因不再受到电流刺激而立即放松，可能摔倒造成外伤，触电者在高空时会更加危险，因而在切断电源时，须同时做好相应的保护措施；如果事故发生在夜间，应迅速准备临时照明用具。

2. 脱离电源后的判断

触电者脱离电源后，应及时对其进行诊断，然后根据其受伤的类型和程度，采取相应的急救措施。将脱离电源的触电者迅速移至通风、干燥的地方，使其仰卧并解开其上衣和腰带，然后对其进行诊断。

简单的诊断包括如下几点：

① 观察呼吸情况。看其是否有胸部起伏的呼吸运动，或将面部贴近触电者口鼻处感受有无气流呼出，以判断其是否还有呼吸。

② 检查心跳情况。摸一摸触电者颈部的颈动脉或腹股沟处的股动脉有无搏动，将耳朵贴在触电者左侧胸壁乳头内侧二横指处，听一听是否有心跳的声音，从而判断其心跳是否停止。

③ 检查瞳孔情况。当人体处于假死状态时，由于大脑细胞严重缺氧，瞳孔将自行放大，对外界光线强弱无反应。可用手电筒照射触电者瞳孔，看其是否回缩，以判断触电者的瞳孔是否放大。

3. 触电的急救措施

根据上述简单诊断结果，迅速采取相应的急救措施，同时向附近医院报告求救。现场急救的措施包括以下几个方面。

① 触电者神志清醒但有些心慌，四肢发麻，全身无力；或触电者在触电过程中虽一度昏迷，但已经清醒过来。此时，应使触电者保持冷静，解除其恐慌，不要让其走动并请医生前来诊治或送往附近医院治疗。

② 触电者虽已失去知觉，但心脏仍跳动且呼吸存在。此时，应让触电者在空气流通的地方舒适、安静地平卧，解开衣领便于其呼吸；如天气寒冷，应注意保暖，摩擦其全身使之发热，迅速请医生到现场诊治或送往医院治疗。

③ 触电者有心跳而呼吸停止时，应采用"口对口人工呼吸法"进行抢救。具体操作步骤如下：

迅速解开触电者的衣服和裤带，松开上身的衣物，使其胸部能自由扩张，不妨碍呼吸。使触电者仰卧，不垫枕头，头侧向一边以清除其口腔内的痰液、假牙及其他异物。施救者位于触电者头部的左边或右边，用一只手捏紧触电者的鼻孔，防止漏气，另一只手将触电者的下巴拉向前下方，使其嘴巴张开，可在其嘴上盖一层纱布，准备吹气。施救者做深呼吸后紧贴触电者的嘴巴大口吹气，同时观察触电者胸部隆起的程度，一般以胸部略有起伏为宜。救护人员吹气至需换气时，应立即离开触电者的嘴巴，并放松触电者的鼻子，让其自由排气。这时应注意观察触电者胸部的复原情况，倾听其口鼻处有无呼吸声，从而检查其呼吸是否阻塞，如图 1-1-8 所示。

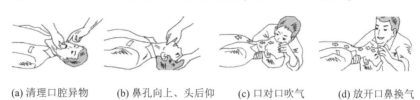

(a) 清理口腔异物　　(b) 鼻孔向上、头后仰　　(c) 口对口吹气　　(d) 放开口鼻换气

图 1-1-8　口对口人工呼吸法

④ 触电者有呼吸而心脏停止跳动时，应采用"胸外心脏按压法"进行抢救。具体操作步骤如下：

解开触电者的衣裤，清理其口腔内的异物，使其胸部能自由扩张。使触电者仰卧，姿势与"口对口人工呼吸法"相同，注意触电者背部着地处的地面必须牢固。施救者位于触电者一边，最好是跨跪在触电者的腰部，将一只手的手掌放在触电者的心窝稍高一点的地方（掌根在胸骨的下三分之一部位），中指指尖对准锁骨间凹陷处边缘，如图 1-1-9（a）所示，另一只手压在上一只手上呈两手交叠状（对儿童可用一只手），如图 1-1-9（b）所示。施救者找到触电者的正确压点，自上而下、垂直均衡地用力挤压，如图 1-1-9（c）所示，压出心脏里的血液，注意用力适当，手臂保持伸直，肘部不弯曲。挤压后，掌根迅速放松（但手掌不要离开胸部），使触电者的胸部自动复原，心脏扩张，血液又回到心脏，如图 1-1-9（d）所示。

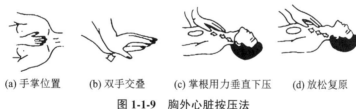

(a) 手掌位置　　(b) 双手交叠　　(c) 掌根用力垂直下压　　(d) 放松复原

图 1-1-9　胸外心脏按压法

⑤ 触电者呼吸和心跳均停止且完全失去知觉时，应同时采用"胸外心脏按压法"和"口对口人工呼吸法"进行抢救。如果现场仅有一人施救，可交替使用这两种方法，先胸外按压心脏 4~6 次，再口对口人工呼吸 2~3 次，反复循环操作。

4. 触电急救的注意事项

急救要尽快进行，即使在送往医院的途中，急救也不能中止。抢救人员还需有耐心，有些触电者需要进行数小时甚至数十小时的抢救方能苏醒。此外，不能给触电者打强心针、泼冷水或压木板等。

二、自动体外除颤器的使用

自动体外除颤器（AED）是一种便携式、易于操作，稍加培训即能熟练使用，专为现场急救设计的急救设备（图 1-1-10）。从某种意义上讲，AED 不仅是一种急救设备，更是一种急救新观念，一种由现场目击者最早进行有效急救的观念。它有别于传统除颤器，可以经内置电脑分析并确定被施救者是否需要予以电除颤。除颤过程中，AED 的语音提示和动画操作提示使操作更为简便易行。

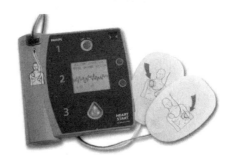

图 1-1-10　自动体外除颤器

自动体外除颤器可以诊断特定的心律失常，并且给予电击除颤，是可被非专业人员用于抢救心搏骤停患者的医疗设备。当患者心搏骤停时，在最佳抢救时间内利用自动体外除颤器对其进行除颤和心肺复苏，是最有效的防止猝死的办法。

1. 适用对象

AED 的适用对象有如下两类：

① 心室颤动（或心室扑动）。心脏活动处于严重混乱的状态，心室无法有效泵出血液。

② 无脉性室性心动过速。心脏因为跳动太快而无法有效泵出充足的血液，心动过速通常会变成心室颤动。

2. 使用步骤

① 开启 AED，打开 AED 的盖子，依据视觉和声音的提示进行操作（有的型号需要先按下电源）。

② 在患者胸部适当的位置紧密地贴上电极。通常而言，两块电极板分别贴在右胸上部和左胸左乳头外侧，具体位置可以参考 AED 机壳上的图样和电极板上的图片说明（也有使用一体化电极板的 AED）。将电极板插头插入 AED 主机插孔。

③ 分析患者心率，必要时除颤。按下"分析"键（有些型号的除颤器在插入电极板后会发出语音提示并自动开始心率分析，在此过程中请不要接触患者，即使是轻微的触动都有可能影响 AED 的分析），AED 将开始分析心率。分析完毕后，AED 将给出是否进行除颤的建议，当有除颤指征时，不要与患者接触，同时告诉附近的其他人远离患者，由操作者按下"放电"键除颤。

一次除颤后未恢复有效灌注心率时，可进行 5 个周期心肺复苏（CPR）。除颤结束后，AED 会再次分析心率，如未恢复有效灌注心率，操作者应进行 5 个周期 CPR，然后再次分析心率—除颤—CPR，如此反复直至急救人员到来。

3. 注意事项

AED 瞬间可以达到 200 J 的能量，在施救过程中，请在按下"放电"键后立刻远离患者，并告诫身边所有人不得靠近患者。患者在水中时不能使用 AED，患者胸部如有汗水，需要快速擦干，因为水会削弱 AED 的功效。如果在使用完 AED 后患者仍没有任何生命体征（没有呼吸、心跳），就需要马上送医院救治。

视野拓展

一、避雷与静电防护

1. 人体避雷常识

（1）室内预防雷击

室内预防雷击的要点如下：

① 电视机的室外天线在雷雨天要与电视机脱离，与接地线连接。

② 雷雨天应关好门窗，防止球状闪电窜入室内造成危害。

③ 雷暴时，人体最好距离可能传来雷电侵入波的线路和设备 1.5 m 以上；拔掉电源插头，不要打电话，不要靠近室内的金属设备，如暖气片、自来水管、下水管；尽量远离电源线、电话线、广播线，以防止这些线路和设备对人体二次放电；不要穿潮湿的衣服，不要靠近潮湿的墙壁。

（2）室外避免雷击

室外避免雷击的要点如下：

① 远离建筑物的避雷针及其接地引线。

② 远离各种天线、电线杆、高塔、烟囱、旗杆，如有条件应进入有宽大金属构架和防雷设施的建筑物或有金属壳的汽车、船只内，远离帆布篷车和拖拉机、摩托车等。

③ 尽量远离山丘、海滨、河边、水池，尽快离开铁丝网、金属晾衣绳、孤立的树木和没有防雷装置的孤立小建筑等，如图 1-1-11 所示。

图 1-1-11　远离孤立的树木避免雷击

④ 雷雨天气尽量不要在旷野里行走；要穿塑料等材质的不浸水的雨衣；要走慢一点，步子小一点；不要骑自行车；不要用带有金属杆的雨伞；肩上不要扛带有金属杆的工具。

⑤ 人在遭受雷击前，会突然有头发竖起或皮肤颤动的感觉，这时应立刻躺倒在地，或选择低洼处蹲下，双脚并拢，双臂抱膝，头部下俯，尽量缩小暴露面。

⑥ 如果站在开阔地带且无法躲藏，没有其他选择时，应尽可能降低身体高度，并双脚并拢踮起脚尖，双手捂住耳朵，与他人保持距离，以免雷击时电流相互传导。

2. 静电防护常识

静电通常由在宏观范围内暂时失去平衡的相对静止的正、负电荷通过摩擦引起电荷的重新分布而形成，也可能由电荷的相互吸引引起电荷的重新分布而形成。静电是十分普遍的电现象，极其容易产生，也极易被忽视。一方面，静电现象被广泛应用，如静电除尘、静电复印等；另一方面，由静电引起的工厂、油船、仓库和商店的火灾和爆炸又提醒人们要充分重视其危害性。

（1）静电的形成

静电产生的原因很多，其中最主要的是：

① 摩擦起电。两种物质紧密接触时，界面两侧会出现大小相等、符号相反的两层电荷，紧密接触后又分离，就产生了静电。摩擦起电就是通过摩擦实现较大面积的接触，在接触面上产生双电层的过程。

② 破断起电。不论材料破断时其内部的电荷分布是否均匀，破断后均可能在宏观范围内导致正、负电荷的分离，即产生静电。当固体粉碎、液体分离时，就可能因破断而产生静电。

③ 感应起电。处在电场中的导体在静电场的作用下，其表面不同部位会感应出不同电荷或导体上原有电荷重新分布，使得本来不带电的导体带电。

（2）人体的静电处理

避免静电过量积累有几种简单易行的方法：

① 到自然环境中释放静电。有条件的话，在地上赤足运动一下，因为鞋底通常为绝缘体，身体无法和大地直接接触，也就无法释放身上积累的静电。

② 合理选择衣物、用品材质。尽量少穿化纤类衣物，尽可能选用经过防静电处理的衣物。贴身衣物、被褥一定要选用纯棉制品或真丝制品，同时远离化纤地毯。

③ 改善生活环境。秋冬季保持一定的室内湿度，如在室内放一盆清水或摆放些花草，缓解空气中的静电积累和灰尘吸附。

④ 及时消除静电。长时间用电脑或看电视后，要及时清洗裸露的皮肤，多洗手、勤洗脸，这对消除皮肤上的静电有很大的帮助。

⑤ 调节身体状态。多饮水，同时补充钙质和维生素 C，减轻静电对人体的影响。

（3）电子元器件的静电防护

电子元器件的种类不同，受静电破坏的程度也不一样，即使是最低的 100 V 静电压，也可能会对某些电子元器件造成破坏。

人体所感应的静电电压一般在 2~4 kV 以上，通常是由人体的轻微动作或与绝缘物摩擦引起的。也就是说，倘若我们日常生活中所带的静电电位与电子元器件接触，那么几乎所有的电子元器件都将被破坏，这种危险存在于所有没有采取静电防护措施的工作环境中。静电对电子元器件的破坏不仅存在于电子元器件的制作工序当中，在电子元器件的组装、运输等过程中也都可能产生静电破坏。

要解决这个问题，可以采取以下静电防护措施：

① 操作现场静电防护。对静电敏感的电子元器件应在防静电的工作区域内操作。

② 人体静电防护。操作人员穿戴静电防护服（图 1-1-12）、手套、工鞋、工帽、手腕带。

③ 储存运输过程中静电防护。不能在有电荷的状态下储存和运输静电敏感的电子元器件。

实现上述措施的基本做法是设法减小带电物体的电压，使其在设计要求的安全值以内，即要求下式中的电荷与电阻要小，静电容量要大。

图 1-1-12　静电防护服

$$U = IR$$
$$Q = CU$$

式中：U 为电压；Q 为电荷量；I 为电流；C 为静电容量；R 为电阻。电阻值也并非越低越好，尤其是在大面积的防静电区域内，必须在考虑漏电防护等安全措施的前提下选择材料。

（4）静电防护措施

静电防护的目的在于使包括人体在内的作业场所处于同等电位，具体防护措施如下：

① 将 1 MΩ 的电阻连通后再接地，并佩戴防静电手腕带操作，如图 1-1-13 所示。

② 将测试仪、工具、烙铁等接地。

③ 工作台面铺设防静电台垫后接地。

④ 操作人员穿戴静电防护服和鞋子。

图 1-1-13　防静电手腕带

⑤ 地面铺设防静电地板或导电橡胶地垫。

⑥ 电子元器件运输、包装过程中应保持同电位。

（5）防静电性能的检测周期及注意事项

防静电台垫、地板、工鞋、工作服、周转容器等应至少每月检测一次；防静电手腕带、风枪、风机、仪器等应每天检测一次。检测时，须考虑受检场所的温度、湿度等因素。

二、常用电工仪表及工具

1. 万用表

万用表又称多用表、三用表、万能表等，是一种多功能、多量程的便携式电工仪表，一般可用来测量交直流电压、直流电流和电阻等多种物理量，有些还可以测量交流电流、电感、电容和晶体管直流放大系数等。

（1）指针式万用表

指针式万用表的型号很多，使用方法基本相同，现以 MF47 指针式万用表为例，介绍其使用方法及注意事项。图 1-1-14 所示为 MF47 指针式万用表的面板图。

MF47 指针式万用表的使用方法及注意事项如下：

① 使用前首先测量表笔是否完整且绝缘良好，表头指针是否指向电压、电流的零位。若不是，则需要通过机械零位调节器进行调零。然后根据被测参数的种类和大小，将选择开关拨至合适的参数和量程挡位，DC 为直流，AC 为交流。黑表笔插入 COM 插孔，红表笔根据实际情况选择合适孔位。

② 使用时尽量使表头指针偏转到满刻度的三分之二处。若事先不知道被测量参数的范围，则应从最大量程挡位开始选择，逐渐减小到合适的量程挡位。测量时

图 1-1-14　MF47 指针式万用表

注意表笔极性，测量电流时，电流从红表笔"+"流入，从黑表笔"−"流出，串接入电路；测量直流电压时，红表笔接高电位，黑表笔接低电位，并接入电路。测量电阻前，应先将两表笔相碰，通过调节欧姆调零旋钮，对相应的挡位进行欧姆调零，且每次切换量程时均要进行欧姆调零。测量电阻时，黑表笔为正极，红表笔为负极。

③ 测量一些极性元器件时，要注意测量极性的方向。测量电阻时应将待测元器件从电路中断开，避免万用表被击穿。测量三极管时先利用电阻测量法推断出三个管脚的极性，再根据对应标识插入专用的三极管测量插孔。

④ 读数时要根据相应量程的标尺读数：实际值＝指示值×量程÷满偏。

⑤ 测量时手不能触碰表笔的金属探针，以确保安全和测量的准确性。不可带电拨动开关旋钮。不可用万用表直接测量微安表、检流计等灵敏电表的内阻。

⑥ 使用结束，应将开关旋钮拨至"OFF"挡，若无"OFF"挡，则拨至最大量程的交流电压挡。

（2）数字万用表

数字万用表与指针式万用表相比有很多优点，如灵敏度和准确度高、显示直观、功能齐全、性能稳定、小巧方便，并且有极性选择、过载保护和过量程显示等功能。数字万用表的型号较多，这里以 DT9205 为例，介绍其使用方法和注意事项，图 1-1-15 是 DT9205 型数字万用表的面板图。

操作前打开电源开关，检查是否显示电量警示符号，若显示则需要及时更换电池。

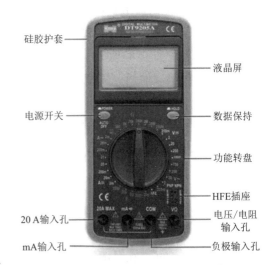

图 1-1-15　DT9205 型数字万用表

① 交直流电压的测量。

首先将黑表笔插入 COM 插孔，红表笔插入 V/Ω 插孔。然后将功能转盘拨至"V＝"（直流）或"V～"（交流）标识的合适量程挡位（若事先不知道被测电压的范围，则应从最大量程挡位开始选择，逐步降低至合适的量程范围），将表笔并接入被测电路的两端，显示器将显示被测电压值和红表笔端的极性。若显示器显示"1"，则说明已超出量程，须切换量程挡位再次测量。

测试表笔插孔旁有警示标识，提示了最大接入电压。

② 交直流电流的测量。

首先将黑表笔插入 COM 插孔，红表笔插入相应量程的电流插孔（20 A 输入孔或 mA 输入孔）。然后将功能转盘拨至"A＝"（直流）或"A～"（交流）标识的合适量程挡位，将表笔串联入被测电路，显示器即可显示被测电流的大小和红表笔端的极性。

③ 电阻的测量。

首先将黑表笔插入 COM 插孔，红表笔插入 V/Ω 插孔（与指针式万用表不同，红表笔为"＋"极）。然后将功能转盘拨至"Ω"标识的合适量程挡位，将表笔接到被测元器件两端，显示器即可显示被测元器件的阻值。

测量电阻时必须将被测元器件从电路中断开，以保护万用表。

④ 二极管的测量。

首先将黑表笔插入 COM 插孔，红表笔插入 V/Ω 插孔。然后将功能转盘拨至"⊣⊢"标识挡位，将两表笔分别接到被测二极管两端，显示器将显示二极管正向压降幅值。若正、负极接反，则显示"1"（红表笔为"＋"）。若两个方向均显示"1"，则表明二极管开路；若两个方向均显示"0"，则表明二极管短路。这两种情况都说明二极管已经损坏。

该量程挡位带蜂鸣音提示，还可以用作线路通断测试，当所测电路电阻在 70 Ω 以下时，万用表会发出蜂鸣音提示，说明线路导通。

⑤ 晶体管放大系数的测量。

首先将功能挡位拨至 HFE 挡。然后确认被测晶体管是 PNP 型还是 NPN 型，将 E、B、C 三个管脚分别插入对应的插孔，显示器即可显示晶体管的放大系数的近似值。

⑥ 电容的测量。

首先将功能挡位拨至 F 区域的合适量程挡位。然后将黑表笔插入 COM 插孔，红表笔插入 mA 输入孔，将表笔接在被测电容两极，即可读出相应的电容值（带有极性的电容要注意区分正、负极，红表笔为"＋"）。

2. 绝缘电阻表

绝缘电阻表又称兆欧表、摇表、梅格表，是用来测量绝缘电阻、吸收比及极化指数的专用仪表，它的标度单位是兆欧。电气产品的绝缘性能通过绝缘电阻反映出来。

图 1-1-16 所示为手摇式绝缘电阻表。

绝缘电阻表主要由直流高压发生器（用以产生直流高压）、测量回路和显示屏组成。

图 1-1-16　手摇式绝缘电阻表

（1）常用规格

绝缘电阻表的常用规格有 250 V，500 V，1000 V，2500 V 和 5000 V，需要根据被测电气设备的额定电压来选择。一般额定电压在 500 V 以下的设备选用 500 V 或 1000 V 的绝缘电阻表；额定电压在 500 V 以上的设备选用 1000 V 或 2500 V 的绝缘电阻表；瓷瓶、母线、刀闸等应选用 2500 V 或 5000 V 的绝缘电阻表。

（2）接线方式

绝缘电阻表上有 E（接地）、L（线路）、G（保护环或屏蔽端子）三个接线端：测量电路的绝缘电阻时，将 L 端与被测端相连，E 端接地；测量电气设备的绝缘电阻时，将 L 端与设备被测线路相连，E 端与设备外壳相连；测量电缆的缆芯对缆壳的绝缘电阻时，不仅要将缆芯和缆壳分别接在 L 端和 E 端，还要将缆芯和缆壳之间的内层绝缘物与 G 端相连，以消除表面漏电引起的误差。

（3）使用方法及注意事项

① 绝缘电阻表须放置在平稳、牢靠的地方。使用前需要先对绝缘电阻表进行一次开路和短路试验，检查绝缘电阻表的工作情况。空摇绝缘电阻表，观察指针是否指在"∞"处，然后慢慢摇动手柄，将 E 端与 L 端瞬间短接，观察指针是否迅速摆到"0"处。若指针位置不对，则须检查、调整绝缘电阻表。

② 不可在设备带电、有雷电时或邻近有高压导体设备处测量绝缘电阻，对具有电容的高压设备应先放电（约 2~3 min）。绝缘电阻表与被测线路或设备的连接要用绝缘性能良好的单根导线，不能用双股绝缘线或绞线，避免绝缘不良引起的误差。

③ 摇动手柄的速度要均匀，一般规定为 120 r/min，允许有 ±20% 的变化。通常要摇动 1 min，待指针稳定后再读数。若被测电路中有电容，则须持续摇动一段时间，让绝缘电阻表对电容充电，待指针稳定后再读数；若测量中发现指针指零，则应立即停止摇动手柄。在绝缘电阻表未停止摇动前，切勿用手接触设备的测量部分和绝缘电阻表的接线柱。测量完毕后应对被测设备充分放电，否则会引发触电事故。

3. 测电笔

测电笔又称试电笔或电笔，是一种常用的电工工具，用于测试电线中是否带电。笔体中有一氖管，测试时如果氖管发光，说明导线有电或为通路的火线。测电笔的笔尖、笔尾由金属材料制成，笔杆由绝缘材料制成。

测电笔根据电压不同可分为高压测电笔和低压测电笔；根据接触方式不同，可分为接触式测电笔和感应式测电笔，如图 1-1-17 所示。

(a) 接触式测电笔

(b) 感应式测电笔

图 1-1-17　接触式测电笔和感应式测电笔

测电笔使用时的注意事项如下：

① 使用高压测电笔时要注意安全，不可在雨天的户外进行。测量高压时，必须戴好符合耐压要求的绝缘手套，且不可一人单独测量，身边要有人监护。人与带电体应保持安全距离（10 kV 电压的安全距离为 0.7 m 以上）。

② 使用测电笔前，需要检查测电笔里有无安全电阻，测电笔有无损坏、受潮或进水，氖管是否能正常发光，检查合格后才能使用。

③ 使用测电笔时，不能用手触及测电笔前端的金属探头，否则易造成人身触电事故。使用测电笔时，一定要用手触及测电笔尾端的金属部分，否则会因带电体、测电笔、人体与大地没有形成回路，导致测电笔中的氖泡不会发光而误判带电体不带电。

④ 在明亮的光线下测试带电体时，氖管发光情况不易观察，所以测量时需要注意避光，避免误判。

4. 螺钉旋具

螺钉旋具又称螺丝起子、螺丝批、螺丝刀或改锥等，是用以旋紧或旋松螺钉的工具。它主要有"一"字和"十"字两种类型，如图 1-1-18 所示。

(a) 一字型　　　　　　　　　　(b) 十字型

图 1-1-18　螺丝刀

螺钉旋具的使用注意事项：电工常用的螺丝刀刀柄应具有良好的绝缘性能，以避免触电事故；要根据实际的应用场合选择合适的螺丝刀型号和规格；如图 1-1-19 所示，使用螺丝刀时应使刀头顶紧螺钉的槽口，避免打滑、损坏槽口。

(a) 大螺钉、大螺丝刀的用法

(b) 小螺钉、小螺丝刀的用法

图 1-1-19　不同大小的螺丝刀的用法

5. 钳子

（1）剥线钳

剥线钳是用来切剥 6 mm 以下电线的端部塑料或橡皮绝缘层的专用工具。它由钳头和手柄组成，钳头部分由压线口和切口组成，有直径 0.5~3 mm 的多个切口，以适应不同规格的线芯。使用时，电线必须放在大于其线芯直径的切口上切剥，否则会切伤线芯。两种常见的剥线钳如图 1-1-20 所示。

图 1-1-20　两种常见的剥线钳

（2）斜口钳

斜口钳是小五金工具中的一种，也被称作"斜嘴钳"，它的使用最为广泛，是日常生活和工作中不可缺少的工具，如图 1-1-21 所示。

斜口钳的刀口可用来剖切软电线的塑料或橡皮绝缘层，也可用来切剪电线、铁丝。剪 8 号镀锌铁丝时，应用刀刃绕铁丝表

图 1-1-21　斜口钳

面来回割几下，然后轻轻一扳即断。斜口钳的铡口也可以用来切断电线、钢丝等较硬的金属线。电工常用的斜口钳有 150 mm，175 mm，200 mm，250 mm 等多种长度规格，可根据内线或外线工种需要选用。钳子的齿口也可用来紧固或拧松螺母。

（3）钢丝钳

钢丝钳又称老虎钳、平口钳、综合钳，是一种常用工具，如图 1-1-22 所示，它可以夹断坚硬的细钢丝。它在工艺制造、工业生产、生活中都很常用，长度规格包括 150 mm，175 mm，200 mm 三种。电工所用的钢丝钳在钳柄上应套有耐压 500 V 以上的绝缘管。

图 1-1-22　钢丝钳

使用方法及注意事项：钳柄的绝缘保护套必须完好，否则不能带电操作；使用时须使钳口朝内侧，便于控制剪切部位；剪切带电导体时，必须单根进行，以免造成短路事故；钳头不可以当锤子用，以免变形；钳头的轴、销应经常加机油润滑。

（4）尖嘴钳

尖嘴钳又称修口钳、尖头钳，由尖头、刀口和钳柄组成，是一种常用的钳形工具，如图 1-1-23 所示。

尖嘴钳的钳柄上套有耐压 500 V 的绝缘套管。其主要用于剪切线径较细的单股与多股线，以及给单股导线接头弯圈、剥塑料绝缘层等，能在较狭小的工作空间操作。不

图 1-1-23　尖嘴钳

带刃口者只能完成夹、捏工作，带刃口者能剪切细小零件。尖嘴钳是电工尤其是内线器材等装配及修理工作的常用工具之一，长度规格包括 130 mm，160 mm，180 mm 和 200 mm 四种。

思 考 题

1. 供配电系统主要由哪几部分组成？各部分分别实现怎样的功能？
2. 一般用电设备分为哪几类？
3. 如何帮助触电者快速脱离电源？触电急救的方法主要有哪些？
4. 常用的消除静电的方法有哪些？

模块二

常用电气控制线路的安装训练

项目教学目标

1. 熟悉常用低压电器的结构和作用。
2. 掌握基本照明电路和常见机床控制线路的安装工艺与调试技能。
3. 熟悉可编程逻辑控制器 PLC 及其基础应用方法。
4. 树立安全意识，杜绝触电事故。

实训项目任务

任务一：家用照明电路的安装。
任务二：三相异步电动机简单控制线路安装调试训练。
任务三：三相异步电动机正反转控制线路安装调试训练。

视野拓展

1. 电动机。
2. 家居配电系统。
3. 家居电源插座、照明开关的选用与安装。

思政聚焦

电气工程中的电气设备
选型规范要求

实训知识储备

一、常用低压电器

对电能的生产、输送、分配和使用起控制、调节、检测、转换及保护作用的电工器械均称为电器。在交流额定电压1200 V以下，直流额定电压1500 V以下的电路中起通断、保护、控制或调节作用的电器称为低压电器。低压电器的品种、规格繁多，构造各异。低压电器按用途可分为配电电器和控制电器；按动作方式可分为自动电器和手动电器；按执行机构可分为有触点电器和无触点电器；按功能和结构特点可分为刀开关、熔断器、主令电器、交流接触器、热继电器等。

1. 断路器

断路器又名空气断路器或空气开关，是一种只要电路中电流超过额定电流就会自动断开的开关。断路器是低压配电网络和电力拖动系统中非常重要的一种电器，它集控制和多种保护功能于一身，除能完成接触和分断电路外，还能对电路或电气设备引发的短路、过载及欠电压等进行保护，一般作为电源开关使用，同时也可以用于对不频繁启动电动机的控制。常见的断路器有单极、两极、三极三种形式，如图1-2-1所示。断路器的开关图形符号和文字符号如图1-2-2所示。

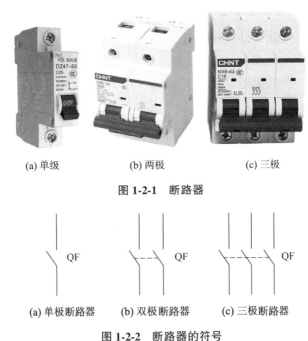

(a) 单级   (b) 两极   (c) 三极

图 1-2-1　断路器

(a) 单极断路器   (b) 双极断路器   (c) 三极断路器

图 1-2-2　断路器的符号

2. 熔断器

熔断器是一种电流保护器，当电流超过额定值一段时间后，其本身产生的热量会使熔体熔断，从而使电路断开。熔断器广泛应用于高、低压配电系统和控制系统及用电设备中，作为短路的保护器，是应用最普遍的保护器件之一。

（1）熔断器的分类

几种常见的熔断器如图 1-2-3 所示，使用场景见表 1-2-1。

(a) 瓷插式熔断器　　(b) 螺旋式熔断器　　(c) 快速熔断器　　(d) 自恢复熔断器

图 1-2-3　常见的熔断器

表 1-2-1　常见的熔断器的使用场景

种类	使用场景
瓷插式熔断器	常用在 380 V 及以下电压等级的线路末端。在配电支路或电气设备中起短路保护作用，现逐步被其他更先进的熔断器种类替代
螺旋式熔断器	常用于机床电气控制设备中。分断电流较大，可用于电压等级 500 V 及以下、电流等级 200 A 及以下的电路中，起短路保护作用
快速熔断器	主要用于半导体整流元件或整流装置的短路保护。特点是熔断速度快、额定电流大、分断能力强、限流特性稳定、体积较小
自恢复熔断器	常温下具有高电导率，可在短路故障时限制短路电流，但不能真正分断电路。其优点是不必更换熔体，能重复使用

（2）熔断器的结构和工作原理

熔断器主要由熔体、熔管两部分组成，其中熔体是控制熔断特性的关键元件。熔体的材料、尺寸和形状决定了熔断器的熔断特性。熔体材料分为低熔点和高熔点两类。低熔点材料如铅和铅合金，其熔点低、易熔断、制成的熔体截面尺寸较大、熔断时产生的金属蒸气较多，因此只适用于低分断能力的熔断器。高熔点材料如铜、银，其熔点高、不易熔断，可制成比低熔点熔体截面尺寸小的熔体，熔断时产生的金属蒸气少，适用于高分断能力的熔断器。熔体的形状分为丝状和片状两种。改变熔体截面的形状可显著改变熔断器的熔断特性。熔断器有各种不同的熔断特性曲线，可以满足不同类型保护对象的需要。熔管是熔体的保护外壳，由陶瓷、绝缘钢纸或玻璃纤维制成，在熔体熔断时兼起灭弧的作用。

熔断器熔体中的电流小于或等于额定电流时，熔体不熔断；当电路发生短路时，熔体会瞬间熔断。

（3）熔断器的选择

选择熔断器主要考虑的参数是种类、额定电压、额定电流和熔体的额定电流等。熔断器的额定电压应大于或等于实际电路的工作电压，因此确定熔体电流是选择熔断器的先决条件，具体原则见表 1-2-2。

表 1-2-2 熔断器熔体额定电流的选择

电路保护场景	熔体额定电流的要求
电路上、下两级都装设熔断器	两级熔体额定电流的比值不小于 $1.6：1$
电路中无冲击性电流的负载	$I_{Fn} \geq I_e$
单台异步电动机	$I_{Fn} \geq （1.5 \sim 2）I_N$
多台异步电动机	$I_{Fn} \geq （1.5 \sim 2）I_{Nmax} + \sum I_N$

注：I_{Nmax} 为容量最大的一台电动机的额定电流，$\sum I_N$ 为其余电动机的额定工作电流的总和。

3. 主令电器

主令电器是用来发布命令、切换控制电路和改变控制系统工作状态的电器，它可以直接作用于控制电路，也可以通过电磁式电器的转换实现对电路的控制，其主要类型有控制按钮、行程开关、接近开关、万能转换开关和主令控制器等。

（1）控制按钮

控制按钮是一种结构简单、应用十分广泛的主令电器，其通常用来短时间地接通或断开小电流的控制电路。在电气自动控制电路中，控制按钮用于手动发出控制信号以控制接触器、继电器、电磁起动器等。

按结构形式不同，控制按钮可分为：旋钮式，通过手动旋钮操作，如图 1-2-4（a）所示；指示灯式，按钮内装入信号灯显示信号，如图 1-2-4（b）所示；紧急式，装有蘑菇头按钮帽，以示紧急动作，如图 1-2-4（c）所示。

(a) 旋钮式　　　　　(b) 指示灯式　　　　　(c) 紧急式

图 1-2-4 不同结构形式的控制按钮

按接触点的形式不同，控制按钮可分为常开按钮、常闭按钮和复合按钮。常开按钮的内部触点为常开触点，即外力未作用时，触点是断开的状态；外力操作时，触点闭合；撤去外力时，在复位弹簧作用下触点恢复断开的状态。常闭按钮的内部触点为常闭触点，即外力未作用时，触点是闭合的状态；外力操作时，触点断开；撤去外力时，在复位弹簧作用下触点恢复闭合的状态。复合按钮的结构上包含常开触点和常闭触点，在施加外力操作时，所有触点的接触状态均发生改变，但两组触点的变化有先后次序，按下按钮时，常闭触点先断开，常开触点再闭合；松开按钮时，常开触点先复位，常闭触点后复位。

常用控制按钮的符号如图 1-2-5 所示，典型控制按钮的内部结构如图 1-2-6 所示。

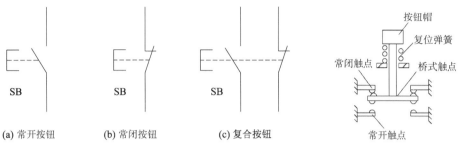

(a) 常开按钮	(b) 常闭按钮	(c) 复合按钮

图 1-2-5　常用控制按钮的符号　　图 1-2-6　控制按钮的内部结构

（2）行程开关

行程开关如图 1-2-7 所示，其利用生产机械运动部件的碰撞使触点动作来实现接通或分断控制电路，从而达到一定的控制目的。通常，这类开关被用来限制机械运动的位置或行程，使运动机械按一定位置或行程实现自动停止、反向运动、变速运动或自动往返运动等。在实际生产中，将行程开关安装在预先安排的位置，当装于生产机械运动部件上的模块撞击行程开关时，行程开关的触点动作，实现电路的切换。因此，行程开关是一种根据运动部件的行程位置而切换电路的电器，它的作用原理与控制按钮类似。

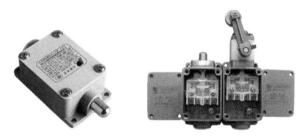

图 1-2-7　行程开关

（3）接近开关

接近开关是一种无需与运动部件进行机械直接接触就可以操作的位置开关，如图 1-2-8 所示。当物体接近开关的感应面到动作距离时，不需要机械接触及施加任何压力即可使开关动作，从而驱动直流电器或给计算机（PLC）装置提供控制指令。接近开关是一种开关型传感器（即无触点开关），它既有行程开关、微动开关的特性，同时又具有传感性能，且动作可靠、性能稳定、频率响应快、使用寿命长、抗干扰能力强，还具有防水、防震、耐腐蚀等优点。接近开关有电感式、电容式、霍尔式等类型。

接近开关定位精度、操作频率、使用寿命、安装调整的方便性和对恶劣环境的适用能力是一般机械式行程开关不能比拟的，它广泛地应用于机床、冶金、化工、轻纺和印刷等行业。在自动控制系统中，接近开关可用于限位、计数、定位控制和自动保护环节等。

图 1-2-8　接近开关

4. 交流接触器

交流接触器主要用于控制和保护电路中的大电流设备，其核心作用是利用线圈的通电和断电来控制主电路的通断。

（1）交流接触器的符号与结构

交流接触器的符号、外形和结构如图 1-2-9 所示。

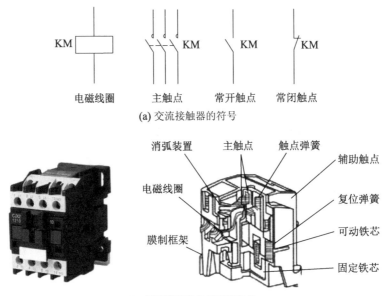

图 1-2-9　交流接触器的符号、外形和结构

（2）交流接触器的工作原理

交流接触器的线圈通电后，在铁芯中产生磁通，由此在衔铁气隙处产生吸力，使衔铁产生闭合动作，主触点在衔铁的带动下也闭合，于是接通主电路。同时衔铁还带动辅助触点动作，使原本断开的辅助触点闭合，原本闭合的辅助触点断开。当线圈断电或电压显著降低时，吸力消失或减弱，衔铁在复位弹簧的作用下复位，各触点恢复原来的状态。如图 1-2-10 所示。

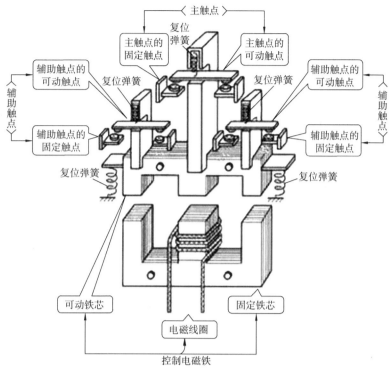

图 1-2-10　交流接触器的工作原理

5. 热继电器

电动机在实际运行中常遇到过载的情况。若电动机过载不大，时间较短，电动机绕组产生的升温不超过允许升温，这种过载是允许的。但若过载时间较长、过载电流大，电动机绕组的升温就会超过允许的限定值，使电动机绕组绝缘老化，缩短电动机的使用寿命，严重时甚至会烧毁电动机绕组。因此，对电动机进行过载保护是非常有必要的。热继电器作为电动机的过载保护元件，因体积小、结构简单、成本低等优点在生产中得到了广泛应用，主要用于电动机的过载保护、缺相保护、电流不平衡运行的保护。

热继电器利用电流的热效应，可以根据过载电流的大小自动调整动作时间，具有反时限保护的特性。

（1）热继电器的外形结构与符号

热继电器的外形结构与符号如图 1-2-11 所示。

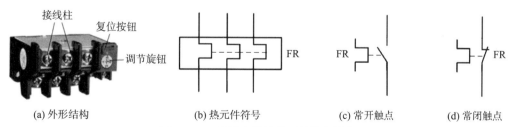

(a) 外形结构　　　(b) 热元件符号　　　(c) 常开触点　　　(d) 常闭触点

图 1-2-11　热继电器的外形结构与符号

（2）热继电器的工作原理

热继电器的工作原理如图 1-2-12 所示。

使用时，将热继电器的三相热元件分别串接在电动机的三相主电路中，常闭触点串接在控制电路的接触器线圈回路中。当负载过载时，流过电阻丝（热元件）的电流增大，电阻丝产生的热量使金属片弯曲，一段时间后，弯曲位移增大，推动导板移动，使常闭触点断开，常开触点闭合，接触器线圈断电，接触器触点断开，从而断开控制电路，起到过载保护的作用。

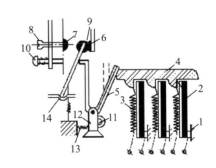

1—双金属片固定支点；2—双金属片；3—热元件；4—导板；5—补偿双金属片；6—常闭触点；7—常开触点；8—复位螺钉；9—动触点；10—复位按钮；11—调节旋钮；12—支承；13—压簧；14—推杆。

图 1-2-12　热继电器的工作原理

二、家庭电路

家庭电路一般指家用照明电路，其布线方式分明线和暗线两种。线路沿墙壁、天花板、横梁、柱子敷设，称为明线布线；导线穿管埋设在墙内、天花板内及地下，称为暗线布线。在选择导线的直径时，明线布线与暗线布线有些区别，目前基本采用暗线布线。

1. 照明电路

（1）导线的选择

照明电路一般采用外层绝缘的铜芯导线，其绝缘等级（耐压）应高于线路的工作电压。导线的截面积（导线的粗细）应按允许载流量（允许流过的最大电流）来选择，暗线应小于等于 5 A/mm^2。一般采用单股导线，灯头线尽量采用多股导线。

照明导线的颜色规定：火线（相线）用红色线或棕色线，零线（中性线）用蓝色线。

（2）布线要求

布线与安装应遵循"可靠、安全、美观、方便维修"的原则。线管拐弯时，还要增套弯管以提升强度。此外，照明电路不能与信号线（有线电视线、网络线、电话线等）穿入同一金属管或 PVC 管内，以避免电力信号干扰其他信号。照明暗线出墙或出天花板时，导线要预留大于 10 cm 的长度，以方便连接负载或其他接线。

（3）几种常用的室内照明电路

① 单控照明电路。单控照明电路是最简单、最基本的照明电路，如图 1-2-13 所示。需要注意的是，开关要接入火线一端，以避免在维修故障时发生触电事故。

② 双控照明电路。双控照明电路是现在家用照明

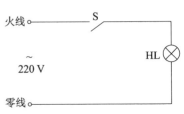

图 1-2-13　单控照明电路

电路中一种常用的照明接线方式，其通过运用双联开关可实现两地开关均能控制电路通断的目的，具有很高的便利性，满足人们的日常需求，如图 1-2-14 所示。为了确保安全，双联开关也应该接在火线一端。

③ 日光灯照明电路。日光灯是一种传统的照明灯具，虽然在家用场景中日光灯已逐步被 LED 灯取代，但在一些大型工厂的车间、办公室等公共场合仍采用日光灯作为照明灯具。其照明电路如 1-2-15 所示。为了确保安全，日光灯照明电路的开关也应接在火线一端。

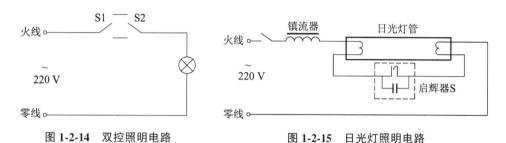

图 1-2-14　双控照明电路　　　　图 1-2-15　日光灯照明电路

（4）插座的安装

插座是动力线路与电器的连接部件，要严格按照规定选择、安装和连线。插座分为单相插座和三相插座。单相插座一般为民用插座，分为双孔插座和三孔插座，如图 1-2-16 所示；三相插座为工业插座，一般为四孔插座。

双孔插座按照"左零右火"的原则接线，即通电后，插座的左孔接通单相电源的零线（N），右孔接通电源的火线（L）。三孔插座有 3 个孔，按照"左零右火中接地"的原则接线，即通电后，插座的左孔接通电源的零线，右孔接通电源的火线，中上的孔接通保护地线（PE）。

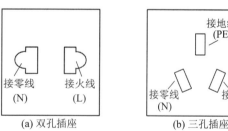

图 1-2-16　单相插座

2. 配电箱

（1）配电箱的组成

配电箱又称配电盒、配电柜，由断路器（空气开关）、漏电保护器、过（欠）电压保护器、进出线端子等组成。断路器用来控制线路的通断和提供负载的过载、短路等保护；漏电保护器起到对漏电、触电的保护作用。

（2）配电箱的安装与接线

配电箱内所用元器件的安装与接线应严格按照操作手册的要求进行。电源线应接在配电箱内进线总线开关（漏电保护器）上，总开关的出线再分配给各分路开关。家用配电箱的安装和接线如图 1-2-17 所示。

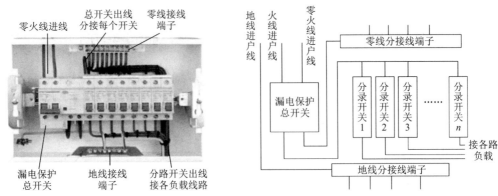

图1-2-17　家用配电箱的安装和接线

三、机床电气控制线路

机床电气控制一般指的是机床传动电动机的电气控制，机床的电气控制有继电器—接触器控制、可编程逻辑控制器控制（PLC 控制）和计算机控制（或数字控制）三种方式。

1. 继电器—接触器控制

用继电器、接触器、开关按钮等常规的低压电器对机床传动电机进行控制，称为机床的继电器—接触器控制，这是一种经典的控制方式。继电器—接触器控制的工业应用十分广泛，因此，通过实践熟悉、掌握几种常用的控制线路十分必要。

（1）单机单方向点动、连续（自锁）和多点控制线路

单台三相异步电动机的点动与连续运行控制线路如图 1-2-18 所示，按图进行完整接线，能实现电动机单向连续运行控制；若将图中虚线框内的 KM 自锁触点去除，即可实现电动机的点动控制，因为启动按钮 SB$_2$ 为自复位按钮，不施加外力操作时，SB$_2$ 为断开状态。

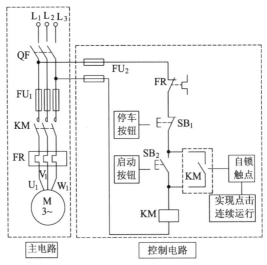

图1-2-18　三相异步电动机的点动与连续运行控制线路

（2）三相异步电动机正反转控制线路

图 1-2-19 所示为三相异步电动机的正反转控制线路图。三相异步电动机反转的工作原理是将其三相电源线的任意两相对调一次，产生的旋转磁场的方向就随之改变。实现方式是通过采用两个接触器 KM_1 和 KM_2 实现不同接线形式的切换，从而改变电动机电源的相序，实现磁场转向的目的。

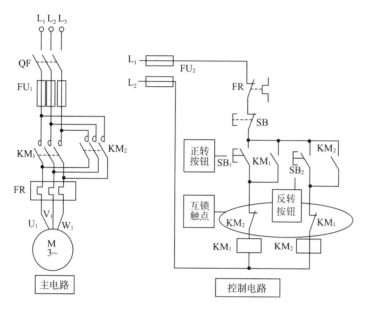

图 1-2-19 三相异步电动机的正反转控制线路

（3）行程（限位）控制线路

图 1-2-20 是三相异步电动机的行程控制线路图，该控制线路中增加了行程限位开关。

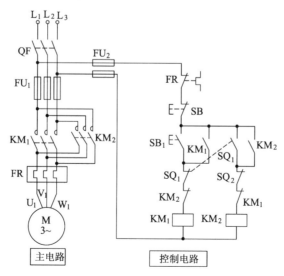

图 1-2-20 三相异步电动机的行程控制线路

2. 可编程逻辑控制器控制

在可编程逻辑控制器（PLC）诞生之前，继电器—接触器控制系统广泛应用于工业生产的各个领域，但是由于这种控制方式的机械触点多、接线复杂，因而其可靠性低，通用性和灵活性较差，且功耗大。现代生产过程日趋复杂，控制要求也不断提高，传统的继电器—接触器控制方式已不能满足现代化生产的需要。

PLC 是一种使用数字运算操作的电子系统，专为在工业环境下应用而设计，它利用可编程序的存储器在内部存储执行逻辑运算、顺序控制、定时、计数和算术运算等操作命令，并通过数字量或模拟量的输入和输出控制各种类型的机械或生产过程。PLC 及其有关设备都应按易于与工业控制系统连成一体和易于扩充其功能的原则进行设计。PLC 具有可靠性高、功能完善、组合灵活、通用性好、编程简单、易操作及功耗低等许多优点，被广泛应用于国民经济的各个控制领域。与一般的计算机相比，它具有更强的与工业过程相连接的接口，具有更适用于控制要求的编程语言，以及更适应工业环境的抗干扰性能。

（1）PLC 的基本组成和各部分的作用

PLC 的类型很多，虽然功能和指令系统不尽相同，但工作原理和基本组成相差无几，主要由硬件系统和软件系统组成。

图 1-2-21 中虚线框内为其硬件系统结构示意图，其硬件系统由主机、输入/输出接口、电源、扩展 I/O 接口、编程器和外部设备接口等组成。

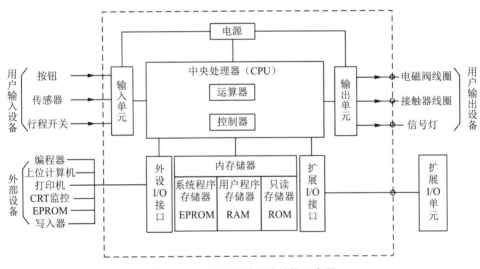

图 1-2-21　PLC 硬件系统结构示意图

① 主机。

PLC 主机部分由中央处理器（CPU）、内存储器组成。

CPU 是 PLC 的运算控制中枢，包括运算器和控制器两大部分。CPU 是总指挥，它指挥着用户程序的运行，监控输入/输出接口的状态，做出逻辑判断并进行数据处理。CPU 采用循环扫描的工作方式，读取输入变量，完成用户指令规定的各种操作，将结果送到输出端，并响应外部设备的请求及进行各种内部诊断。由于 PLC 的指令类型较少，因此 PLC 的控制器比计算机简单。PLC 的运算器虽具有很强的逻辑运算功能，但其他运算功能不如计算机强。

PLC 的内存储器分为两类，一类是系统程序存储器，主要存放系统管理和监控程序及对用户程序作编译处理的程序，系统程序由厂方固化在 PLC 的只读存储器（ROM）中，用户无法更改；另一类是用户程序存储器（RAM），主要存放用户编制的应用程序及各种数据、中间结果等。

② 输入/输出接口（I/O 接口）。

I/O 接口是 PLC 与被控对象或外部设备连接的部件。输入接口接收现场设备（如按钮、行程开关、传感器等）的控制信号及生产过程的数据信息；输出接口的功能是将经主机处理过的结果通过输出电路驱动输出设备（如指示灯、接触器、电磁阀等）。为了减少电磁干扰，I/O 接口电路一般采用光耦隔离器驱动。

I/O 接口包括数字量 DI/O 接口和模拟量 AI/O 接口。下面以西门子 S7-200 系列 PLC 为例，介绍数字量 DI/O 接口电路。

图 1-2-22 所示为直流输入电路。光电耦合器隔离了外部电路与 PLC 内部电路的电气连接，使外部信号通过光电耦合器变成 PLC 内部电路能接收的"0""1"标准信号。当现场开关 SB_1 闭合时，外部直流电压经 R_1 和 R_2-C 阻容滤波后加到光电耦合器的发光二极管上，光敏晶体管接收到光信号后导通，在内部电路中立刻形成信号"1"，并在 PLC 输入采样时送达输入映像寄存器。现场开关的通/断状态对应输入映像寄存器的 1/0 状态。

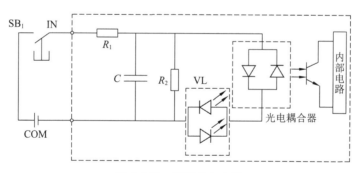

图 1-2-22　直流输入电路

图 1-2-23 所示为交流输入电路，当现场开关 SB_1 闭合时，交流信号经过 C-R_2-R_3 阻容滤波后使光电耦合器的发光二极管发光，光敏电阻晶体管接收到光信号后导通，在内部电路中形成信号"1"，进入 CPU 处理。双向发光二极管 VL 指示输入状态，R_1 为交流输入信号的取样电阻。

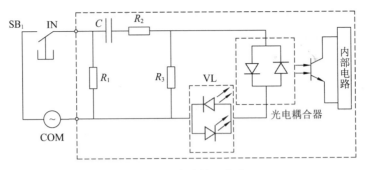

图 1-2-23　交流输入电路

图 1-2-24 所示为晶体管直流输出电路或场效应管（MOSFET）直流输出电路。当 PLC 输出锁存器的输出状态为"1"时，光电耦合器的发光二极管发光，光敏晶体管受光导通后，场效应晶体管饱和导通，相应的直流负载在外部直流电源激励下通电工作；若输出锁存器的输出状态为"0"，则场效应晶体管关断，外部负载停止工作。晶体管直流输出方式的特点是输出的响应速度快，工作频率可达 20 kHz。

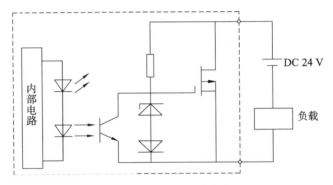

图 1-2-24　直流输出电路

图 1-2-25 所示为晶闸管交流输出电路，其特点是输出启动电流大。当 PLC 输出锁存器的输出状态为"1"时，固态继电器 SSR 的发光二极管导通，光电耦合使光控双向晶闸管导通，交流负载在外部交流电源的激励下得电工作。图中，SSR 既作为隔离器件，也作为功率放大的开关器件。R_2 和 C 组成高频阻容滤波电路，压敏电阻起过电压保护作用。

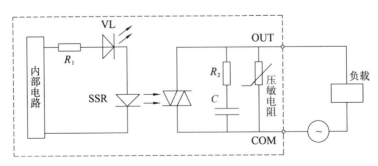

图 1-2-25　交流输出电路

图 1-2-26 所示为继电器方式的交直流输出电路，当 PLC 输出锁存器的输出状态为"1"时，继电器 KA 线圈得电，继电器触点闭合使负载回路接通。图中，继电器既作为隔离器件，又作为功率放大的开关器件。R_2-C 为阻容熄弧电路，压敏电阻可消除继电器触点断开时瞬间电压过高的现象。继电器输出方式的特点是输出电流大，适应性强，但动作响应速度相对较慢。

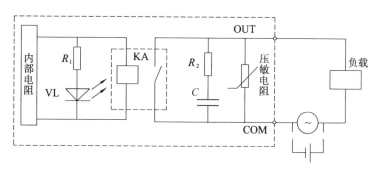

图 1-2-26　交直流输出电路

③ 电源。

PLC 的电源分内部电源和外部电源两种。内部电源由 PLC 生产厂家配置，专给 PLC 内部电路供电，它是一种直流开关稳压电源；外部电源由用户自配，给 PLC 的输入和输出电路供电。内部电源和外部电源不共地，以减少干扰。

④ 扩展 I/O 接口。

扩展 I/O 接口用于将扩充外部 I/O 端子数的扩展单元与主机连接在一起。

⑤ 编程器。

编程器是人机对话的工具，用来输入、编辑、调试用户程序，以及通过编程器的键盘调用和显示 PLC 的一些内部状态和系统参数。除手持编程器外，还可以将计算机和 PLC 连接，利用专用工具软件对 PLC 进行编程或监控。

⑥ 外部设备接口。

外部设备接口用于将编程器、打印机、计算机等外部设备与 PLC 主机相连。

以上所述的是 PLC 的主要硬件组成，而 PLC 的软件系统由系统程序和应用程序组成。系统程序由 PLC 生产厂家配置，应用程序则由用户根据控制需要自行编制与修改。

（2）PLC 的主要技术性能

PLC 的技术性能指标分为硬件指标和软件指标两类，衡量某种型号的 PLC 的性能优劣时，主要参考以下技术性能指标。

① 外形尺寸：一是产品的结构形式是整体式还是模块式；二是产品的实际长、宽、高。

② I/O（输入/输出）点数：指 PLC 的外部输入和输出端子数，常用来表示 PLC 的规模大小，这是 PLC 的重要硬件指标。通常所说的点数是指最大开关量的 I/O 点数，对于模块式或可扩展的整体式 PLC，应用时的实际点数为基本点数和扩展模块点数之

和；对于不可扩展的一体机，实际点数就是可用的最大点数。

③ 存储器容量：指存储器可能存储二进制信息的总量。一般用单元数与单元长度的乘积来计量，习惯以"字节"为单位。存储器包括用户可利用的程序存储器和数据存储器，这是一项重要指标。在 PLC 中，程序指令是按"步"存储的，一条指令有多"步"，一"步"占用一个地址单元，一个地址单元一般占 2 个字节，若约定 16 位二进制数为一个字，即两个 8 位字节，则一个存储容量为 1000"步"的 PLC 的内存就为 2 K字节。

④ 机器字长：CPU 能够直接处理的二进制信息的位数，存储器的单元长度一般等于机器字长。它决定了数据处理的精度，并影响 PLC 的速度，PLC 的字长一般是 8 位、16 位或 32 位。

⑤ 速度：分两种方法来计量 PLC 的速度，一种是 PLC 执行 1000 条基本指令的时间；另一种是 PLC 具体执行每一条指令的时间。

⑥ 指令系统：指 PLC 的所有指令的总和，PLC 的指令系统包括基本指令和高级指令，它建立在硬件的基础上，同时又是程序设计的依据。指令系统越丰富，说明软件功能越强大。

⑦ 编程元件：指 PLC 的软元件，包括输入继电器、输出继电器、辅助继电器、定时器、计数器、通用字寄存器、数据寄存器和特殊功能继电器等。编程元件的种类和数量越多，编程就越方便，PLC 的硬件功能就越强。

⑧ 可扩展性：可扩展性包括 PLC 能否扩展及扩展模块的性能。目前，PLC 的技术已发展得比较成熟，近年来各国 PLC 开发商都在大力发展智能扩展模块，智能扩展模块的多少及性能已经成为衡量 PLC 产品水平的重要标志。常用的扩展模块除了 I/O 扩展模块外，还有模拟量模块、PID 调节模块、高速计数模块、温度传感器模块和通信模块等。

⑨ 通信功能：联网和通信能力已经成为现代 PLC 设备性能的重要指标。通信大致分为两类：PLC 之间的通信和 PLC 与计算机或其他智能设备之间的通信。通信和网络能力主要涉及通信模块、通信接口、通信协议和通信指令等。

（3）PLC 的分类

PLC 一般可按控制规模和结构形式分类。按控制规模不同，PLC 可分为小型机（含微型机）、中型机和大型机，见表 1-2-3。

表 1-2-3　PLC 按控制规模分类

控制规模	I/O 点数	用户存储器/KB	机型举例
微型	<64	2	CPU221/222
小型	<256	4~8	西门子 S7-200；CPU224/226/226XM
中型	256~2048	<50	西门子 S7-300
大型	>2048	>50	西门子 S7-400

以上按控制规模分类的方法并没有十分严格的界限，随着 PLC 技术的飞速发展，这些界限也在逐渐变更。

按结构形式不同，PLC 可分为整体式、模块式和叠装式三类，具体见表 1-2-4。

表 1-2-4　PLC 按结构形式分类

结构形式	结构特点	典型产品
整体式	电源、CPU、I/O 部件集中在一个机箱内，其结构紧凑、体积小。由不同 I/O 点数的基本单元和扩展单元组成，其中基本单元内有 CPU、I/O 部件和电源，扩展单元内只有 I/O 部件和电源。一般配有特殊功能单元，可实现功能扩展。常用于小型 PLC	日本三菱集团 PLC-FX2N 可编程控制器
模块式	由机架（底板）和各种独立模块组成，模块插在机架（底板）内的插座上。模块式 PLC 配置灵活，装配方便，易于扩展和维修，常用于大中型 PLC	西门子公司 PLC 产品 S7-400 系列和 S7-300 系列
叠装式	将整体式和模块式结合，除了基本单元外，还有扩展模块和特殊功能模块。结构紧凑、体积小、配置灵活、安装方便	西门子公司 PLC 产品 S7-200 系列

（4）PLC 的工作原理

PLC 的工作过程如图 1-2-27 所示，其工作原理与计算机的工作原理基本相同。不同的是，PLC 的 CPU 在每一时刻只能执行一步操作，不能同时执行多个操作。PLC 的 CPU 采用循环扫描的工作方式，即 CPU 按程序规定的顺序逐个访问和处理（扫描），直至结束，每循环扫描一次所用的时间就是一个扫

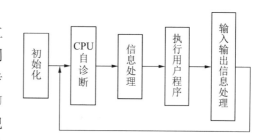

图 1-2-27　PLC 的工作过程

描周期。由于控制系统程序长短不同，故扫描周期也不同，一般在数十毫秒之内。若扫描周期过长，可能是由于 CPU 内部有故障，使程序进入死循环，因此要给 CPU 设置定时器来监视每次扫描周期的时间是否在规定值以内，一旦超出规定值，CPU 就停止工作，发出故障信号。

（5）PLC 的主要功能

PLC 的功能很强，应用十分广泛，主要体现在以下几个方面：

① 开关逻辑控制。开关逻辑控制可取代传统的继电器—接触器进行逻辑控制，这是 PLC 的基本应用。

② 定时/计数控制。用 PLC 的定时器、计数器指令实现对某种操作的定时或计数控制。

③ 步进控制。步进控制就是顺序控制，PLC 为用户提供了移位寄存器用于步进控制，有的 PLC 还专门提供步进指令，给用户编程带来很大的方便。

④ 数据处理。PLC 能进行数据传送、比较、移位、转换、算术运算和逻辑运算，

以及编码和译码操作。

⑤ 过程控制。PLC 可对温度、流量、压力、速度等参数进行自动调节和控制。

⑥ 运动控制。PLC 可用于控制数控机床、机器人生产流水线，即通过高速计数模块和位置控制模块进行单轴或多轴控制。

⑦ 通信。通过 PLC 之间的联网及与计算机的联网，可实现数据交换或远程控制。

⑧ 监控。

⑨ 数模和模数的转换。

（6）PLC 的程序设计方法

PLC 的程序包括系统程序和用户程序。系统程序由 PLC 生产厂家编制并固化在只读存储器中，用户无法更改；用户程序由用户根据控制要求，利用 PLC 规定的编程语言编写和修改。

① 编程语言。

PLC 的编程语言有梯形图、流程图、语句表、功能块图形语言及高级语言等。本节介绍常用的梯形图、流程图和语句表。

A. 梯形图。梯形图是一种从继电器—接触器控制电路图演变而来的图形语言，它是借助类似于继电器的触点符号、线圈符号及串、并联术语和符号，根据控制要求连成的图形语言，用以表示 PLC 输入与输出的关系。这种编程语言直观易懂。梯形图中的基本元素见表 1-2-5。

表 1-2-5 梯形图中的基本元素

元素名称	含义	图例
触点	代表 PLC 的逻辑"输入"条件，如 PLC 输入端所接的开关、按钮的状态及 PLC 的内部输入条件	┤├ ┤/├ 或 ┤↑├
线圈	代表 PLC 的逻辑"输出"结果，如 PLC 输出端所接的灯、继电器、接触器及 PLC 的中间寄存器、内部输出条件等。当有"能量"流入线圈时，才会有输出	（ ）或 [ ]
盒（方块）	代表附加指令，如定时器、计数器或数学运算指令等。当"能量"流到此框时，就能执行一定的功能	□

图 1-2-28 所示为继电器—接触器控制电路与 PLC 梯形图的转换示例。

图 1-2-28（b）的梯形图表示：当 PLC 的逻辑"输入"I0.0，I0.1，I0.2 满足条件时，即 I0.0 为"1"，I0.1 和 I0.2 均为"0"时，Q0.0 才输出"1"的结果。对应继电器—接触器控制电路中的 SB_1 闭合动作，SB_2 和 FR 保持闭合不动作时，接触器 KM 线圈得电，触点发生动作。

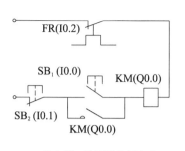
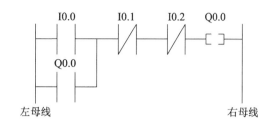

(a) 继电器—接触器控制电路　　　　　　(b) PLC梯形图

图 1-2-28　继电器—接触器控制电路与 PLC 梯形图的转换

梯形图的规范特点如下：

a. 梯形图按自上而下、从左到右的次序排列。最左边的竖线为左母线，连接内部输入继电器的动合（常开）触点；最右边的竖线为右母线（有时可省略），与内部输出继电器的线圈相连。每个线圈为一行，称为一个梯级。梯形图只是一种编程语言，故梯形图中的触点和线圈不是实物，无实际电流流过。

b. 梯形图中的继电器实际上是 PLC 变量存储器中的位触发器。当某位触发器为"1"态时，相应的"线圈"就接通，其"触点"动作。一般情况下，某个编号的内部输出继电器线圈只能在梯形图中出现一次，多个线圈只能并联，不能串联；而触点可出现无数次，可任意串、并联。

c. PLC 的内部输入继电器用于接收 PLC 外部输入的开关信号，PLC 的输入继电器只能由外部输入信号驱动，不能由 PLC 内部其他继电器的触点来驱动，因此梯形图中只出现输入继电器的触点，不出现其线圈。

d. 当 PLC 梯形图中的输出继电器线圈接通后，就有信号输出，但不能直接驱动外部执行部件（如接触器、电磁阀等），而是只能经 PLC 内部功放器件（如晶体管、晶闸管）放大后再驱动外部执行部件。总之，梯形图中继电器的触点、线圈只能供编程使用。

B. 流程图（或功能块 FBD）。流程图是一种特殊的方框图，类似于计算机编程时常用的程序框图。PLC 控制系统比较复杂时，绘制梯形图较困难，因此流程图常用作比较复杂的 PLC 控制系统的编程语言。绘制流程图时，将控制系统的一个功能块的内容用一个矩形框表示，矩形框按功能块之间的关系（动作顺序、逻辑关系）连成流程图，首先对每个矩形框按其功能进行编程，然后汇总成控制系统的程序。

C. 语句表（或指令表 STL）。语句表类似于计算机的汇编语言，且比汇编语言直观易懂，编程简单，但语句表比较抽象，适宜熟悉 PLC 的有经验的程序员使用。

② PLC 的编程元件和编程原则。

A. 编程元件。

a. 输入映像寄存器 I。每个输入映像寄存器都对应一个 PLC 的输入端子，用于接收外部的开关信号。在每个扫描周期开始时，PLC 对各输入端子状态采样，并将采样值送到输入映像寄存器，供程序调用。

b. 输出映像寄存器 Q。每个输出映像寄存器都对应一个 PLC 的输出端子。PLC 仅在每个扫描周期的末尾才将输出映像寄存器的状态值以批处理的方式送达输出端子。

c. 内部标志位存储器 M。内部标志位存储器 M 就像继电器控制系统中的中间继电器，主要存放中间操作状态或存储其他相关数据。

d. 特殊标志位存储器 SM。特殊标志位存储器 SM 是用户程序与系统程序之间的界面，为用户提供一些特殊的控制功能和系统信息。例如，SM0.0 为系统 RUN 监控、SM0.5 为占空比为 50% 的秒脉冲等。而用户对系统的一些特殊操作也通过特殊标志位存储器 SM 通知系统。例如，用户通过设置 SMB30，可将 S7-200 PLC 编程口设置为自由通信口等。

e. 顺序继电器 S。顺序继电器 S 用于顺序控制或步进控制。顺序控制继电器 SCR 指令基于顺序功能图 SFC 的编程方式执行，SCR 指令将控制程序的逻辑分段，从而实现顺序控制。

f. 定时器 T。定时器 T 是累计时间增量的内部重要器件。例如，S7-200 PLC 定时器 T 的时基有三种：1 ms，10 ms，100 ms。定时器 T 通常由程序赋予预设值，需要时也可在外部设定。

g. 计数器 C。计数器 C 用来累计输入端脉冲的次数，有增计数、减计数、增减计数三种类型。计数器 C 通常由程序赋予预设值。

编制比较复杂的控制程序可能还要用到局部变量存储器 L、变量存储器 V、模拟量输入/输出映像寄存器 AI/AO、累加器 AC 和高速计数器 HC，应用间接寻址的方法也会使用户程序更简洁、效率更高，需要时可查阅其他相关资料。

B. 编程原则。

a. PLC 编程元件的触点在编程过程中可无限次使用。

b. PLC 编程元件的线圈不可重复使用。

c. 梯形图每一个逻辑行（每个梯级）必须始于左母线，止于右母线。

d. 梯形图中触点应避免出现在垂直线上，否则无法用指令语句表编程。

（7）可编程控制器的指令系统

不同形式的 PLC 的指令系统有所不同。西门子 S7 系列 PLC 的指令执行时间短，允许使用梯形图、流程图和语句表进行表达。其指令系统包含的指令很多，限于篇幅，此处不作介绍，读者可阅读相关手册，熟悉指令编程。

能力训练项目

 ## 任务一：家用照明电路的安装

● 实训目的

（1）掌握所用电气器件的规格、型号、主要性能、选用方式、使用和检测方法等。

（2）掌握一般照明灯具控制电路的安装过程。

（3）熟悉电气图形符号，掌握电气图的读图方法和一般的电路设计方法。

● **实训仪器与材料**

（1）日光灯安装器材：灯管、灯座、镇流器、启辉器、开关、电线等。

（2）安装工具：螺丝刀、钢丝钳、万用表等。

● **实训内容**

（1）学习日光灯电路原理图。

（2）根据电路原理图连接电路。

（3）检查和调试线路，实现线路的正常工作。

一、日光灯照明电路的组成

日光灯照明电路如图 1-2-29 所示，其中包含日光灯管、镇流器和启辉器。

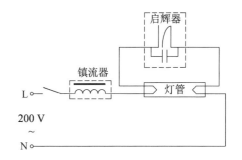

图 1-2-29　日光灯照明电路

① 日光灯管是在真空情况下充有一定量的氩气和少量水银的玻璃管，管内壁涂荧光油墨，两个电极用钨丝绕制而成，上面涂有一层加热后能发射电子的物质。管内氩气既能帮助灯管点亮，又能延长灯管寿命。

② 镇流器又称限流器，是一个带有铁芯的电感线圈。其作用包括在灯管启辉瞬间产生一个比电源电压高得多的自感电压帮助灯管启辉；在灯管工作时限制通过灯管的电流，避免电流过大而烧毁灯丝。

③ 启辉器由一个启辉管（氖管）和一个小容量电容组成，如图 1-2-30 所示。其中，电容用于防止灯管启辉时对无线电接收器的干扰。氖管内充有氖气并装有两个电极，一个是固定的静触片，另一个是用膨胀系数不同的双金属片制成的倒"U"形可动触片。启辉器在电路中起自动开关作用。

图 1-2-30　启辉器

二、日光灯照明电路的原理

电源接通的瞬间，启辉器未工作，电源电压直接加在启辉器内氖管的两个电极之间，电极被击穿，管内气体导电，使 U 形触片的双金属片受热膨胀产生形变而接触到静触片，从而接通电路，使电源、灯丝、启辉器电极形成闭合回路，如图1-2-31所示。灯丝因电流（称为启动电流）通过而发热，从而使灯丝上的氧化物发射电子。

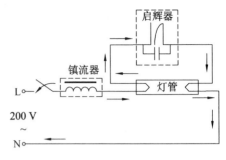

图1-2-31　电流流向图

同时，启辉器两端电极接通后，电极间电压为零，启辉器停止放电，由于接触电阻很小，双金属片逐渐冷却，恢复形变，断开电路。

电路断开的瞬间，回路中电流变为零，镇流器两端产生一个比电源电压高得多的感应电压，连同电源电压共同加在灯管两端，使灯管内的惰性气体产生电离现象，生成弧光放电。随着管内温度的逐步上升，水银蒸气游离并猛烈碰撞惰性气体而放电。水银蒸气弧光放电时，辐射出紫外线，激励灯管内壁的荧光材料发出可见光。

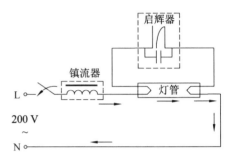

图1-2-32　日光灯工作原理图

日光灯正常工作时，灯管两端电压较低（30 W灯管两端电压约为80 V），如图1-2-32所示。

三、电路检查与调试

安装时，启辉器座的两个接线柱分别与两个灯座中的各一个接线柱相连接；两个灯座中的剩余接线柱一个与中性线（零线）相连，另一个与镇流器的一个线端相连；镇流器另一端与开关相连，开关另一端连接相线（火线）。

经检查，安装牢固与接线无误后，"启动"交流电源，日光灯应该正常工作，若不工作，则需要检查线路，分析并排除故障。

任务二：三相异步电动机简单控制线路安装调试训练

● **实训目的**

（1）通过对三相异步电动机点动控制线路和自锁控制线路进行接线，掌握根据电路原理图连接实际操作电路的方法。

（2）掌握三相异步电动机点动控制和自锁控制的原理。

● **实训仪器与材料**

（1）实训电动机：鼠笼式三相异步电动机。

（2）实训器材：熔断器、开关、交流接触器、导线等。

（3）实训工具：钢丝钳、螺丝刀、万用表等。

● **实训内容**

（1）学习并绘制电气原理图。

（2）了解三相异步电动机的工作原理和接线方式。

（3）根据电气原理图进行电气接线。

（4）检查线路并通电运行，观察电动机运转过程。

一、三相异步电动机简单控制线路的电气原理

三相异步电动机点动控制线路的电气原理如图 1-2-33（a）所示，自锁控制线路的电气原理如图 1-2-33（b）所示。

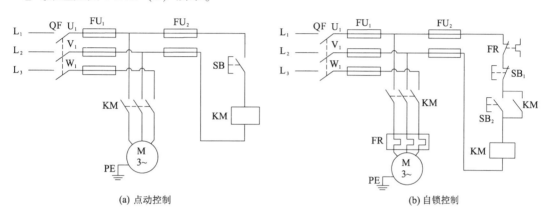

(a) 点动控制　　　　　　　　　　　　　　(b) 自锁控制

图 1-2-33　三相异步电动机简单控制线路的电气原理图

二、三相异步电动机的控制线路

1. 点动控制线路

线路中，由于电动机的启动、停止是通过按下和松开按钮来实现的，所以电路中不需要停止按钮。在点动控制线路中，电动机的运行时间较短，无需过热保护装置。当闭合电源开关 QF 时，电动机并不会启动，因为接触器 KM 线圈未能获得电流，触点处于断开状态，电动机绕组上没有获得电压。若要使电动机 M 运转，只需按下按钮 SB，使接触器 KM 线圈通电，从而闭合主电路的触点，电动机即可启动；松开按钮 SB 后，接触器 KM 的线圈不再有电流通过，主电路触点断开，从而切断电动机的供电，电动机停止。

实际电路中是用一个控制变压器来提供控制回路电源的，控制变压器的主要作用是将主电路较高的电压转变为控制回路较低的工作电压，实现电气隔离。同时，变压器的副边需要安装熔断器，避免副边控制回路短路时烧毁变压器。

2. 自锁控制线路

自锁控制线路主要是在点动控制线路的基础上，将接触器 KM 的辅助常开触点与启动按钮并联，使得控制回路自锁，从而实现电动机的连续运转。它需要在线路中增

加停止按钮 SB₁ 和热继电器 FR，以实现电动机的手动停机和过载保护功能。

当按下启动按钮 SB₂ 时，接触器 KM 线圈通电，主电路中触点闭合，电动机 M 启动，同时 KM 辅助常开触点闭合，保持控制回路接通，因此松开 SB₂ 后，电动机仍能继续保持运转。这就是电动机的自锁控制线路。与开关 SB₂ 并联的接触器触点称为自锁触点。当需要停止电动机运转时，按下停止按钮 SB₁ 即可。

 ## 任务三：三相异步电动机正反转控制线路安装调试训练

● **实训目的**

（1）通过对三相异步电动机正反转控制线路进行接线，掌握根据电路原理图连接实际操作线路的方法。

（2）掌握三相异步电动机正反转控制的原理。

（3）掌握手动控制正反转、接触器互锁控制正反转、按钮互锁控制正反转及按钮和接触器双重互锁控制正反转线路的不同接法，并了解它们在操作过程中的不同之处。

● **实训仪器与材料**

（1）实训电动机：鼠笼式三相异步电动机。

（2）实训器材：熔断器、按钮开关、交流接触器、热继电器、导线等。

（3）实训工具：钢丝钳、螺丝刀、万用表等。

● **实训内容**

（1）学习并绘制电气原理图。

（2）了解三相异步电动机的工作原理和接线方式，与简单控制线路进行对比。

（3）根据电气原理图进行电气接线。

（4）检查线路并通电运行，观察电动机运转过程。

三相异步电动机正反转控制线路的电气原理图如图 1-2-34 所示。

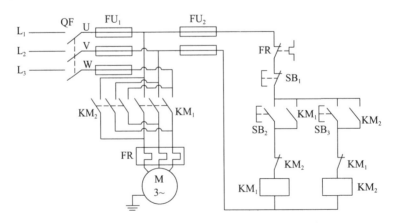

图 1-2-34　三相异步电动机正反转控制线路的电气原理图

1. 正转控制

闭合电源开关 QF，按下正转启动开关 SB_2，正转控制回路接通，KM_1 线圈通电，常开触点动作，接通主电路供电，电动机正转。同时，辅助触点 KM_1 闭合自锁，保持连续运行，联动常闭触点 KM_1 断开，确保反转控制电路断开。

2. 反转控制

要使电动机切换转向反向运转，首先需要按下停止按钮 SB_1，断开控制线路，否则由于 KM_1 常闭触点处于断开状态，反转控制线路无法接通，因此只有先断开原控制线路让 KM_1 线圈断电、常闭触点复位，再按下 SB_3 才能接通反转控制电路，从而接通主电路中反转供电线路，实现电动机反转。

3. 联锁控制

若要实现电动机转向的直接切换，则需要在控制电路中接入 SB_2 和 SB_3 常闭触点，如图 1-2-35 所示。在电动机保持一个方向转动时，按下另一个方向的按钮，常闭触点动

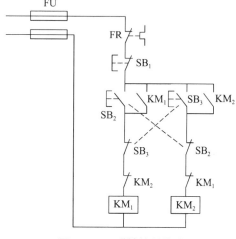

图 1-2-35　联锁控制线路

作，断开原来的回路，使得线圈触点复位，随后接通新的控制线路，实现电动机转向的直接切换。

视野拓展

一、电动机

电动机是以电磁场作为媒介，将电能转化为机械能，实现旋转或直线运动的能量转换装置。

1. 异步电动机

异步电动机又称感应电动机，是由气隙旋转磁场与转子绕组感应电流相互作用产生电磁转矩，从而实现机电能量转换为机械能量的一种交流电动机。按照转子结构，异步电动机可分为鼠笼式异步电动机和绕线式异步电动机两种形式。

（1）异步电动机的原理

三相异步电动机的定子绕组加对称电压后产生一个旋转气隙磁场，转子绕组导体切割该磁场产生感应电势。由于转子绕组处于短路状态时会产生一个转子电流，转子电流与气隙磁场相互作用就产生电磁转矩，从而驱动转子旋转。电动机的转速一定低于磁场同步转速，因为只有这样转子导体才可以感应电势从而产生转子电流和电磁转矩。

（2）异步电动机的特点

转子绕组不需与其他电源相连，其定子电流直接取自交流电力系统。与其他电动机相比，异步电动机的结构简单，制造、使用、维护方便，运行可靠性高，质量小，成本低；但其转速与磁极对数及频率有关，转速相对固定。

2. 伺服电动机

（1）伺服电动机的工作原理

伺服电动机内部的转子是永磁体，由驱动器控制的 U/V/W 三相电形成电磁场，转子在此磁场的作用下转动，同时电动机自带的编码器反馈信号给驱动器，驱动器比较反馈值与目标值，从而调整转子转动的角度。伺服电动机的精度取决于编码器的精度（线数）。

伺服电动机主要靠脉冲来定位，基本上可以这样理解：伺服电动机接收到一个脉冲，就会旋转一个脉冲对应的角度，从而实现位移。伺服电动机本身具备发出脉冲的功能，每旋转一个角度，都会发出对应数量的脉冲，这样，伺服电动机发出的脉冲和接收的脉冲就形成了呼应或者称闭环，系统就会知道发出了多少个脉冲给伺服电动机，同时又接收了多少个脉冲，能够精确地控制电动机的转动，从而实现精确定位（精确度可以达到 0.001 mm）。

（2）伺服电动机的分类及特点

伺服电动机的一般分类见表 1-2-6。

表 1-2-6　伺服电动机的一般分类

种类		优点	缺点	结构特点
直流伺服电动机（DC）		使用直流电源，改变电压或电流即可成比例地控制转速和转矩	转子上有电刷和换向器，需要维护	线圈在转子上
交流伺服电动机（AC）	同步电动机	不需要维护	电路复杂，成本高	转子由永磁体构成，线圈在定子上
	异步电动机			转子和定子上都有线圈

3. 步进电动机

（1）步进电动机的工作原理

电动机的转子通常为永磁体，当电流流过定子绕组时，定子绕组产生一矢量磁场，该磁场会带动转子旋转一个角度，使得转子的磁场方向与定子的磁场方向一致。当定子的矢量磁场旋转一个角度时，转子也随着该磁场旋转一个角度。每输入一个电脉冲，转子就转动一个角度并前进一步。步进电动机输出的角位移与输入的脉冲数成正比，转速与脉冲频率成正比。如果改变绕组通电的顺序，电动机就会反转，所以可以通过控制脉冲数量、频率及电动机各相绕组的通电顺序来控制步进电动机的转动。

步进电动机是将电脉冲信号转变为角位移或线位移的开环控制元件。在不超载的情况下，电动机的转速、停止的位置只取决于脉冲信号的频率和脉冲数，而不受负载变化的影响，即给电动机加一个脉冲信号，电动机就转过一个步距角。由于这一线性关系的存在，加上步进电动机只有周期性的误差而无累积误差等特点，因此用步进电动机来控制速度、位置就非常方便。

步进电动机也称脉冲电动机，可直接用数字信号控制，与计算机接口通信方便。它通过控制脉冲频率来控制电动机转动的速度和加速度，从而达到调速的目的。

空载启动频率是步进电动机的一个技术参数，即步进电动机在空载情况下正常启动限定的脉冲频率，如果脉冲频率高于该值，电动机便不能正常启动，还可能发生丢步或堵转；在有负载的情况下，启动频率应更低。

步进电动机的缺点是能量利用率低，有失步（即输入脉冲而电动机未转动）和越步（即多走步数，也叫过冲）错误。失步和越步多出现在启动和停止时，而且容易发生低频振动现象。

（2）步进电动机的特性

步进电动机必须加驱动才可以运转，驱动信号必须为脉冲信号，无脉冲信号时，步进电动机静止，如果加以适当的脉冲信号，电动机就会以一定的角度（称为步距角）转动，其转动的速度和脉冲的频率成正比。步进电动机具有瞬间启动和急速停止的优越特性。改变脉冲的顺序可以方便地改变电动机转动的方向，步进电动机只有周期性误差而无累积性误差。目前打印机、绘图仪、机器人等设备都以步进电动机为动力核心。

4. 步进电动机和交流伺服电动机的性能比较

步进电动机是一种开环控制装置，它和现代数字控制技术有着本质的联系。在目前国内的数字控制系统中，步进电动机的应用十分广泛，随着全数字式交流伺服系统的出现，交流伺服电动机也越来越多地应用于数字控制系统中。为了适应数字控制技术的发展趋势，运动控制系统中大多采用步进电动机或全数字式交流伺服电动机作为执行电动机。虽然两者在控制方式上相似（脉冲串和方向信号），但在使用性能和应用场合上却存在着较大的差异。现就二者的使用性能进行比较，见表1-2-7。

表1-2-7　步进电动机与交流伺服电动机的性能比较

性能	步进电动机	交流伺服电动机
控制精度	两相混合式步进电动机的步距角一般为 3.6°和 1.8°，五相混合式步进电动机的步距角一般为 0.72°和 0.36°，另一些高性能步进电动机的步距角更小	电动机轴后端的旋转编码器能保证控制精度；脉冲当量远小于步进电动机，如带 17 位编码器的电动机一圈的脉冲当量为 0.00275°，是步距角为 1.8°的步进电动机的脉冲当量的 1/655
低频特性	低速时易出现低频振动现象，振动频率与负载情况及驱动器性能有关，一般认为振动频率为电动机空载起跳频率的一半。低速工作场景下，一般采用阻尼技术来克服低频振动现象	运转平稳，低速时不会出现振动现象。交流伺服电动机系统具有共振抑制功能，可掩盖机械的刚性不足，并且系统内部具有频率解析性能，可检测出机械的共振点，便于系统调整

性能	步进电动机	交流伺服电动机
矩频特性	输出力矩随转速的升高而下降，且在较高转速时急剧下降，所以其最高工作转速一般在 300~600 r/min	恒力矩输出，即在其额定转速（一般为 2000 r/min 或 3000 r/min）内，能输出额定转矩，在额定转速以上为恒功率输出
过载能力	一般不具有过载能力	过载能力较强
运行性能	开环控制装置。启动频率过高或负载过大易出现丢步或堵转（电动机转子不转）现象；停止时，转速过高易出现过冲现象。所以为保证其控制精度，应处理好升、降速问题	闭环控制装置。驱动器可直接对电动机编码器反馈信号进行采样，内部构成位置环和速度环，一般不会出现步进电动机丢步或过冲现象，控制性能更可靠
速度响应性能	从静止加速到工作转速（一般为每分钟几百转）需要 200~400 ms	加速性能较好，有些电动机从静止加速到额定转速（3000 r/min）仅需几毫秒，可用于要求快速启停的控制场合

5. 其他分类

除以上分类外，根据不同方法，电动机常见分类形式见表 1-2-8。

表 1-2-8 电动机常见分类形式

分类依据	主要类别
电动机功能	驱动电动机、控制电动机
电动机转速与电网电源频率之间的关系	同步电动机、异步电动机
电源相数	单相电动机、三相电动机
防护形式	开启式、防护式、封闭式、防爆式、防水式、潜水式
安装结构形式	卧式、立式、带底脚式、带凸缘式等
绝缘等级	E 级、B 级、F 级、H 级等

二、家居配电系统

1. 家居配电线路设计的基本原则

① 照明灯、普通插座、大容量电器设备插座的回路必须分开。这样如果插座回路的电器设备出现故障，仅此回路电源中断，不会影响照明回路的工作，便于对故障回路进行检修。对空调、电热水器、微波炉等大容量电器设备，宜一台电器设置一个回路。大容量用电回路的导线截面积应适当加大，这样可以大大减少电能在导线上的损耗。

② 照明应分成几个回路。家庭照明可按不同的房间搭配分成几个照明回路，即使某一回路的照明出现故障，也不会影响其他回路的照明。

③ 用电总容量要与设计负荷相符。在电气设计和施工前，应当向物业管理部门了解住宅建筑的用电负荷总容量，不得超过该户的设计负荷。

2. 家居配电线路设计的一般要求

① 每套家居进户处必须设置嵌墙式住户配电箱。住户配电箱设置电源总开关，该开关能同时切断相线和中性线，且有断开标志。每套家居应设电能表，电能表箱应分层集中嵌墙暗装在公共部位。住户配电箱内的电源总开关应采用两极开关，总开关容量选择要逐级递减。

② 家居电器开关、插座的配置应能够满足需要，并为未来家庭电器设备的增加预留足够的插座。住宅建筑各个房间可能用到的开关和插座数量见表 1-2-9。

表 1-2-9　住宅建筑各个房间可能用到的开关和插座数量

房间	开关或插座名称	数量	设置说明
主卧室	双控开关	2	卧室采用双控开关非常必要，尽量使每个卧室都采用双控开关
	五孔插座	5	两个床头柜各 1 个，电视电源处 2 个，墙角备用 1 个（可用于落地扇、空气净化器等）
	三孔 16 A 插座	1	空调单独线路插座
	有线电视线接口	1	—
	网络接口	1	—
次卧室	双控开关	2	顶灯
	五孔插座	3	两个床头柜各 1 个，墙角备用 1 个
	三孔 16 A 插座	1	空调单独线路插座
	有线电视线接口	1	—
	网络接口	1	—
书房	单控开关	1	顶灯
	五孔插座	3	电脑、台灯、备用各 1 个
	三孔 16 A 插座	1	空调单独线路插座
	网络接口	1	—
客厅	双控开关	2	客厅顶灯，有时客厅离入户门较远，双控开关的实用性强
	单控开关	$1+x$	玄关灯 1 个，其他可能的照明若干
	五孔插座	7	电视柜位置 3 个，沙发两侧各 1 个，墙角备用 2 个，具体位置可根据实际情况调整
	三孔 16 A 插座	1	空调单独线路插座
	有线电视线接口	1	—
	网络接口	1	—
厨房	单控开关	1	顶灯
	五孔插座	4	厨房小家电，如电饭煲、豆浆机等
	三孔插座	3	油烟机、冰箱等
	一开三孔 16 A 插座	5	微波炉、电磁炉、烤箱、热水器等

房间	开关或插座名称	数量	设置说明
餐厅	单控开关	2	顶灯、吊灯各 1 个
	五孔插座	2	备用 2 个
卫生间	单控开关	2	顶灯、排风扇各 1 个
	五孔插座	3	智能马桶、电吹风等
	防水盒	3	保护插座
	浴霸开关	1	—
阳台	单控开关	1	顶灯
	五孔插座	2	洗衣机、备用各 1 个

③ 插座回路可根据实际使用情况增加二级漏电保护。如电热水器或者卫生间、厨房等潮湿场所。

④ 住宅应设有线电视系统，其设备和线路应满足有线电视网的要求。

⑤ 每户电话进线不应少于两对，其中一对应通到计算机桌旁，以满足上网需要。

⑥ 电源、电话、电视线路应采用阻燃型塑料管暗敷。电话和电视等弱电线路也可采用钢管保护，电源线采用阻燃型塑料管保护。

⑦ 电气线路应采用符合安全和防火要求的敷设方式，导线应采用铜导线。

⑧ 由电能表箱引至住户配电箱的铜导线截面积不应小于 10 mm^2，住户配电箱的照明分支回路的铜导线截面积不应小于 2.5 mm^2，空调回路的铜导线截面积不应小于 4 mm^2。

⑨ 防雷接地和电气系统的保护接地是分开设置的。

3. 家居电气配置设计

（1）配电箱的设计

由于各用户用电情况及布线方式存在差异，因此配电箱只能根据实际需要而定。一般情况下，照明、插座、容量较大的空调或其他电器各为一个回路，壁挂式空调可设计成两个或一个回路。当然，也有厨房、空调（无论容量大小）各占一个回路的，并且在一些回路中应安装漏电保护。家用配电箱一般有 6~10 个回路（若箱体较大，还可增设更多的回路），在此范围内设置开关。究竟选用何种箱体，应综合考虑住宅面积、用电器功率及布线方式等因素，还必须控制电流总容量在电能表的最大容量范围内（目前家用电能表一般为 10~40 A）。

（2）家庭总开关容量的计算

家庭的总开关容量应在满足导线安全载流量的情况下根据具体用电器的总功率来选择，总功率的计算公式为

$$P_{总} = （P_1 + P_2 + P_3 + \cdots + P_n）\times 0.8$$

式中：P_1，P_2，P_3，…，P_n 为各分路功率，kW。

总开关承受的电流大小应为

$$I_{总} = 4.5P_{总}$$

（3）分路开关的设计

分路要按家庭区域划分，分路开关承受的电流为

$$I_{分} = 0.8P_n \times 4.5$$

空调回路要考虑启动电流，其承受的电流为

$$I_{空调} = 0.8P_n \times 4.5 \times 3$$

（4）导线截面积的计算

按照国家标准的相关规定，家装电路应使用铜芯线。一般铜导线的安全载流量为 $5 \sim 8$ A/mm²，如截面积 S 为 2.5 mm² BVV 铜导线的安全载流量的推荐值为 2.5 mm² × 8 A/mm² = 20 A，截面积 S 为 4 mm² BVV 铜导线的安全载流量的推荐值为 4 mm² × 8 A/mm² = 32 A。

考虑到导线在长期使用过程中要经受各种不确定因素的影响，一般按照以下经验公式估算导线的截面积 S，即

$$S \approx I/4$$

（5）家居配电电路设计方案示例

家居配电方案一：

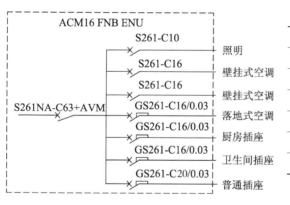

用途	产品型号
终端配电箱	ACM16 FNB ENU
进线总开关	S261NA-C63+AVM
照明回路	S261-C10
壁挂式空调回路	S261-C16
落地式空调回路	GS261-C16/0.03
插座回路	GS261-C20/0.03

家居配电方案二：

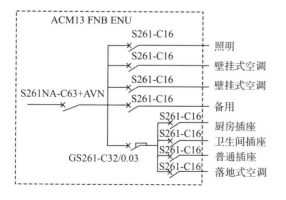

用途	产品型号
终端配电箱	ACM13 FNB ENU
进线总开关	S261NA-C63+AVM
照明回路	S261-C16
插座回路	S261-C16
空调回路	S261-C16
剩余电流保护回路	GS261-C32/0.03

4. 家居配电箱

（1）家居配电箱的结构

家居配电箱的外壳有金属外壳和塑料外壳两种，主要由箱体、盖板、上盖和装饰片等组成。配电箱的制造材料要求较高，上盖应选用耐热阻燃的 PS 塑料，盖板应选用透明 PMMA，内盒一般选用 1.00 mm 厚度的冷轧板并表面喷塑。家居配电箱的结构如图 1-2-36 所示。

图 1-2-36　家居配电箱的结构

家居配电箱一般嵌装在墙体内，外面仅可见其面板。住宅配电箱一般由电源总闸单元、漏电保护单元和回路控制单元构成。

① 电源总闸单元。一般位于配电箱的最左边，采用电源总闸（隔离开关）作为控制元件，控制入户总电源。拉下电源总闸，即可同时切断入户的交流 220 V 电源的相线和零线。

② 漏电保护单元。一般设置在电源总闸的右边，采用漏电断路器（漏电保护器）作为控制与保护元件。漏电断路器的开关扳手平时朝上，处于"闭合"状态；有人触电时，漏电断路器会迅速动作切断电源，此时可见开关扳手已朝下，处于"断开"状态。

③ 回路控制单元。一般设置在配电箱的右边，采用断路器作为控制元件，将电源分为若干路向户内供电。对于小户型住宅，可分为照明回路、插座回路和空调回路。各个回路单独设置各自的断路器和熔断器。对于中等户型、大户型住宅，可以考虑在小户型住宅回路的基础上增设一些控制回路，如客厅回路、主卧室回路、次卧室回路、厨房回路、空调 1 回路、空调 2 回路等，一般可设置 8 个以上的回路，居室数量越多，设置的回路就越多，其目的是保证用电安全、方便。

（2）家居配电箱的安装与接线

① 家居配电箱安装位置的确定。

家居配电箱的安装可分为明装、暗装和半露式三种。明装通常采用悬挂式，可以用金属膨胀螺栓等将箱体固定在墙上；暗装为嵌入式，应随土建施工预埋，也可在土建施工时预留孔安装后再预埋。现代家居装修一般采用暗装配电箱，如图 1-2-37 所示。

(a) 暗装式配电箱

(b) 安装效果图

图 1-2-37　家居暗装式配电箱

对于楼宇住宅新房，一般在进门处靠近天花板的适当位置预留家居配电箱的安装位置，许多开发商已经将家居配电箱预埋安装，装修时应尽量保持不动。

家居配电箱应安装在干燥、通风的位置，且不被遮挡、方便使用，绝不能将配电箱安装在箱体内，以防火灾。此外，配电箱不宜安装过高，一般安装标高为 1.8 m，以便操作。

② 家居配电箱的安装。

普通家居配电箱安装如图 1-2-38 所示，安装要求如下：箱体必须完好无损，进配电箱的电线管必须用锁紧螺母固定；配电箱埋入墙体应垂直、水平；若配电箱需开孔，孔的边缘必须平滑、光洁；箱体内接线汇流排应分别设立零线、保护接地线、相线，且要完好无损，具备良好绝缘性能；配电箱内的接线应规则、整齐，端子螺钉必须紧固；各回路进线必须有足够长度，不得有接头；安装完成后必须清理配电箱内的残留物；配电箱安装后应标明各回路的使用名称。

图 1-2-38　家居配电箱安装示意图

③ 家居配电箱的接线。

把配电箱的箱体在墙体内用水泥固定好，同时预埋好从配电箱引出的管子，然后把导轨安装在配电箱底板上，将断路器按设计好的顺序卡在导轨上，各条支路的导线在管中穿好后，其末端接在各个断路器的接线端。

如果用的是单极断路器，只需要把相线接入断路器。在配电箱底板的两边各有一个铜接线端子：一个与底板绝缘，是零线接线端子，进线的零线和各出线的零线都接在这个接线端子上；另一个与底板相连，是地线接线端子，进线的地线和各出线的地线都接在这个接线端子上。如果用的是两极断路器，需要把相线和零线都接入开关，在配电箱底板的边上只有一个铜接线端子，是地线接线端子。

接完线以后，先装上前面板，再装上配电箱门，在前面板上贴上标签，写上每个断路器的功能。导线接线完毕后要进行绑扎，使配电箱内导线排布更整齐。

三、家居电源插座、照明开关的选用与安装

1. 电源插座的选用与安装

（1）单相电源插座

单相插座常用的规格为 250 V/10 A 的普通照明插座和 250 V/16 A 的适用于空调、热水器的三孔插座。

住宅常用的电源插座面板有 86 型、120 型、118 型和146 型，目前最常用的是 86 型插座，其面板尺寸为 86 mm×86 mm，安装孔中心距为 60.3 mm。

根据插座孔数不同，可将插座分为单相两孔插座、单相三孔插座、单相四孔插座

和单相五孔插座。此外还有带开关插座（图 1-2-39），其安全性高且节约能源，因此多用于家用电器如微波炉、电饭煲等。

（2）电源插座的安装

电源插座根据安装形式可以分为墙壁插座、地面插座两种类型。其中，墙壁插座可分为三孔插座、四孔插座和五孔插座等。一般来讲，住宅的每个主要墙面应至少各有一个五孔插座，电器设置集中的地方应至少安装两个五孔插座，如摆放电视机的位置。如果要安装空调或其他大功率电器，就一定要使用带开关的 16 A 插座。

图 1-2-39　带开关插座

地面插座可分为开启式、跳起式、螺旋式等类型。还有一类地面插座为弹起式地面插座，不用的时候可以隐藏在地面以下，使用的时候可以翻开，既方便又美观，如图 1-2-40 所示。

图 1-2-40　弹起式地面插座

儿童房的电源插座一定要选用带有保护门的安全插座，这种插座孔内有绝缘片，在使用插座时，插头要从插孔斜上方向下撬动挡板再向内插入，可防止儿童触电。

厨房和卫生间内经常会有水和油烟，因此要选择防水、防溅的插座，可防止因溅水而发生用电事故，如图 1-2-41 所示。在插座面板上最好安装防溅水盒或塑料挡板，这样可以有效防止油污、水汽侵入引起的短路。防溅水型插座是在插座外加装防水盖，安装时要用插座面板把防水盖和防水胶圈压住。不插插头时防水盖把插座面板盖住，插上插头时防水盖盖在插头上方。

图 1-2-41　防溅水型插座

（3）电源插座的安装位置

电源插座的安装位置必须符合安全用电的规定，同时要考虑将来电器的安放位置和家具的摆放位置，且室内插座的安装高度应不低于 0.3 m。按使用需要，插座可以安装在设计所要求的任何高度。

2. 照明开关的选用与安装

（1）普通照明开关的种类

按面板类型不同，分为 75 型、86 型、118 型、120 型和 146 型，常用的是 86 型和 118 型；按开关连接方式不同，分为单控开关、双控开关、三控开关等，家庭常用的是单控开关和双控开关；按安装方式不同，分为明装开关和暗装开关。

（2）照明开关的选择

照明开关的种类很多，选择时应从实用、质量、美观、价格、装修风格等方面综合考虑。选用时，每户开关和插座应选择同一系列产品，最好是统一厂家。面板的尺寸要与预埋接线盒的尺寸一致。开关类型可根据所连接的负载数量选择。带特殊效果或功能的开关要根据实际需求选择，如附带荧光功能的开关可方便在夜间使用，带防水盒的开关适合卫生间使用。

（3）照明开关的安装要求

用万用表 $R×100$ 挡或 $R×10$ 挡检查开关的通断情况。用绝缘电阻表（即兆欧表）摇测开关的绝缘电阻，要求不小于 2 MΩ。摇测方法是将一条测试线夹在接线端子上，另一条夹在塑料面板上。由于室内安装的开关、插座数量较多，因此电工可采用抽查的方式对产品的绝缘性能进行检查。开关应切断火线，即开关一定要串接在电源相线上，且必须安装牢固。面板应平整，暗装开关的面板应紧贴墙壁，且不得倾斜，相邻开关的间距及高度应保持一致。

（4）照明开关的安装形式

① 单控开关接线。接线方式较为简单，将开关的两个接线端子串联入相线即可。

② 双控开关接线。用两个开关在两地控制同一盏灯，是家庭照明线路中的常用接线方式，如图 1-2-42 所示。

③ 单控开关带插座接线。单控开关控制插座通断，在给家用电器供电的场合下，能提高用电安全和降低能耗，如图 1-2-43 所示。

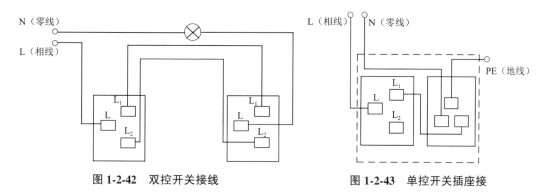

图 1-2-42　双控开关接线　　　　图 1-2-43　单控开关插座接

思 考 题

1. 交流接触器的工作原理是什么？

2. PLC 的编程原则是什么？

3. 家用照明双控线路如何接线？

4. 三相异步电动机如何实现反转？

5. 与点动控制线路相比，三相异步电动机自锁控制线路中主要多了哪些元器件？这些元器件分别起什么作用？

模块三

智能家居系统安装与调试

项目教学目标

1. 了解智能家居系统的发展历程和基础知识，了解智能家居的应用前景，加深对信息化家居技术的认识。

2. 了解家用配电线路系统，学习家用配电线路基础设计、安装调试和运行维护等方面的知识。

3. 了解智能家居控制系统的发展趋势和挑战，培养创新思维，树立与时俱进的态度，不断学习，不断更新。

4. 能够进行基础智能家居系统的设计、搭建和调试。

实训项目任务

任务一：智能开关控制电器设备的接线。

任务二：智能家居网络组建。

视野拓展

1. 智能家居的起源、现状和发展。

2. 智能家居的行业标准与规范。

思政聚焦

青春与匠心相遇，新青年与
新时代的双向奔赴

实训知识储备

一、智能家居系统

1. 智能家居的定义

智能家居系统是以住宅为基础，利用先进的计算机技术、网络通信技术、智能云端控制技术、综合布线技术、医疗电子技术等，依照人体工程学原理，融合个性需求，将与家居生活有关的各个子系统如安防、灯光控制、信息家电、场景联动、地板采暖、健康保健、卫生防疫等有机地结合在一起，通过网络化综合智能控制和管理，实现"以人为本"的全新家居生活体验。如图 1-3-1 所示。

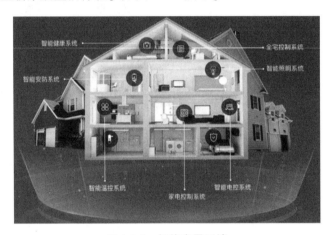

图 1-3-1　智能家居系统

智能家居不仅为人们提供全方位的信息交互功能，还可以帮助家庭和外界保持信息的顺畅交流，不仅增强了人们居家生活的时尚性、安全性和舒适性，而且节省了成本。

2. 智能家居的设计原则

智能家居设计得成功与否不仅取决于智能家居系统实现的功能，还取决于智能家居系统的设计和配置是否经济合理，系统的使用、管理和维护是否方便，以及系统采用的技术是否成熟和实用。为了实现上述目标，智能家居系统的设计应遵循以下原则：

① 实用性。智能家居系统的基本目标是为人们提供一个舒适、安全、便捷和高效的生活环境。因此，智能家居系统的设计要以实用性为核心，摒弃那些仅能作为装饰的华丽功能。系统设计时，应根据用户的需求，整合最实用、最基本的家居控制功能，以及有扩展服务的增值功能。系统通常会采用多种控制方法，旨在让人们摆脱烦琐的指令工作，提高效率；注重用户体验及操作的便捷性和直观性；使用图形控制界面，让操作简单易实现。

② 标准性。智能家居系统的设计必须遵循国家和地区的相关标准，确保智能家居系统具备可扩充性和可扩展性，以及不同系统之间的兼容性和互联性，要能支持与第

三方的受控设备互联。

③ 便利性。智能家居系统的安装、调试和维护的工作量非常大，需要大量人力和物力，这成为其发展的瓶颈。因此，在智能家居系统的设计中，应考虑相应工作的便利性。

④ 轻巧性。轻型智能家居系统是一种轻量级的智能家居系统，简单、实用、灵巧是它的主要特点。轻型智能家居系统无须进行建筑部署就可以实现功能的自由组合，价格更低。

⑤ 可靠性。智能家居系统需全天候运行，因此必须重视智能家居系统的安全性、可靠性和容错性。对于智能家居系统的各子系统，应在电源、系统备份等方面采取相应的容错措施，以确保系统的正常使用，并具有良好的质量和性能，以及应对各种复杂环境变化的能力。

⑥ 安全性。随着智能家居系统功能的扩展，将会有更多的设备连接到系统中，这不可避免地会产生更多数据，这些数据与个人的隐私有密切的联系，如果数据保护不当，不仅会导致个人隐私的泄露，还会造成家庭安全隐患。另外，智能家居系统不是与外界隔离的，因此需要检查进入智能家居系统的数据，以防止恶意破坏智能家居系统的行为。特别是在如今的大数据时代，必须注意保护家庭大数据的安全。

⑦ 可扩展性。智能家居系统是可扩展的系统，它还可能与其他设备连接，以满足新的智能生活的需求。例如，采用无线控制的智能家居系统在与其他设备互联时，既不会破坏原有的房屋装修，也不会对房屋结构造成破坏。

3. 智能家居系统的技术架构

了解技术架构有助于从整体上掌握技术。本节介绍的智能家居系统的技术架构基于迈克尔·波特和 James Hopman 提出的物联网技术架构，如图 1-3-2 所示。

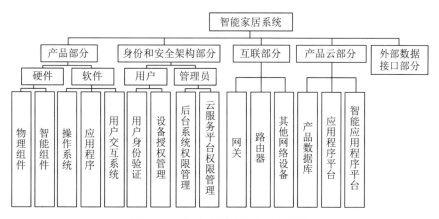

图 1-3-2　智能家居系统技术架构图

互联部分中，网络连接协议不仅限于产品和产品云之间的通信，还包括产品之间的直接通信。产品云部分中，产品数据库用于存储底层数据，需要对实时数据和历史数据进行存储和管理；在产品数据库的基础上，应用程序平台实现产品的基本智能功能，以及与智能终端应用程序的连接；智能应用程序平台采用大数据分析技术，以实现高级智能功能，并连接到客户关系管理（customer relationship management，CRM）等业务系统。外部数据接口是指为外部数据提供的接口，智能家居系统通过这些接口访问外部数据。

需要注意的是，这里给出的智能家居系统技术架构只是为了理解智能家居系统技术，并没有固定的标准或严格的界限。

4. 智能家居系统面临的问题

① 制定智能家居的相关标准。标准竞争的实质是市场竞争，发达国家已经有了智能家居的标准，但这些标准侧重于安全性。随着通信技术和网络技术的发展，传统的建筑行业与 IT 行业深度融合，智能家居才得以真正发展。一方面，我国生活环境与发达国家不同，智慧社区的概念和实施标准具有鲜明的中国特色。另一方面，相关行业管理必须符合国际标准，应以行业协会为龙头，推动标准化进程，加强行业管理。

② 产品标准化。产品标准化是智能家居行业发展的必由之路。目前，我国的智能家居系统很多，开展智能家居系统研发和生产的公司规模较大、数量众多，因此产生了很多互不兼容的标准。随着市场竞争的加剧，大部分中小企业会被迫退出市场，使得这些公司已安装的智能家居系统将无备品、备件可用，受害的是广大用户。由此可见，推动产品标准化进程是智能家居行业发展的必由之路，也是当务之急。

③ 产品个性化。个性化是智能家居系统的生命所在。家庭生活是个性化的，不可能有一个统一的程序，智能家居系统必须适应不同的家庭生活方式，因此，个性化是智能家居系统的生命所在。

④ 产品家电化。家电化是智能家居系统的发展方向。有些智能家居系统已经成为家电，有些正在成为家电。智能家居系统的制造商和家电制造商联合推出的"网络家电"，即网络和家电的组合。

二、智能家居组网技术

1. 网络入户形式

随着网络技术的发展，家用网络接入形式经历了从拨号接入、ADSL 宽带接入到光纤接入的变革，相关介绍见表 1-3-1。

表 1-3-1　家用网络接入形式

网络接入形式	简介	特点	相关设备
拨号接入	通过本地电话拨号方式接入网络	数据传输速率低，处于 kbps 级别，延迟卡顿严重，费用较高，会导致电话线路占线	调制解调器，电话线

网络接入形式	简介	特点	相关设备
ADSL 宽带接入	非对称数字用户线，通过选择 PPPoE（DSL 虚拟拨号）上网	上行速率和下行速率不同，数据传输速度高，速度可达到 Mbps 级别，不干扰电话使用	ADSL 调制解调器，电话线
光纤接入	通过光纤线路实现的接入层独享接入形式	传输速度达到 Gbps 级别，可靠性高，提供全冗余备份设计，具备强大的自愈和恢复功能	光纤调制解调器，光纤

2. 无线组网技术

随着信息技术的发展，智能家居中广泛采用无线组网技术，即用无线信号代替网线进行数据传输，常见的无线组网技术见表 1-3-2。

表 1-3-2　常见的无线组网技术

无线组网技术	技术特性	技术特点	应用领域
ZigBee 技术	短距离和低速率下的无线通信技术，主要用于各种电子设备之间的数据传输及典型有周期性数据、间歇性数据和低反应时间数据的传输	功耗低，成本低，时延短，网络容量大，可靠性好，安全	广泛应用于物联网产业链中的 M2M 行业，以及部分智能传感器应用场景中
蓝牙技术（Bluetooth）	支持设备短距离（一般 10 m 内）通信的无线电技术，可与其他网络连接带来更广泛的应用，实现数码设备的无线沟通	适用性、通用性、安全性和抗干扰能力强，传输距离较短，通过跳频扩频技术传播，功耗低，成本低	广泛应用于汽车、信息家电及航空、消费类电子、工业生产、医疗、军用等领域
移动热点技术（Wi-Fi）	一种短距离无线通信技术，允许电子设备连接到一个无线局域网	数据传输速率高，传输距离较蓝牙远，但通信质量和数据安全性比蓝牙差一些	应用场景很多，包括网络媒体、掌上设备、日常休闲、移动办公、智能制造、智慧教育、智能家居等
Z-Wava 技术	一种新兴的适用于网络的短距离无线通信技术	基于射频技术，低成本、低功耗、高可靠性，传输频率较低，传输距离较远	应用于住宅的照明商业控制及状态读取，如抄表、照明及家电控制、防盗及火灾检测等

三、智能家居的关键开发技术

1. 智能家居中的嵌入式开发技术

嵌入式开发指在嵌入式操作系统下进行的开发，包括硬件开发和软件开发及综合研发。智能家居系统中，常用的硬件是 ARM 系列微处理器，软件是 STM32 嵌入式软件。

（1）ARM 系列微处理器

ARM 系列微处理器的处理能力强大，功耗极低，被越来越多的公司应用。但 ARM 公司既不生产微处理器，也不销售微处理器，其主要业务是出售微处理器知识产权授权，是全球领先的半导体知识产权（IP）提供商。目前全世界超过95%的智能手机和平板电脑都采用 ARM 体系构架的微处理器，由 ARM 公司设计的 RISC 微处理器在智能手机、平板电脑、嵌入式控制、多媒体数字等领域占据了主导地位。

ARM 公司的微处理器主要包括 ARM7 系列、ARM9 系列、ARM9E 系列、ARM10E 系列、SecurCore 系列、Cortex 系列，每个系列除了具有 ARM 微处理器的共同特点外，还具有各自的特点，有各自的适用领域。其中，SecurCore 系列微处理器是专门为对安全要求较高的应用而设计的；Cortex 系列是 ARM11 系列后的命名，分为 A、R、M 三类，各为不同的市场提供服务。

（2）STM32 嵌入式软件

基于 ST 公司的 STM32 系列微处理器，ST 公司还为开发者提供了非常方便的开发库，主要包括标准外设库、HAL 库、LL 库。

① 标准外设库（standard peripherals library，SPL）：是 ST 公司对 STM32 系列微处理器的一个完整的软件封装，包括所有标准的外设驱动。标准外设库几乎全部采用 C 语言，是开发者使用最多的库。但标准外设库是针对某一系列微处理器而设计的，可移植性不高。STM32 系列微处理器的标准外设库涵盖以下 3 个抽象级别：实现了包括位、位域和寄存器在内的完整地址映射；涵盖所有外设（具有公共 API 的驱动器）的编程和数据结构的集合；给出了所有可用外设的示例，包括常用开发工具的模板项目。

② HAL 库（hardware abstraction layer）：即硬件抽象层库，是 ST 公司为 STM32 系列微处理器推出的硬件抽象层嵌入式软件，开发者通过 HAL 库可以更好地在 STM32 系列微处理器之间进行软件移植。HAL 库包括一整套中间件组件，如 RTOS、USB、TCP/IP 和图形等。

③ LL 库（low layer）：是与 HAL 库捆绑发布的。与 HAL 库相比，LL 库更靠近硬件层，开发者可以通过 LL 库直接进行寄存器层次的操作，不适用于需要复杂上层协议的外设开发。LL 库的使用方法有独立使用和与 HAL 库混合使用两种。开发者可以将 LL 库看成原来的标准外设库在 STM32CubeMX 中的实现，使用 LL 库的开发效率比使用标准外设库的开发效率高。

STM32CubeMX 是 ST 公司推出的一套功能强大的免费开发工具和嵌入式软件模块，能够让开发者轻松配置微处理器的外设引脚和功能，以及第三方软件系统（如 LWIP、FAT32、FreeRTOS 等），其架构如图 1-3-3 所示。从图中可以看出，LL 库更靠近底层，HAL 库会调用 LL 库（如各种驱动）。开发者可以使用 STM32CubeMX 直接生成对应微处理器的整个开发项目，可为开发者提供开发过程中所需的各种源代码。

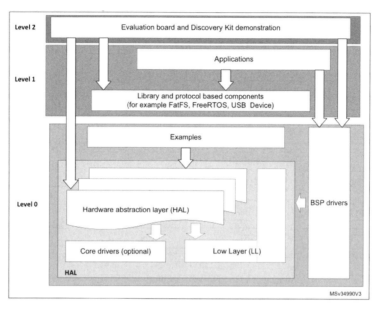

图 1-3-3　STM32CubeMX 的架构

2. 智能家居移动终端的架构设计

目前移动终端的开发主要是在 Android 操作系统和 iOS 操作系统上进行的。

（1）Android 操作系统

Android 是一种基于 Linux 内核（不包含 GNU 组件）的开源操作系统，主要用于移动终端的开发，如智能手机和平板电脑。Google 以 Apache 开源许可证的授权方式发布了 Android 操作系统的源代码。第一部 Android 智能手机发布于 2008 年 10 月，后来 Android 操作系统逐渐扩展到平板电脑及其他领域。随着版本的更迭，当前最高的版本是 2024 年 4 月正式发布的 Android 15。

Android 操作系统的架构如图 1-3-4 所示，其中应用程序层是核心应用程序的集合，所有核心应用程序都使用 Java 语言编写。在每次发布 Android 操作系统时，同时会发布核心应用程序包。应用框架层是 Android 应用开发的基础，包括各种管理器和服务系统。系统库及运行时序层包含运行时所需的各函数功能库和运行时序管理部分。Linux 内核层提供各种硬件驱动。

（2）iOS 操作系统

iOS 是由苹果公司针对其移动终端开发的操作系统。2007 年 1 月 9 日，苹果公司在 Macworld 展览会上公布了 iOS 操作系统。iOS 操作系统与苹果的 Mac OS 操作系统一样，属于类 UNIX 的商业操作系统。由于 iPad、iPhone、iPod touch 都使用 iPhone OS，所以在 2010 年的 WWDC 大会上宣布改名为 iOS。

iOS 操作系统的架构如图 1-3-5 所示，从底向上可分为四层，分别为系统核心（Core OS）层、核心服务（Core Service）层、媒体（Media）层、触摸（Cocoa Touch）层。

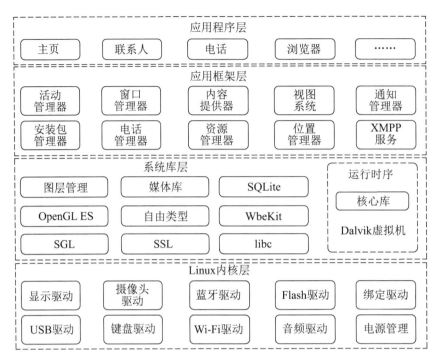

图 1-3-4　Android 操作系统的架构

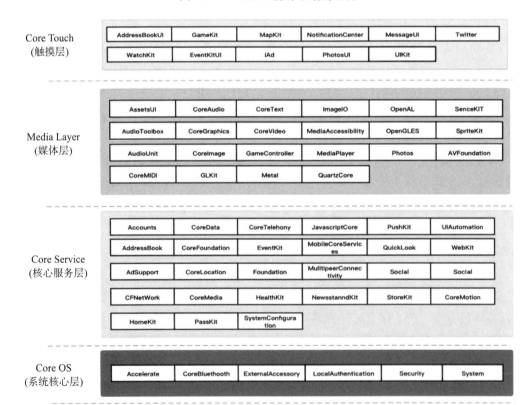

图 1-3-5　iOS 操作系统的架构

其中，系统核心层为上层结构提供最基础的服务，如加速、本地认证、安全及操作系统内核服务等；核心服务层为程序提供基础的系统服务，如网络访问、浏览器引擎、定位、文件访问、数据库访问等；触摸层主要提供用户交互相关服务，如界面控件、事件管理、通知中心、地图等。

（3）智能家居语音控制

智能家居语音控制技术是一种基于自然语言处理和语音识别技术的智能交互方式，它允许用户通过口头命令来控制家中的各种智能设备，如灯光、空调、电视等。这项技术的核心在于将人类的语音指令转化为数字信号，进而转化为机器可执行的指令，从而实现人与智能设备的交互。智能家居语音控制技术的应用较广泛，包括但不限于家居电器控制、安全监控系统及健康监测与护理等方面。

智能家居语音控制的实现目前主要基于智能音箱或使用智能电器自带的语音识别系统两种方式。其中智能音箱是家庭消费者用语音进行上网的一个工具，比如点播歌曲、上网购物或了解天气预报，它也可以对智能家居设备进行控制，如实现打开窗帘、设置冰箱温度、提前让热水器升温等功能。

当前，智能家居语音控制技术的发展还面临着一些挑战，如语音识别的准确率、语音数据库的存储和管理、语音合成的质量及语音控制的安全性等问题。但随着人工智能技术的不断发展，声音控制的准确率和速度将会逐步提高，也将被广泛应用到家居设备中。同时，保护用户的隐私数据和信息安全也显得尤为重要，未来的技术发展应紧密结合安全性和隐私保护，使智能家居系统能够更好地为人们提供便利和保障。

（4）智能家居 App 的设计

现在智能手机的智能家居 App 界面 UI 设计逐渐成熟，用户可以自行编辑个性化视图界面，但包含的主要内容都是差不多的，如图 1-3-6 所示。

  (a) 全屋环境监控 (b) 空间管理 (c) 场景模式管理 (d) 各个空间设备管理

图 1-3-6 智能家居 App 界面

由图 1-3-6 可知，智能家居 App 功能较全面：全屋环境监控实时显示环境各个参数，包括空气质量、环境温度、网络状态及全屋设备状态等；空间管理可以了解各个房间的设备状态并进行远程控制；场景模式管理可以设置各个场景模式，实现一键管理设备联动；空间设备管理可以了解设备详情，并对其进行管理，如添加或删除等。

3. 移动终端与服务器的通信协议

在智能家居中，移动终端和服务器之间的通信采用的是 TCP/IP（transmission control protocol/internet protocol）协议，TCP/IP 协议是网络中最基本的通信协议，对网络各部分通信的标准和方法进行了规定。

（1）TCP/IP 协议的组成

TCP/IP 协议参考模型在一定程度上参考了 OSI 参考模型。OSI 参考模型共有 7 层，从底到上分别是物理层、数据链路层、网络层、传输层、会话层、表示层和应用层，TCP/IP 协议参考模型将其简化成了 4 层，从底到上分别是网络接口层、网络层、传输层和应用层，OSI 参考模型和 TCP/IP 协议参考模型如图 1-3-7 所示。

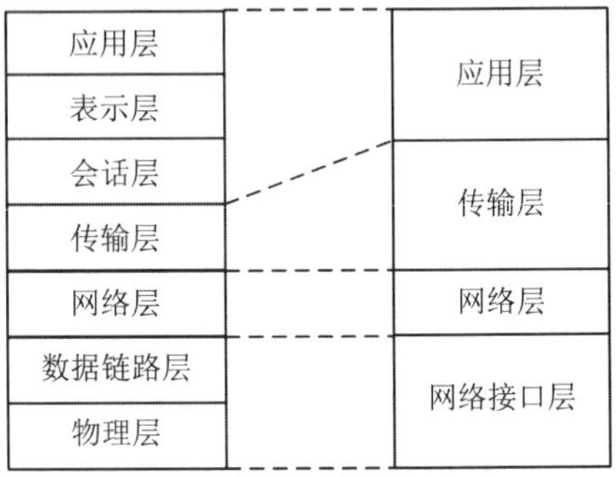

在 OSI 参考模型中，应用层、表示层、会话层提供的服务相差不是很大，因此 TCP/IP 协议

图 1-3-7　OSI 参考模型和 TCP/IP 协议参考模型

参考模型将这三个层次合并成一个层次，即应用层；传输层和网络层在网络协议中的地位非常重要，因此 TCP/IP 协议参考模型将这两个层次保留了下来；数据链路层和物理层的内容相差不大，因此 TCP/IP 协议参考模型将它们合并成网络接口层。与有 7 层的 OSI 参考模型相比，只有 4 层的 TCP/IP 协议参考模型要简单很多，在实际的应用中效率更高、成本更低。TCP/IP 协议参考模型的各层说明如下：

应用层是 TCP/IP 协议的最高层，直接为应用程序提供服务，用于接收来自传输层的数据或按不同应用要求与方式将数据传输至传输层，不同的应用程序会根据自己的需求选择不同的应用层协议。应用层不仅可对应用程序的数据进行加密、解密和格式化等操作，还可以建立或解除应用程序与其他应用层的联系，以充分节省网络资源。

传输层位于应用层下面、网络层上面，其主要功能是利用网络层提供的服务，在源主机的应用进程与目的主机的应用进程之间建立端到端的连接。

网络层位于网络接口层上面、传输层下面，其主要功能是建立或终止网络连接，以及进行 IP 寻址。

网络接口层（也称为网络访问层）位于 TCP/IP 协议参考模型的底层，由于网络接口层合并了数据链路层和物理层，因此网络接口层既是传输数据的物理媒介，也可以为网络层提供一条准确无误的数据链路。

（2）网络通信的过程

网络通信中，发出数据的主机称为源主机，接收数据的主机称为目的主机。当源主机发送数据时，数据在源主机中从上层向下层传输。在源主机中，网络通信的过程如下：

① 应用程序将数据交给应用层，由应用层加上必要的控制信息后形成报文流，并将报文流发送给传输层；

② 传输层将接收到的数据单元（报文流）加上本层的控制信息后形成报文段、数据报，并发送给网络层；

③ 网络层将接收到的报文段、数据报加上本层的控制信息后，形成 IP 数据报，并发送给网络接口层；

④ 网络接口层将网络层发送的 IP 数据报组装成帧，并以比特流的形式发送给网络中的硬件（即 OSI 参考模型中的物理层）。

经过上述步骤后，数据就离开源主机，并通过物理媒介发送到目的主机的网络接口层。目的主机接收数据的过程是源主机发送数据过程的逆过程。

（3）时效性研究

数据的时效性是指传输的数据在一定的使用情景和时间范围内对于使用者是有价值的。更宏观地说，数据的时效性还包括使用者对数据的兴趣，以及数据对社会产生的影响。随着时间的推移，数据的价值会越来越小。也就是说，针对同一事物的数据，其价值在不同的时间有着或大或小的差异，这种差异称为数据的时效性。采用 TCP/IP 协议传输数据可以克服传统信息传输方式滞后、效率低等问题。TCP/IP 协议能及时将数据传输给需要者，能实现数据价值的最大化，保证数据的时效性，主要体现在数据的实时性、数据的灵活性、数据传输过程的流畅性和传输技术的先进易用性。

能力训练项目

 ## 任务一：智能开关控制电器设备的接线

● **实训目的**

（1）通过对智能开关进行接线，掌握通过电路原理图连接实际控制线路的方法。

（2）掌握智能开关单联、双联、三联接线的原理和方法。

（3）掌握智能开关控制电器设备接线的原理和方法。

● **实训仪器与材料**

（1）主要实训器材：双联智能开关、三联智能开关。

（2）相关实训器材：交流接触器、导线、通信总线等。

（3）实训工具：钢丝钳、螺丝刀、万用表等。

● **实训内容**

（1）学习开关接线的原理图。

（2）根据电路原理图进行接线。

（3）经检查、调试后通电验证。

1. 智能开关接口

① 通信总线接口、外接传感器接口：COM_1 为固定的通信总线接口（8P8C）；COM_2 为通信总线扩展接口（8P8C）或传感器接口（6P4C）。两者只能有其一。

② 负载接线端子：L（相线进线）、L_1（第 1 路负载输出）、L_2（第 2 路负载输出）、L_3（三联开关第 3 路负载输出）。如图 1-3-8 所示。

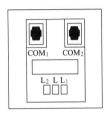 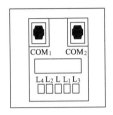

　　(a) 三端子智能开关　　　　　　(b) 五端子智能开关

图 1-3-8　智能开关接口

2. 接线原理

① 单联开关接线：L 接入相线（火线），L_1 接负载输出，如图 1-3-9（a）所示。

② 双联开关接线：L 接入相线，L_1、L_2 分别接两路负载输出，如图 1-3-9（b）所示。

③ 三联开关接线：L 接入相线，L_1、L_2、L_3 分别接三路负载输出，如图 1-3-9（c）所示。

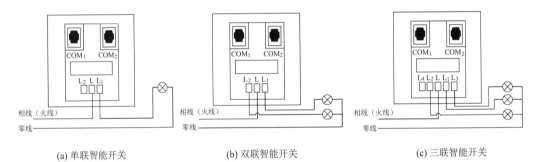

　(a) 单联智能开关　　　　　　(b) 双联智能开关　　　　　　(c) 三联智能开关

图 1-3-9　智能开关负载接线图

④ 智能开关控制电器设备接线：当控制对象为大于 1000 W、小于 2000 W 的大功率负载时，可直接通过智能插座控制，参考图 1-3-9；而当控制对象为超过 2000 W 的超大功率负载时，必须使用中间交流接触器，通过智能开关驱动交流接触器，再由交流接触器驱动设备，接线方式如图 1-3-10（a）所示。此外，智能开关还可以连接普通家用插座，通过控制插座通断间接控制负载电器设备，如图 1-3-10（b）所示。

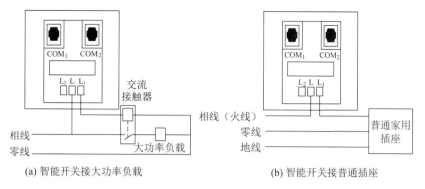

(a) 智能开关接大功率负载　　　　　　　(b) 智能开关接普通插座

图 1-3-10　智能开关负载设备接线

 ## 任务二：智能家居网络组建

● 实训目的

（1）掌握网线水晶头的制作方法。

（2）掌握无线路由器的桥接方法。

（3）了解 AP 面板的安装和使用。

● 实训仪器与材料

（1）训练器材：8P8C 水晶头、数据传输线、无线路由器、AP 面板、网络线盒等。

（2）训练工具：网线压线钳、水晶头检测仪。

● 实训内容

（1）了解 8P8C 水晶头的接线顺序，学习用网线压线钳完成水晶头接线。完成后使用水晶头检测仪检查接线质量。

（2）了解无线路由器桥接技术，学习搭建无线路由器桥接网络。

（3）了解 AP 面板，学习安装 AP 面板。

1. 双绞线

目前网络连接使用最广泛的有线连接形式是用双绞线进行连接。双绞线由四对外覆绝缘材料的互相绞叠的铜质导线组成，并包裹在一个绝缘外皮内。它可以减少杂波造成的干扰，抑制电缆内信号的衰减。使用双绞线可以方便地在网络中添加或去掉一台计算机而不必中断网络的工作，网络的维护也比较简单，即使某处网线出现故障，也只会影响该条双绞线连接的计算机或设备，不会造成网络的瘫痪。但是，使用双绞线时必须在网络中添加集线器或交换机，这增加了网络的成本。

目前常用的双绞线有五类线、超五类线、六类线三种。

（1）五类线

传输频率通常为 100 MHz，在语音传输、最高传输速率为 100 Mbps 的数据传输环境中具有广泛应用，一般具有一定的绕线密度，外层多为高质量的绝缘材质。

（2）超五类线

传输频率和五类线相同，但是多用于千兆以外网中。超五类线的网络传输衰减程度比较小，受到串扰的因素比较少，在衰减与串扰比值（ACR）及信噪比方面具有更高的水平。与五类线相比，超五类线的时延误差相对较小，具有更为良好的网络传输性能。

（3）六类线

六类线的传输频率为 1～250 MHz，六类布线系统在 200 MHz 时综合衰减串扰比（PS-ACR）应该有较大的余量，它提供 2 倍于五类线的带宽，五类线为 100 M、超五类线为 155 M、六类线为 200 M。在短距离传输中，虽然五类线、超五类线、六类线都可以达到 1 Gbps 的传输速率，但是六类线的传输性能高于五类线、超五类线标准，最适用于传输速率高于 1 Gbps 的应用。

此外，还有超六类线、七类线，它们的传输速度、抗干扰等方面的性能更强，远远超出家居使用所需标准，且成本更高，多用于工业场所。

2. 水晶头

现在常用的水晶头一般指 RJ-45 接头，用于连接网线两头与网卡和集线器（或交换机）。水晶头是一种只能沿固定方向插入并自动防止脱落的塑料接头，双绞线的两端必须都安装 RJ-45 插头，以便插在网卡（NIC）、集线器（Hub）或交换机（Switch）的 RJ-45 接口上，进行网络通信。如图 1-3-11 所示。

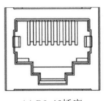
(a) RJ-45 插座

(b) 8P8C 水晶头

图 1-3-11　RJ-45 插头与 8P8C 水晶头

水晶头制作线序一般按照 T568B 标准，具体排线方法是：先按"橙绿蓝棕，白在前"的顺序理好线，再 4-6 交叉，交叉后顺序即为"橙白、橙、绿白、蓝、蓝白、绿、棕白、棕"。要求用户压接水晶头时必须保证每个水晶头的线序一样，考虑以后的升级需要，即使备用线也要严格实行。夹制水晶头要先小后大分两次用力，每次用力要均匀。水晶头制作完成后，用水晶头检测仪进行校验，确认无误并检测通过为止。

水晶头的制作方法：首先抽出一小段双绞线，剥除一段外皮并将双绞线解开；然后按照标准线序排线，剪齐线头；最后插入水晶头并用压线钳压紧，用水晶头检测仪测试。

3. 无线路由器

无线路由器是用于用户上网、带有无线覆盖功能的路由器。无线路由器可以看作一个转发器，将家中墙上接出的宽带网络信号通过天线转发给附近的无线网络设备。

无线路由器是将单纯性无线 AP 和宽带路由器合二为一的扩展型产品，它不仅具备单纯性无线 AP 的所有功能，如支持 DHCP 客户端、支持 VPN、防火墙功能、支持 WEP 加密等，还具有网络地址转换（NAT）功能，可支持局域网用户的网络连接共享，可实现家庭无线网络中的 Internet 连接共享，实现 ADSL、Cable modem 和小区宽带的无线共享接入。无线路由器可以与所有以太网接的 ADSL MODEM 或 CABLE MODEM 直接相连，也可以在使用时通过交换机/集线器、宽带路由器等局域网方式再接入。其内置简单的虚拟拨号软件，既可以存储用户名和密码拨号上网，也可以实现为拨号接入 Internet 的 ADSL、CM 等提供自动拨号功能而无需手动拨号或占用一台电脑作为服务器。此外，无线路由器还具备相对更完善的安全防护功能。

无线路由器桥接是把两个不同物理位置的不方便布线的用户连接到同一局域网，可以起到信号放大的作用，从而消除信号死角，并提高网络的稳定性和传输速率。

无线路由器桥接首先要检查使用的路由器是否兼容，主要包括是否支持相同无线标准、是否支持相同频带。桥接网络中的路由器分主路由器和副路由器两种，主路由器设置好网络连接，开启 SSID 广播功能；副路由器的 LAN 口设置要与主路由器区分开来。然后打开 WDS 功能和 SSID 广播功能，搜索主路由器的 SSID 名称，选择桥接选项，连接上主路由器。最好选择与主路由器相同的信道，关闭副路由器的 DHCP 服务器功能。

4. AP 面板

AP 面板的全称为无线接入点面板，是一种无线网络设备，用于提供无线局域网（WLAN）的接入服务，外观如图 1-3-12 所示。信号转换成无线信号，供无线设备如智能手机、平板电脑、笔记本电脑等使用。AP 面板通常被安装在建筑物的墙面或天花板上，外观与普通的开关面板相似，因此也被称为无线面

图 1-3-12　常见的 AP 面板形式

板或 Wi-Fi 面板。它的尺寸较小，不会占用太多的空间。在安装时，将其与建筑物的电源和网络线路连接即可，无需复杂的设置和配置。

AP 面板的主要作用是为用户提供无线接入服务，使得用户在任何角落都能够连接到互联网。与传统的无线路由器相比，AP 面板具有更宽的信号覆盖范围和更强的信号穿透力，能够提供更稳定、更快速的无线连接体验。此外，AP 面板还支持多种加密方式和安全协议，能够保护用户的网络安全和数据安全。

AP 面板的优点：美观，可以与建筑物的装修风格融合，不会破坏室内的美观性；节能，由于采用集中供电的方式，因此能够降低能耗和维护成本；兼容，采用标准的网络接口和协议，可以兼容和互联各种品牌和型号的网络设备，方便用户进行网络扩展和升级。

AP 面板的安装方式较为简单，一般安装在 86 型网络接线盒中，只需要将预先设置好的水晶头插入面板 AP 的背面 POE 受电网线接口，如图 1-3-13 所示。安装完成后，按照设备说明书进行配置调整即可。

水晶头

图 1-3-13　AP 面板的安装

视野拓展

一、智能家居的起源、现状和发展

1. 智能家居的起源

尽管智能家居的概念出现得很早，但一直没有具体的实际案例出现，直到 1984 年美国联合技术公司（United Technologies Corporation）将建筑设备信息化、整合化概念应用于美国康涅狄格州福德市的城市广场建筑时，才出现了首栋"智能型建筑"，拉开了世界各国竞相建造智能家居的序幕。美国、加拿大、澳大利亚，以及欧洲和东南亚等国家和地区先后提出了各种各样的智能家居方案。

2. 智能家居的现状

在国外，关于智能家居的研究较早，高端的建筑都配备了各种通信设备、家电设备，通过总线技术、计算机技术和信息技术，实现了智能家居功能，如实时监视、控制和管理。

智能家居技术在国内的发展始于 20 世纪 90 年代末，智能家居的概念在 2000 年前后于我国开始得到宣传，我国的普通居民开始了解并接受了智能家居的概念。如今，各小区的开发商在小区的设计阶段也已经较多地考虑了智能化基础设备的建设，一些高档的小区已经配套了相当完善的智能家居系统，很多开发商已经将家居"智能化"作为一个亮点进行宣传。

经过多年发展，我国智能家居系统的研究已经达到了成熟阶段，国内大部分家电龙头企业都已经完成了在智能家居行业的布局。较早进入该行业的企业大部分都推出了各自的智能家居产品。随着智能家居市场的进一步成熟，未来必将出现价格更低廉、使用更人性化、功能更完善的智能家居产品。

绿色、生态、环保是 21 世纪科技发展的核心，智能家居行业的发展也必须遵循这个原则。新兴的环保生态、生物工程、生物电子、高新材料、软件工程等学科的综合运用将带领智能家居行业进入一个全新的发展模式——在传统家居美观舒适的前提下加入安全、高效、环保等概念，促使现有的生活环境往更好、更安全的方向发展。"绿色家居"和可持续发展技术就是 21 世纪智能家居的发展方向。

尽管我国在智能家居领域起步较晚，但智能家居行业发展迅速。当前，智能家居行业的主要发展状况如下：

① 市场规模扩大，市场上出现了许多智能家居产品，如智能灯具、智能插座、智能厨具、智能音响等，这些产品受到了较为广泛的关注。

② 技术发展迅速，各种新技术和新产品不断涌现。

③ 随着户型的不断变化和人们生活水平的提高，用户对于智能家居的需求也在不断提升，不仅表现在要求的提高，也表现在需求的多样化趋势方面。

3. 智能家居在我国的发展历程

智能家居作为一个新生产业，虽处于导入期与成长期的一个临界点，市场消费观念还未形成，但智能家居市场的消费潜力是巨大的。随着智能家居市场推广、普及的进一步落实，消费者使用习惯的逐步养成，其市场潜力将得到充分挖掘，产业前景一片光明。智能家居在中国的发展经历了五个阶段，即萌芽期、开创期、徘徊期、融合演变期和爆发期。

① 萌芽期（1994—1999 年）：智能家居首个发展阶段，整个行业还处于概念熟悉、产品认知的阶段，这时没有出现专业的智能家居生产厂商，只有深圳有一两家从事美国 X-10 智能家居代理销售的公司有进口零售业务，产品多销售给居住在国内的欧美用户。

② 开创期（2000—2005 年）：先后成立了五十多家智能家居研发生产企业，主要集中在深圳、上海、天津、北京、杭州、厦门等地。智能家居的市场营销、技术培训体系逐渐完善，此阶段国外智能家居产品基本没有进入国内市场。

③ 徘徊期（2006—2010 年）：2005 年以后，上一阶段智能家居企业的野蛮生长和恶性竞争给智能家居行业带来了极大的负面影响，包括过分夸大智能家居的功能而实际上无法达到这个效果，厂商只顾发展代理商却忽略了对代理商的培训和扶持，导致代理商经营困难、产品不稳定，用户投诉率高。行业用户、媒体开始质疑智能家居的实际效果，由原来的鼓吹变得谨慎，市场销售也出现增长减缓甚至部分区域出现销售额下降的现象。2005—2007 年，大约有 20 多家智能家居生产企业退出了这一市场，各地代理商结业转行的也不在少数。许多坚持下来的智能家居企业在这几年也经历了缩减规模的痛苦。就在这一时期，国外的智能家居品牌却暗中布局进入中国市场，国内部分存活下来的企业也逐渐找到自己的发展方向。

④ 融合演变期（2011—2020 年）：进入 2011 年以来，市场明显看到增长势头，此时大行业背景是房地产受到调控。智能家居的放量增长说明智能家居行业达到了一个拐点，由徘徊期进入新一轮的融合演变期。接下来的 3 ~ 5 年，智能家居进入一个相对快速的发展阶段，同时，相关协议与技术标准开始主动互通和融合，行业并购现象出现甚至成为主流。

接下来的 5 ~ 10 年，是智能家居行业发展极为快速但也是最不可琢磨的时期，由于民用住宅成为各行业争夺的焦点市场，智能家居作为一个承接平台成为各方力量首先争夺的目标。

⑤ 爆发期（2020 年以后）：各大厂商已开始密集布局智能家居，尽管从整个行业来看，还没有特别成功、特别能代表整个行业的案例显现，这表明行业发展仍处于探索阶段，但越来越多的厂商的介入和参与使得外界意识到智能家居的趋势已不可逆转，智能家居企业如何发展自身优势和整合其他领域的资源，成为企业乃至行业能够"站稳"的要素。

2023 年 4 月 4 日，QuestMobile 数据显示，截至 2023 年 2 月，智能家居 App 月活用

户规模为 2.65 亿，在所有智能设备 App 月活用户中占比近 80%。截至 2023 年 2 月，智能家居综合管理类 App 月活用户规模达 1.46 亿，同比增长 28.3%。

4. 智能家居的发展趋势

① 环境控制和安全规范。智能家居的目的是提供安全、舒适的生活环境，目前的智能化家居系统在这个方面显现出许多不足之处，因此未来智能家居必然要在这个方面进一步完善，并将这个理念贯穿智能家居中的各个系统，还要完成远程与集中控制并行的任务，确保整个智能家居系统体现出更加人性化的特点。

② 新技术、新领域的应用。智能家居发展过程中，为了适应当时的社会发展状况，必然会和新兴技术进行融合，新型通信技术的发展将会起到重要的促进作用，智能家居控制方面的发展将会引发 IT 行业的发展新风潮；另外，智能家居系统在得到改进之后，要能够进行产业化、商业化应用，从而拓宽其应用范围，其市场也随之出现大范围的扩展。

③ 与智能电网相结合。在中国，智能电网的建设有其根本需求，它将为整个住宅的各种智能化设施服务，并在电力服务的过程中对智能家居的网络形成渗透作用，使用智能电网的用户如果同时也在享受智能家居服务，就可以在两者之间建立起一个有效的紧密的联系，从而在统筹智能家居与智能电网相结合的各种信息之后进行实际的有效管理。

④ ZigBee 网络性能加持。通过 ZigBee 网络，用户不仅可以实时查看家庭中的"风吹草动"，还可对其进行远程控制。同样，通过对家庭中各种智能插座和智能开关的数据进行整体分析，可以实现家庭的能源管理和控制，以及制订节能、环保、方便、舒适的照明方案。

⑤ 平价的高品质生活。智能家居系统集成了安全监控、家电控制、照明控制、背景音乐和语音控制等功能，从而极大地提高了家居生活的质量。

⑥ 物联网化。尽管物物相连的物联网无法涵盖智能设备的所有特性，但物联网化仍是智能设备的主流发展方向。我国一直在推广"智慧城市"系统工程，各大企业也纷纷涉足智能家电行业。

⑦ 智能安防产品应用更加广泛。智能家居系统的首要任务是为人们提供安全舒适的生活环境，人们对家庭安全设备的兴趣也在逐年增加，未来智能安防产品必将得到更加广泛的应用。

⑧ 智慧社区的打造。公寓大楼将配备智能家电，许多物业的公寓大楼都有健身房、游泳池等。

⑨ 智能家具。将组合智能、电子智能、机械智能、物联智能融入家具产品，使家具智能化、国际化、时尚化，使家居生活更加便捷、舒适，这是未来家居生活的重要发展方向。

⑩ 可穿戴设备。目前，智能手环、VR 设备等可穿戴设备已逐渐进入人们的生活，未来可以通过它们来控制智能家居系统。

⑪ 交互方式多样化。目前，智能家居系统的交互方式主要有两种：一种是通过移动终端的应用程序，另一种是通过语音。随着技术的发展，其他交互方式也会逐渐发展，如手势控制已经在一部分场景中得到应用。

二、智能家居的行业标准与规范

目前，智能家居已经走进人们的生活，人们也越来越期待通过广泛应用智能家居这一技术来改善日常生活。可以说，智能家居的发展前景广阔，但目前智能家居行业还存在一些问题，其中一个主要的问题就是智能家居的行业标准与规范没有得到统一。智能家居是一个多行业交叉覆盖的系统工程，各设备厂商按照不同的标准与规范生产设备，导致不同设备之间的互联互通变得非常困难。因此，建立共同遵循的标准与规范是发展智能家居首先必须解决的问题。

1. 智能家居标准体系概述

目前，智能家居发展的最大障碍就是缺乏普遍适用的标准。智能家居涉及范围较广，涵盖通信、家居电气设计、装修设计、自动控制，以及智能识别等领域。为了保障智能家居的发展及消费者的利益，智能家居产品在设计、生产、安装、使用等阶段均应完全符合国家关于无线通信领域的射频、电磁兼容、电气安全、环境可靠性等标准的规定。同时，由于智能家居涉及众多行业，还要符合相关行业的、与智能家居相关的标准和规范。

建立智能家居标准体系的意义是可以更有效地推进我国智能家居标准的研究与制定，体现不同标准之间的联系，保障研发、生产、安装、服务等环节的可靠性与科学性，为将来的标准研究提供指导。智能家居标准体系应当根据市场和行业发展的需求，综合考虑技术产品的现状和未来的发展趋势，遵循完整、协调、先进和可扩展的原则。智能家居标准体系由基础标准、通用规范和专用规范三个部分组成。需要指出的是，由于智能家居产品、系统和服务的种类繁多，相关技术发展迅速，因此，为了保证智能家居标准体系的可持续性、与技术发展的同步性，相关标准的研制将会根据业务的需要不断完善和扩充；同时，为了保证标准中数据和指标来源的客观性、可靠性和科学性，配套的技术验证和检测平台建设也是必需的。

2. 智能家居的基础标准

智能家居的基础标准包含术语及缩略语、文本图形标识符、数据和设备编码、设备描述方法等基础标准。考虑到相关行业已经制定了一些具有针对性的标准，因此，基础标准主要是对已有标准的归纳，并根据新技术的发展、智能家居的特点和要求，对已有的标准进行修改。

① 术语及缩略语：采用《智能家居自动控制设备通用技术要求》（GB/T 35136—2017）规定的智能家居领域通信技术、数据描述、设备及功能、应用服务等方面的基本术语名称、对应的英文名称、缩略语及定义解释等。

② 文本图形标识符：采用《物联网智能家居图形符号》（GB/T 34043—2017）规

定的智能家居领域各类设备、通信线路、管理系统，以及服务平台的文本、图形等标识，指导相应的工程设计和施工。

③ 数据和设备编码：采用《物联网智能家居数据和设备编码》（GB/T 35143—2017）规定的智能家居所涉及的设备及应用系统的数据定义、分类及编码。

④ 设备描述方法：采用《物联网智能家居设备描述方法》（GB/T 35134—2017）规定的智能家居系统中的设备状态、控制指令、交互信息内容、功能、用户交互界面等设备管理控制信息的描述方法，以及设备的生产、制造、运输和安装等产品信息的描述内容和格式。

3. 智能家居的通用规范

通用规范主要包括技术设备规范和工程实施规范两个方面的标准。技术设备规范主要是智能家居系统体系架构、通信协议、数据格式等的基本技术要求，以及智能家居系统各种设备接口（如通信接口、软件接口、硬件接口）的基本功能和性能要求。工程实施规范主要是智能家居系统的设计、施工、验收和评估等方面的定量和定性的技术指标。

（1）智能家居技术设备规范

智能家居技术设备规范如图 1-3-14 所示，主要包括互操作体系架构、通信协议、信息安全要求和设备通用技术要求四个方面，涉及智能家居体系框架、通信协议、信息格式、设备描述语言、数据安全保护和加密、异构系统互操作、多系统信息交互等方面的技术规范，以及与产品设计、技术应用相关的软硬件设计规范、应用技术兼容性规范，如功能要求、数据及指令格式、设备物理端口设计规范、API 设计规范等内容。此外，技术设备规范还包括各类应用系统终端的整机功能要求、性能要求，以及兼容性测试规范。

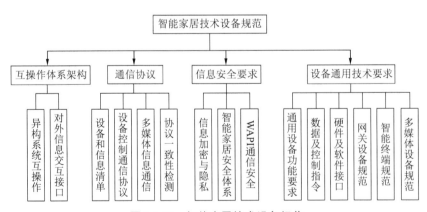

图 1-3-14　智能家居技术设备规范

① 互操作体系架构：主要解决智能家居多种通信体制间的信息交互、相互管理和控制等问题，包括异构系统互操作和对外信息交互接口。

② 通信协议：实现智能家居各设备间的信息交互，主要包括设备和信息清单、设

备控制通信协议、多媒体信息通信和协议一致性检测等。其中，设备控制通信协议涉及电力线通信、现场总线通信和无线通信，多媒体信息通信包括用户界面描述和多媒体信息格式。

③ 信息安全要求：主要解决在大量家庭信息开放性传输情况下的数据和设备的安全问题，主要包括信息加密与隐私、智能家居安全体系、WAPI 通信安全等。

④ 设备通用技术要求：主要是对智能家居产品所采用技术的要求，主要包括通用设备功能要求、数据及控制指令、硬件及软件接口、网关设备规范、智能终端规范、多媒体设备规范。

（2）智能家居工程实施规范

智能家居工程实施规范如图 1-3-15 所示，主要包括施工和设计、验收评估两个方面。

① 智能家居综合布线规范：主要包括智能

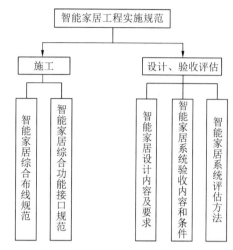

图 1-3-15　智能家居工程实施规范

家居系统线材、接口插座、硬件等的电气指标，以及连接和布线的条件与方法。

② 智能家居综合功能接口规范：主要对智能家居综合功能接口的软硬件特性进行规定，以便与楼宇系统和社区系统进行连接。

③ 智能家居的设计内容及要求：主要对智能家居系统组成设备的功能提出明确的技术要求，对设计方案的内容组成和描述进行明确的定义，为智能家居系统的实施提供设计源头上的质量保证。

④ 智能家居系统的验收内容和条件：主要规定智能家居系统在验收时需要达到的条件及具体的验收内容。

⑤ 智能家居系统的评估方法：主要根据验收的情况，从注册设备、实现功能、用户界面友好程度、与其他系统的兼容性及扩展性等多个角度提供量化的评价指标，对智能家居的实施情况进行评估。

4. 智能家居的专用规范

专用规范是智能家居标准体系的重要内容，如图 1-3-16 所示，主要包括应用服务框架、应用系统信息要求、综合服务平台接口、应用服务支撑系统接口，以及应用服务质量跟踪和评价方法。

① 应用服务框架：主要包括智能家居系统终端和服务器端所承载或使用的应用服务描述方

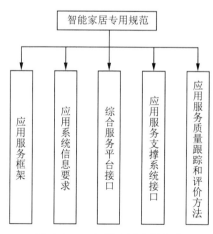

图 1-3-16　智能家居专用规范

法，信息交互方法，评价、交易和服务售后跟踪模式的方法等。应用服务框架通过智能家居系统向家庭用户提供服务类型、内容、方式、评价等多个方面的基本描述方法，是增值服务的统一技术要求。

② 应用系统信息要求：主要规定智能家居的应用系统在智能家居终端与服务器端进行信息交互的格式、内容和含义，以保证基于智能家居的应用服务的实现。

③ 综合服务平台接口：主要规定智能家居综合服务平台与终端设备、楼宇系统、社区系统、公共服务平台信息交互采用的格式、方法和通信协议。

④ 应用服务支撑系统接口：主要规定特定应用服务的信息格式、通信协议、权限管理服务流程跟踪、用户界面显示等方面的内容。

⑤ 应用服务质量跟踪和评价方法：主要包括服务关键点质量的跟踪和评价方法。

5. 智能家居标准体系的建设措施

物联网是国家战略性新兴产业的重要组成部分，智能家居作为物联网最重要、最基础的应用之一，其应用市场的拓展情况关系到物联网未来的发展。由于目前的智能家居行业尚未形成统一的标准，因此需要政府搭建智能家居发展的政策环境，推动智能家居标准体系的建设，推进智能家居产业链的完善，引导智能家居的健康发展。

从政府的角度出发，可以采取以下措施：大力支持智能家居的技术研究和示范应用；对基于示范应用的技术积累及推广中所暴露的问题等，提出智能家居的标准化研究报告；通过对智能家居技术的充分研究，根据行业的成熟度，制定智能家居的相关技术标准和测试规范，从而降低设备开发成本；建立权威的检测机构，建设科学的检测平台，从而保障智能家居产品的可靠性，提高产品质量，促进行业健康发展；采用标准与非标准并行的方式，先开拓市场，再通过占有市场来实现标准的认可，最终形成行业统一的标准。

 思 考 题

1. 无线传感器网络技术的关键安全技术有哪些？
2. 家居配电线路设计的基本原则有哪几条？
3. 家居配电箱内主要有哪些工作单元？它们各自的功能是什么？
4. 智能家居系统总线 8P8C 水晶头连接方式中，各个引脚的定义是怎样的？

第二篇

电子实训

模块一

常用仪器仪表使用与电子元器件识别

项目教学目标

1. 掌握常用电子元器件的性能、作用、参数及测试方法。
2. 掌握常用电子仪器仪表的正确使用方法。
3. 积极引导学生热爱劳动，激发学生的爱国主义情怀，坚定学科专业思想和职业目标。

实训项目任务

任务：了解常用电子元器件。

视野拓展

1. 电子元器件的发展史。
2. 电子检测仪表的发展史。

思政聚焦

正泰——从小开关厂
走向中国 500 强

实训知识储备

一、常用电子元器件

电子元器件是在电路中具有独立电气功能的基本单元。电子元器件在各类电子产品中占有重要地位，它和各种原材料是实现电路原理设计、结构设计和工艺设计的主要依据。

电子元器件的种类繁多，传统的元器件引脚较长，必须采用印制电路板的通孔插装技术（THT）。随着电子产品微型化和集成化趋势，元器件的引脚被做得很短或者没有引脚，比如表面贴装元件（SMC）和表面贴装器件（SMD）。

1. 电子元器件的主要参数

电子元器件的主要参数包括特性参数、规格参数和质量参数，主要参数反映一个电子元器件的电气性能和功能条件，以及参数之间的关系。

（1）特性参数

描述电子元器件电气功能的主要是特性参数，通常可用元器件的名称来表示，如电阻特性、电容特性等，一般用伏安特性（即元器件两端所加的电压与其中通过的电流的关系）来表示该元器件的特性参数。多数情况下，电子元器件的伏安特性是一条直线或曲线，测试条件不同时也可能是一条折线或一组曲线。不同种类的电子元器件具有不同的特性参数，可根据实际电路应用需要选用，如利用二极管单向导电性能进行整流、检波、钳位等。

线性元器件是指主要特性参数为一个常量（或在一定条件和一定范围内是一个常量）的电子元器件。

（2）规格参数

描述电子元器件的特性参数的量称为规格参数，规格参数包括标称值、额定值、允许偏差值等，因为电子元器件在整机中占据一定空间，所以封装尺寸和外形尺寸也是规格参数。

电子元器件的电气性能数值不可避免地具有离散化特性，为方便大批量生产，并让使用者能够在一定范围内选到合适的电子元器件，规定了一系列数值作为产品的参数标准值，用于描述电子元器件的电气性能和机械结构。这些数值又称标称值，包括特性标称值和尺寸标称值。

一组有序排列的标称值叫作标称值系列，电阻器、电容器及电感器等电子元器件的标称值按照下式取值：

$$a_n = (\sqrt[E]{10})^{n-1}, \; n = 1, \; 2, \; 3, \; \cdots, \; E$$

根据国际电工委员会（IEC）的规定，E 取 6、12、24、48、96、192 等数值，相应的标称值系列是 E6、E12、E24、E48、E96、E192 等，是常用标称值系列，如表 2-1-1 所示。

表 2-1-1　电子元器件特性标称值系列

标称系列名称	标志	偏差	特性标称值
E48	G	±2%	1.00, 1.05, 1.10, 1.15, 1.21, 1.27, 1.33, 1.40, 1.47, 1.54, 1.62, 1.69, 1.78, 1.87, 1.96, 2.05, 2.15, 2.26, 2.37, 2.49, 2.61, 2.74, 2.87, 3.01, 3.16, 3.32, 3.48, 3.65, 3.83, 4.02, 4.22, 4.42, 4.64, 4.87, 5.11, 5.36, 5.62, 5.90, 6.19, 6.49, 6.81, 7.15, 7.50, 7.87, 8.25, 8.66, 9.09, 9.53
E24	J	Ⅰ级±5%	1.0, 1.1, 1.2, 1.3, 1.5, 1.6, 1.8, 2.0, 2.2, 2.4, 2.7, 3.0, 3.3, 3.6, 3.9, 4.3, 4.7, 5.1, 5.6, 6.2, 6.8, 7.5, 8.2, 9.1
E12	K	Ⅱ级±10%	1.0, 1.2, 1.5, 1.8, 2.2, 2.7, 3.3, 3.9, 4.7, 5.6, 6.8, 8.2
E6	M	Ⅲ级±20%	1.0, 1.5, 2.2, 3.3, 4.7, 6.8

元件特性标称值系列大多有两位有效数字。用系列数值乘以倍率数 10^n 来具体表示一个元件的参数，其中 n 为正整数或负整数。例如，表 2-1-1 中的 "1.5" 可表示为 1.5×10^n Ω，包括 0.15 Ω，1.5 Ω，15 Ω，150 Ω 等阻值；1.5×10^n pF 包括 1.5 pF，15 pF，150 pF，1500 pF 等。E48、E96、E192 系列数值对应允许偏差 ±2%、±1%、±0.5%，一般认为这几个系列的元件为精密元件，表中未提到。在机械设计中规定长度尺寸标称值分首选和可选（第一、第二系列）系列，封装形式和外形尺寸也规定了标准系列。

用百分数表示实际数值和标称数值间的相对偏差，反映元器件数值的精密程度。常见元器件数值允许偏差的符号见表 2-1-2。元器件的精密等级越高，其数值允许的偏差范围就越小。特性标称值系列与某一规定的精度等级相互对应，每两个相邻的标称数值及其允许偏差所形成的数值范围是互相衔接或部分重叠的。

表 2-1-2　常见元器件数值允许偏差的符号

分类	允许偏差/%	符号	曾用符号	分类	允许偏差/%	符号	曾用符号
精密元件	±0.1	B	—	部分电容器	+20 −10	—	Ⅳ
	±0.2	C	—		+30 −20	—	Ⅴ
	±0.5	D	—				
	±1	F	0		+50 −20	S	Ⅵ
	±2	G	—				
一般元件	±5	J	Ⅰ				
	±10	K	Ⅱ		+80 −20	Z	—
	±20	M	Ⅲ				
	±30	N	—				

额定值一般包括额定工作电压、额定工作电流、额定工作温度等，是电子元器件能够长期正常工作的最大电压、电流、温度等。极限值一般表现为最大值的形式，表示能够保证正常工作的最大限度。额定值和极限值有差别，例如一般电阻器按最大工作电压定义工作电压上限，一般电容器则按额定工作电压定义工作电压上限。额定值与极限值没有固定关系，等功耗规律不成立，当工作条件超过某一额定值时，参数指标就要相应降低。

（3）质量参数

质量参数用于度量电子元器件的质量水平，通常描述元器件的特性参数、规格参数随环境因素变化的规律，或者划定它们不能完成功能的边界条件。电子元器件共有的质量参数一般有温度系数、噪声电动势和噪声系数、高频特性、可靠性和失效率等，从整机制造工艺方面考虑主要有机械强度和可焊性。

① 温度系数。电子元器件的规格参数随环境温度的变化略有改变，温度每变化 1 ℃，其数值产生的相对变化叫作温度系数。温度系数有正负之分，用于表示环境温度升高时数值变化是增大还是减小，可利用元器件的温度系数正负互补保证电路稳定。例如，振荡电路中可采用两个温度系数符号相反的电容器并联代替一个电容器，使电容量互相补偿来稳定振荡频率。在制作那些要求长期稳定工作或工作环境温度变化较大的电子产品时，应尽可能选用温度系数较小的元器件，也可根据工作条件考虑对产品进行通风、降温，以及采取相应的恒温措施。

② 噪声电动势和噪声系数。电子设备的内部噪声主要是由各种电子元器件产生的。导体内的自由电子在一定温度下总是处于无规则的热运动状态，从而在导体内部形成了方向及大小都随时间不断变化的无规则电流，并在导体的等效电阻两端产生了噪声电动势。噪声电动势是随机变化的，在很宽的频率范围内都起作用。由于这种噪声是由自由电子的热运动所产生的，因此通常又称作热噪声。温度升高时，热噪声的影响也会加大。

除了热噪声以外，各种电子元器件由于制造材料、结构及工艺不同，还会产生其他类型的噪声，如碳膜电阻器因碳粒之间的放电和表面效应而产生的噪声，晶体管内部载流子产生的散粒噪声等。

③ 高频特性。当工作频率不同时，电子元器件会表现出不同的电路响应，这是由在制造元器件时使用的材料及工艺结构所决定的。在对电路进行一般性分析时，通常把电子元器件作为理想元器件来考虑，但当它们处于高频状态时，很多原来不突出的特点就会反映出来。例如，金属箔电解电容器不适合在频率高的电路中工作，因为卷绕金属箔会呈现电感性质。

④ 可靠性和失效率。电子元器件的可靠性是指它的有效工作寿命，即它能够正常完成某一特定电气功能的时间。电子元器件的工作寿命结束，叫作失效。

⑤ 机械强度及可焊性。电子元器件的机械强度是重要的质量参数之一。在实际应用中，电子元器件无法避免地会受到一定的振动和冲击。机械强度较低的电子元器件

会在振动时断裂而损坏，以致彻底失效。

⑥ 其他质量参数。不同的电子元器件还有一些特定的质量参数。例如，对于电容器来说，绝缘电阻的大小、由于漏电而引起的能量损耗等都是重要的质量参数。

2. 电阻器

电阻器简称电阻，在电路中用字母"R"表示，是一种消耗电能的元件，在电路中常用来分压、限流等。电阻器的国际单位是欧姆（Ω），常用的单位还有千欧姆（kΩ）、兆欧姆（MΩ）、吉欧姆（GΩ）和太欧姆（TΩ）。它们之间的换算关系为：$1\ \text{T}\Omega = 10^3\ \text{G}\Omega = 10^6\ \text{M}\Omega = 10^9\ \text{k}\Omega = 10^{12}\ \Omega$。

（1）电阻器的种类

根据阻值是否可变，电阻器分为阻值固定的固定电阻器和阻值可变的可变电阻器两大类。实训课程中常用的电阻器有碳膜电阻、金属膜电阻、线绕电阻、热敏电阻、压敏电阻、光敏电阻、熔断器等。常见电阻器的电路符号和外形如图 2-1-1 和图 2-1-2 所示。

电阻器　　可调电阻　　热敏电阻　　压敏电阻　　光敏电阻　　熔断器

图 2-1-1　常见电阻器的电路符号

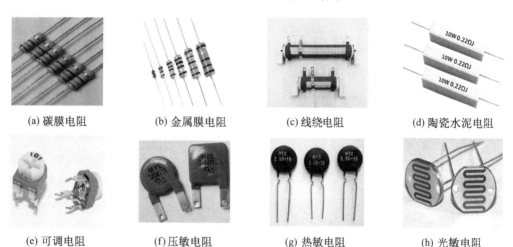

(a) 碳膜电阻　　　(b) 金属膜电阻　　　(c) 线绕电阻　　　(d) 陶瓷水泥电阻

(e) 可调电阻　　　(f) 压敏电阻　　　(g) 热敏电阻　　　(h) 光敏电阻

图 2-1-2　常见电阻器的外形

（2）电阻器的功能

电阻器的功能主要是限制电流、降低电压、分流与分压，也可作为振荡、滤波、微分、积分及时间常数元器件等。

阻碍电流流动是电阻器最基本的功能。电阻器阻值较小时，对电流的阻碍作用较小；反之，对电流的阻碍作用较大。以图 2-1-3 中灯泡亮度为例，当电源 E 固定时，阻值较小的电阻器对电流的阻碍作用较小，整个回路中流过的电流较大，灯泡较亮；

反之，灯泡较暗。因此，在电路中常使用电阻器作为限流元件。

图 2-1-3　电阻器的限流功能

由于电阻器属于耗能元件，可通过自身产生一定的压降。因此在实际使用中，若电源电压较高，而负载的额定电压较低，则可利用电阻器对电路进行改造，将电源电压降低后再供给负载使用。图 2-1-4（a）中当电动机的额定电压为 8 V 时，若其直接接在 10 V 电源两侧，则会因电压过高而烧毁电动机；图 2-1-4（b）中在电路中使用阻值合适的电阻器，可通过电阻器消耗 2 V 电压，从而确保电动机能够正常运行。

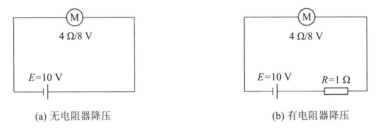

(a) 无电阻器降压　　　　　　　　　　(b) 有电阻器降压

图 2-1-4　电阻器的降压功能

将两个或两个以上的电阻器并联在电路中，即可将电流分流，电阻器之间分别为不同的分流点，如图 2-1-5 所示。而将多个电阻器进行串联，则可实现分压功能。如图 2-1-6 所示，在放大电路中，三极管要处于放大状态，静态时基极电流、集电极电流及偏置电压应满足要求，基极电压为 2.8 V。为此要设置一个电阻器分压电路 R_1 和 R_2，将电源电压 V_{CC} 分压成 2.8 V 为三极管基极供电。

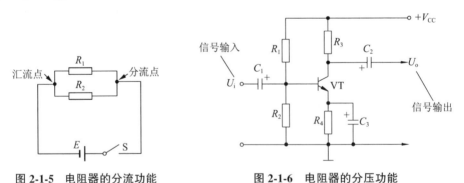

图 2-1-5　电阻器的分流功能　　　　图 2-1-6　电阻器的分压功能

（3）电阻器的主要参数与标识方法

① 电阻器的主要参数。

标称阻值。标称阻值是指在电阻器表面所标示的阻值。为了生产和选购方便，国家规定了阻值系列，目前电阻器标称阻值系列包括 E6、E12、E24 系列，其中 E24 系列最全。三大标称阻值系列取值见表 2-1-3。

表 2-1-3　电阻器标称阻值系列

标称值系列	允许偏差	电阻器标称阻值							
E24	Ⅰ级（±5%）	1.0	1.1	1.2	1.3	1.5	1.6	1.8	2.0
		2.2	2.4	2.7	3.0	3.3	3.6	3.9	4.3
		4.7	5.1	5.6	6.2	6.8	7.5	8.2	9.1
E12	Ⅱ级（±10%）	1.0	1.2	1.5	1.8	2.2	2.7	3.3	3.9
		4.7	5.6	6.8	8.2	—	—	—	—
E6	Ⅲ级（±20%）	1.0	1.5	2.2	3.3	4.7	6.8	—	—

阻值允许误差。实际阻值与标称阻值的相对误差通常用百分比表示，称为电阻精度，允许相对误差的范围叫作允许偏差。普通电阻的允许偏差可分为±5%、±10%、±20%等，精密电阻的允许偏差可分为±2%、±1%、±0.5%、…、±0.001%等十多个等级。电阻的精度等级及符号见表 2-1-4。

表 2-1-4　电阻的精度等级及符号

精度等级/%	±0.001	±0.002	±0.005	±0.01	±0.02	±0.05	±0.1
符号	E	X	Y	H	U	W	B
精度等级/%	±0.2	±0.5	±1	±2	±5	±10	±20
符号	C	D	F	G	J	K	M

电阻器的额定功率。额定功率指电阻器在正常大气压力（650～800 mmHg，1 mmHg＝133.322 Pa）及额定温度下，长期连续工作并能满足规定的性能要求时所允许耗散的最大功率。

电阻器的型号命名。根据《电子设备用固定电阻器、固定电容器型号命名方法》（GB/T 2470—1995）的规定，电阻器的型号及命名方法由四个部分组成：第一部分用字母表示产品主称；第二部分用字母表示主要材料；第三部分用数字或字母表示主要特征；第四部分用数字表示序号。表 2-1-5 列出了电阻（位）器命名中的具体符号定义。

表 2-1-5　电阻（位）器命名中的各部分意义

第一部分		第二部分		第三部分		第四部分	
符号	意义	符号	意义	符号	意义	符号	意义
R	电阻器	T	碳膜	1	普通		
C	电容器	H	合成膜	2	普通		
		I	玻璃釉膜	3	超高频		
		J	金属膜（箔）	4	高阻		
		Y	氧化膜	5	高温		
		S	有机实心	7	精密		

第一部分		第二部分		第三部分		第四部分	
符号	意义	符号	意义	符号	意义	符号	意义
		N	无机实心	8	高压		
		X	线绕	9	特殊		
				G	功率型		

② 电阻器的标识方法。

直标法是用阿拉伯数字和单位符号在电阻器的表面直接标出标称阻值和允许偏差的方法，如图 2-1-7 所示。对小于 1000 Ω 的阻值只标出数值，不标单位；对 kΩ、MΩ 只标注 K、M。精度等级标 I 或 II 级，III 级不标明。直标法的优点是直观、易于判读，缺点是数字标注中的小数点不易识别。

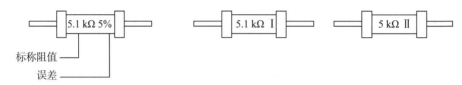

图 2-1-7　电阻器阻值与偏差的直标法

文字符号法是将阿拉伯数字和字母符号按一定规律组合来表示标称阻值和允许偏差的方法，其优点是认读方便、直观，多用在大功率电阻器上。

色标法是用色环代替数字在电阻器表面标出标称阻值和允许偏差。其优点是标志清晰、易于看清，而且与电阻的安装方向无关。色标法有四环和五环两种，五环的电阻精度高于四环的，阻值单位为 Ω。第一位色环比较靠近电阻体的端头，最后一位色环与前一位的距离比前几位色环间的距离稍远些。色环一般用棕、红、橙、黄、绿、蓝、紫、灰、白、黑、金、银、无色表示，其意义见表 2-1-6。

表 2-1-6　色环电阻器上色环的意义

四环电阻					五环电阻					
颜色	第一位有效数字	第二位有效数字	倍乘	允许偏差/%	颜色	第一位有效数字	第二位有效数字	第三位有效数字	倍乘	允许偏差/%
棕	1	1	10^1		棕	1	1	1	10^1	±1
红	2	2	10^2		红	2	2	2	10^2	±2
橙	3	3	10^3		橙	3	3	3	10^3	
黄	4	4	10^4		黄	4	4	4	10^4	
绿	5	5	10^5		绿	5	5	5	10^5	±0.5
蓝	6	6	10^6		蓝	6	6	6	10^6	±0.2

四环电阻					五环电阻					
颜色	第一位有效数字	第二位有效数字	倍乘	允许偏差/%	颜色	第一位有效数字	第二位有效数字	第三位有效数字	倍乘	允许偏差/%
紫	7	7	10^7		紫	7	7	7	10^7	±0.1
灰	8	8	10^8		灰	8	8	8	10^8	
白	9	9	10^9		白	9	9	9	10^9	±50~±20
黑	0	0	10^0		黑	0	0	0	10^0	
金			10^{-1}	±5	金				10^{-1}	±5
银			10^{-2}	±10	银				10^{-2}	
无色				±20						

数字标识法是用 3 位阿拉伯数字表示电阻器标称阻值的形式，一般多用于片状电阻器。前两位数字表示电阻器的有效数字，第三位数字表示有效数字后零的个数或 10 的幂数。第三位为 9，表示倍率为 0.1，即 10^{-1}。如 121 表示 $12×10^1 = 120\ \Omega$；202 表示 $20×10^2 = 2000\ \Omega$。

3. 电容器

电容器简称电容，在电路中用"C"表示，是一种储存电场能量的电子元件。在电路中有隔直流、旁路、耦合、滤波、补偿、调谐、充放电及储能等功能。国际单位是法拉（F），常见的单位还有毫法（mF）、微法（μF）、纳法（nF）、皮法（pF）。它们之间的换算关系为：$1F = 10^3 mF = 10^6 μF = 10^9 nF = 10^{12} pF$。

（1）电容器的种类

根据电容量是否可调，电容器可分为固定电容器、半可变电容器和可变电容器；根据所用介质不同，电容器可分为电解、空气、瓷介、云母、薄膜、玻璃釉电容器等；根据有无极性，电容器可分为无极性电容器和极性电容器。常用的电解电容器是极性电容器。图 2-1-8 所示为电容器在电路中常见的符号，图 2-1-9 所示为几种常见的电容。

(a) 固定电容器　　　(b) 半可变电容器　　　(c) 可变电容器　　　(d) 电解电容器

图 2-1-8　电容器的符号

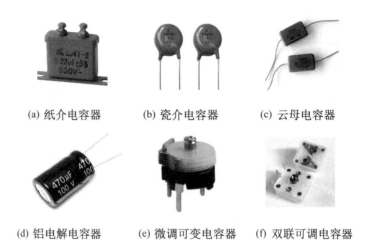

(a) 纸介电容器　　　　(b) 瓷介电容器　　　　(c) 云母电容器

(d) 铝电解电容器　　(e) 微调可变电容器　　(f) 双联可调电容器

图 2-1-9　几种常见的电容器

（2）电容器的功能

图 2-1-10 所示为电容器的充、放电原理。充电时，把电容器的两端接到电源的正、负极，电源会对电容器充电，电容器带有电荷后就会产生电压。当电容器电压与电源电压相等时，充电停止，电路中不再有电流，相当于开路。在电源断开的一瞬间，电容器上的电荷会通过电阻流动，电容器两极之间的电压逐渐降低，直到电容两极上的正、负电荷完全消失。

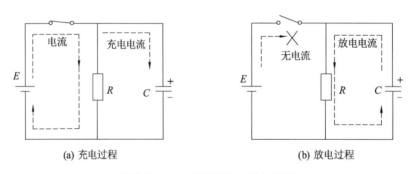

(a) 充电过程　　　　　　　　　　　　(b) 放电过程

图 2-1-10　电容器的充、放电原理

电容器的滤波功能是指能够消除脉冲和噪声的功能。如图 2-1-11 所示，经过电容器滤波后的输出波形更加稳定、平滑。

（3）电容器的主要参数与标识方法

① 电容器的主要参数。

电容器的标称容量和允许偏差。标示在电容器上的电容量为标称容量，电容器的标称容量与实际容量的最大允许偏差范围称为电容器的允许偏差。

电容器的耐压。指在规定温度范围内电容器正常工作时能承受的最大直流电压，它的大小与介质的种类、厚度有关。电容器在使用时不允许超过耐压值，否则电容器可能被损坏或被击穿，甚至爆裂。

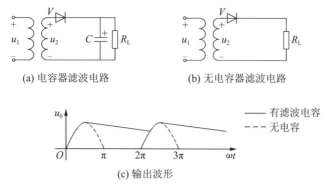

(a) 电容器滤波电路　　　　(b) 无电容器滤波电路

(c) 输出波形

图 2-1-11　电容器的滤波功能

电容器的绝缘电阻。电容器中的介质并不是绝对绝缘的，总会有些漏电，产生漏电流。电容器绝缘电阻的值等于加在电容器两端的电压与通过电容器的漏电流的比值。

电容器的型号命名。电容器的型号命名法和电阻器的命名法类似。第一部分主称一般用字母 C 表示，第二部分材料用一个字母表示，第三部分分类用数字和字母表示。例如，某电容器的型号为 CD11，前 3 位表示该电容器为箔式铝电解电容，第 4 位表示电容器序号。

② 电容器的标识方法。

直标法是将电容器的容量、极性、耐压、偏差等参数直接标注在电容体上，主要在体积较大的元器件上标注。例如，CCG1-63V-0.1μF Ⅲ，表示 1 类陶瓷介质高功率圆形电容器、耐压 63 V、标称容量 0.1 μF、允许偏差Ⅲ级（即±20%）。

文字符号法是用特定符号和数字表示电容器的容量、耐压、偏差的方法。一般用数字表示有效数值，字母表示数值的量级。例如，10μ 表示 10 μF，10p 表示 10 pF，2p2 表示 2.2 pF。

数字标识法一般用 3 位数字表示电容器容量的大小，单位为 pF。前两位为有效数字，后一位表示倍率，即乘以 10^i（i 为第三位数字）。若第三位数字为 9，则乘以 10^{-1}。

电容器的色标法与电阻器的色标法类似，其单位为 pF。甚至电容器的耐压值也有用颜色表示的。例如，某一电容器的色标为红红橙银棕蓝，分别表示电容值有效数字第一位、第二位、倍率、允许偏差、电压有效数字第一位、第二位，即表示 0.022 μF±10%，耐压 1600 V。

4. 电感器

电感器简称电感或电感线圈，在电路中用字母"L"表示，是一种能够把电能转换成磁能并储存起来的电子元器件。它由导线在绝缘骨架上（也有不用骨架的）绕制而成，在电路中有阻碍交流电通过的特性。电感器在电路中常用于扼流、变压、谐振、传送信号等。电感量的国际单位为亨利（H），常用的单位还有毫亨（mH）、微亨（μH）。换算关系是：$1 \text{ H} = 10^3 \text{ mH} = 10^6 \text{ μH}$。

（1）电感器的分类

电感器按工作特征可分为电感量固定的电感和电感量可变的电感两种类型；按磁导体性质可分为空心电感、磁芯电感和铜芯电感；按绕制方式及其结构可分为单层、多层、蜂房式、有骨架式和无骨架式电感；按工作性质可分为天线电感线圈、振荡线圈、扼流线圈、陷波线圈、偏转线圈；按用途可分为高频扼流线圈、低频扼流线圈、调谐线圈、退耦线圈、提升线圈和稳频线圈等。不同的电感器，符号也不相同，如图 2-1-12 所示。图 2-1-13 所示为几种常见的电感器。

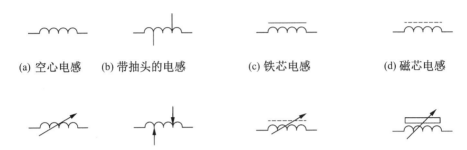

(a) 空心电感　　(b) 带抽头的电感　　(c) 铁芯电感　　(d) 磁芯电感

(e) 可变电感　(f) 有滑动接点的电感　(g) 带磁芯的可调电感　(h) 带非磁性金属芯的电感

图 2-1-12　电感器的符号

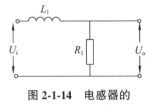

(a) 色环电感器　　(b) 扼流线圈　　(c) 空心电感线圈　　(d) 贴片电感器　　(e) 微调电感器

图 2-1-13　几种常见的电感器

（2）电感器的功能

由于电磁感应的作用，电感会对电流的变化起阻碍作用。因此，电感对直流电流的阻抗小，对交流电流的阻抗较大，其阻值的大小与所通过的交流信号的频率相关。同一电感元件上通过的交流电流的频率越高，阻抗就越大。图 2-1-14 所示为电感器的基本工作特性，电感 L_1 与电阻 R_1 构成分压电路，输出电压值与输入信号的频率有关，频率越低，阻抗越小。

图 2-1-14　电感器的基本工作特性

若将电感器与电容器串联，则可构成串联谐振电路，如图 2-1-15 所示。该电路中，电感器对高频信号阻抗大，电容

图 2-1-15　串联谐振电路

器对低频信号阻抗大，所以这两种信号都无法通过；而该电路对谐振频率信号的阻抗几乎为 0，阻抗最小，可实现选频功能。电感器和电容器的参数值不同，可选择的频率

也不同。

（3）电感器的主要参数和标识方法

① 电感器的主要参数。

电感器的主要参数有标称电感量和偏差、品质因数、额定电流等。

标称电感量和偏差。在没有非线性导磁物质存在的条件下，一个载流线圈的磁通与线圈中的电流成正比，其比例常数称为电感系数，简称电感，用 L 表示。标称值标记方法同电阻器、电容器一样，只是单位不同。

品质因数。品质因数 Q 是表示线圈质量的一个参数，它是指线圈在某一频率的交流电压下工作时，线圈所呈现的感抗和线圈的总损耗电阻之比。在谐振回路中，Q 值越高，回路损耗越小，效率越高，滤波性能越好。但 Q 值的提高会受到一些因素的限制，如导线的直流电阻、线圈骨架的介质损耗、屏蔽和铁芯引起的损耗及高频工作时的集肤效应等。Q 值一般不能取得很高，通常为几十，最高为 400~500。

额定电流。电感线圈在正常工作时允许通过的最大电流称为额定电流，也称为线圈的标称电流值。当工作电流大于额定电流时，线圈就会发热，甚至被烧坏。

② 电感器的标识方法。

直标法是指在小型固定电感线圈的外壳上直接用文字符号标出其电感量、允许偏差和最大直流工作电流等主要参数的方法。其中，允许偏差常用 Ⅰ、Ⅱ、Ⅲ 来表示，分别代表允许偏差为 ±5%、±10%、±20%，最大直流工作电流通常用字母 A、B、C、D、E 等表示。例如，150 μH、Ⅱ、A 的标志表明线圈的电感量为 150 μH，允许偏差为 Ⅱ 级（±10%），最大直流工作电流为 50 mA（A 挡）。

色标法是指在电感器的外壳上涂上 4 条不同颜色的环，以表明电感器的主要参数。前两条色环表示电感器电感量的有效数字，第三条色环表示倍率（即 10^n），第四条色环表示允许偏差，数字与颜色的对应关系同色标电阻，单位为微亨（μH）。

5. 变压器

变压器具有变换电压、电流和阻抗的作用，在家电、开关电源、电子仪器等设备中广泛应用，变压器的符号为"T"。变压器由初级线圈、次级线圈、铁芯或磁芯等组成，其工作原理基于电磁感应现象。在电子电路中变压器常作为电压变换器、阻抗变换器等。

（1）变压器的分类

变压器按用途可分为电力变压器、实验变压器、电流或电压互感器、调压器和特种变压器；按绕组结构可分为双绕组变压器、三绕组变压器和自耦变压器；按铁芯结构可分为芯式变压器、壳式变压器、环形变压器、金属箔变压器；按工作频率可分为低频、中频和高频变压器。图 2-1-16 所示为变压器的电路符号，图 2-1-17 所示为几种常见的变压器。

(a) 普通变压器　　　　(b) 自耦变压器　　　　(c) 磁芯可调式变压器

图 2-1-16　变压器的电路符号

(a) 芯式变压器　　　　(b) 壳式变压器　　　　(c) 环形变压器

图 2-1-17　几种常见的变压器

（2）变压器的主要参数及命名方法

① 变压器的主要参数。

额定功率。变压器在特定频率和电压条件下，能长时间连续稳定地工作，而未超过规定温升的输出功率称为额定功率。变压器的额定功率与铁芯截面积、漆包线的线径等有关。变压器的铁芯截面积越大、漆包线的线径越粗，其输出功率就越大。一般只有电源变压器才有额定功率参数，其他变压器由于工作电压低、电流小，通常不考虑额定功率。

变压比。又称变阻比、圈数比，是指变压器初级线圈的电压（阻抗）与次级线圈的电压（阻抗）的比，可表示为

$$n = \frac{U_1}{U_2} = \frac{N_1}{N_2}$$

绝缘电阻和抗电强度。产生于变压器线圈之间、线圈与铁芯之间及引线之间。小型电源变压器的绝缘电阻要求不小于 500 MΩ，抗电强度应大于 2000 V。

效率。变压器输出功率与输入功率之比称为效率，常用百分数表示。其大小与设计参数、材料、工艺及功率有关。对于 20 W 以下的变压器，其效率为 70% ~ 80%；对于 100 W 以上的变压器，其效率可大于 95%。

② 变压器的命名方法。

变压器的命名由三部分组成：第一部分是主称，用字母表示；第二部分是功率，用数字表示，计量单位用伏安（VA）或瓦（W）表示，RB 型变压器除外；第三部分是序号，用数字表示。其主称部分字母的含义见表 2-1-7。

表 2-1-7 变压器主称部分字母的含义

字母	含义	字母	含义
DB	电源变压器	GB	高频变压器
CB	音频输出变压器	SB 或 ZB	音频（定阻式）输出变压器
RB	音频输入变压器	SB 或 EB	音频（定压式）输出变压器

中频变压器的型号由三部分组成：第一部分为主称，用字母表示；第二部分为外形尺寸，用数字表示；第三部分为级数，用数字表示。各部分字母和数字的含义见表 2-1-8。

表 2-1-8 中频变压器的型号及各部分字母和数字的含义

主称		外形尺寸		级数	
字母	名称、特征、用途	数字	外形尺寸/（mm×mm×mm）	数字	中频级数
I	中频变压器	1	7×7×12	1	第一级中频变压器
L	线圈或振荡线圈	2	10×10×14	2	第二级中频变压器
T	磁性瓷心式	3	12×12×16	3	第三级中频变压器
F	调幅收音机用	4	20×25×36		
S	短波段				

6. 半导体器件

半导体器件是电子技术发展的基础，在目前依然有相当普遍的应用。常用的半导体器件包括二极管、晶体管（三极管）及其他特殊用途的半导体器件等。

（1）二极管

二极管是由一个 PN 结和外面封壳构成的半导体，具有单向导电性，其主要作用是整流、检波、直流稳压。

① 二极管的分类。

二极管按材料不同可分为锗二极管和硅二极管，锗管比硅管的正向压降低；按结构不同可分为点接触型二极管、面接触型二极管和平面型二极管；按特性不同可分为普通二极管（包括整流二极管、检波二极管、稳压二极管、恒流二极管、开关二极管等）、特殊二极管（包括微波二极管、变容二极管、雪崩二极管、隧道二极管、PIN 二极管等）、敏感二极管（包括光敏二极管、热敏二极管、压敏二极管、磁敏二极管）。常用二极管的符号和外形如图 2-1-18 所示。

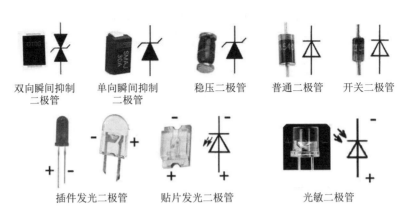

双向瞬间抑制　　　单向瞬间抑制　　　稳压二极管　　　普通二极管　　　开关二极管
二极管　　　　　　二极管

插件发光二极管　　贴片发光二极管　　　　　　光敏二极管

图 2-1-18　常用二极管的符号和外形

② 二极管的主要参数。

二极管的主要参数有最大整流电流、最大反向工作电压、反向峰值电流等。最大整流电流 I_{OM} 是指二极管允许通过的最大正向平均电流，工作时应使平均工作电流小于 I_{OM}，如工作电流超过 I_{OM}，二极管将因过热而烧毁。此值取决于 PN 结的面积、材料和散热情况。最大反向工作电压 U_{RWM} 是二极管允许的最大工作电压。当反向电压超过此值时，二极管可能被击穿。为留有余地，通常取击穿电压 $U_{(BR)}$ 的一半作为 U_{RWM}。反向峰值电流 I_{RM} 是指在二极管上加最大反向工作电压时的反向电流值，此值越小，二极管的单向导电性越好。由于反向电流是由少数载流子形成的，所以受温度的影响很大。

③ 二极管的命名方法。

国产二极管的命名由五部分组成：第一部分用数字 2 表示二极管；第二部分用字母表示二极管的材料与极性；第三部分用字母表示二极管的类别；第四部分用数字表示生产序号；第五部分用字母作为区别代号。其中第二、三部分各字母的含义见表 2-1-9。

表 2-1-9　二极管第二、三部分各字母的含义

第二部分		第三部分			
字母	含义	字母	含义	字母	含义
A	N 型锗材料	P	普通二极管	S	隧道二极管
B	P 型锗材料	W	稳压二极管	U	光电二极管
C	N 型硅材料	Z	整流二极管	N	阻尼二极管
D	P 型硅材料	K	开关二极管	L	整流桥堆

（2）晶体管

半导体三极管简称晶体管或三极管，其内部含有两个 PN 结，在电子电路中具有放大或开关作用。它分为 NPN 型和 PNP 型两种类型，每一类都分成基区、发射区和集电区，分别引出基极（B）、发射极（E）和集电极（C）。每类都有两个 PN 结，基区和发射区之间的 PN 结称为发射结，基区和集电区之间的 PN 结称为集电结。NPN 型晶体管基极和集电极电流的方向是流入，发射极电流的方向是流出，而 PNP 型晶体管正好相反。

① 晶体管的分类。

晶体管的种类很多，按照材料不同可分为硅管和锗管，我国目前生产的硅管多为 NPN 型，锗管多为 PNP 型；按照结构不同可分为 NPN 型晶体管和 PNP 型晶体管；按照工作频率不同可分为高频管和低频管；按照允许耗散功率不同可分为小功率管和大功率管。图 2-1-19 所示是 NPN 型和 PNP 型晶体管的结构和符号，图 2-1-20 所示是几种常见的晶体管。

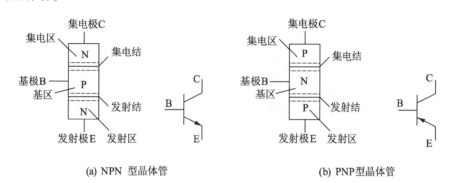

(a) NPN 型晶体管   (b) PNP型晶体管

图 2-1-19　晶体管的结构和符号

(a) 金属壳三极管   (b) 片状三极管   (b) 塑封三极管

图 2-1-20　几种常见的晶体管

② 晶体管的主要参数。

晶体管的电流放大系数 β 或 h_{FE}。基于晶体管的电流分配规律 $I_E = I_C + I_B$，基极电流 I_B 的变化使集电极电流 I_C 发生更大的变化，即基极电流 I_B 的微小变化极大地控制了集电极电流 I_C，这就是晶体管的电流放大原理。将晶体管接成共发射极电路，静态时集电极电流 I_C 与基极电流 I_B 的比值称为共发射极静态电流（直流）放大系数。当晶体管工作在动态时，对应集电极电流变化量 ΔI_C 与基极电流变化量 ΔI_B 的比值称为动态电流（交流）放大系数 β 或 h_{FE}。

集电极电流在流经集电结时将产生热量，使结温升高，从而引起晶体管的参数变化。当晶体管因受热而引起的参数变化不超过允许值时，集电极所消耗的最大功率就称为集电极最大允许耗散功率 P_{CM}。P_{CM} 主要受结温限制，一般来说，锗管允许结温为 70~90 ℃，硅管约为 150 ℃。

集电极电流 I_C 超过一定值时，晶体管的 β 会下降。当 β 值下降到正常值的三分之二时的集电极电流称为集电极最大允许电流I_{CM}。因此，在使用晶体管时，I_C超过I_{CM}虽不一定会使晶体管损坏，但会降低β值。

③ 晶体管的命名方法。

晶体管的命名由五部分组成：第一部分用"3"表示主称，代表晶体管或三极管；第二部分用字母表示晶体管的材料和极性；第三部分用字母表示晶体管的类别；第四部分用数字表示同一类型产品的序号；第五部分用字母表示规格号。晶体管第二、三部分各字母的含义见表2-1-10。

表 2-1-10　晶体管第二、三部分各字母的含义

第二部分		第三部分	
字母	含义	字母	含义
A	PNP 型锗材料	X	低频小功率晶体管（f_a<3 MHz，P_c<1 W）
B	NPN 型锗材料	G	高频小功率晶体管（f_a≥3 MHz，P_c<1 W）
C	PNP 型硅材料	D	低频大功率晶体管（f_a<3 MHz，P_c≥1 W）
D	NPN 型硅材料	A	高频大功率晶体管（f_a≥3 MHz，P_c≥1 W）
		K	开关晶体管

7. 集成电路

集成电路是继电子管、晶体管之后发展起来的又一类电子器件，缩写为 IC。它是用半导体工艺或薄、厚膜工艺把晶体管、电阻及电容器等元器件按电路的要求制作在一块硅板或绝缘基体上，然后封装而成的。

集成电路的种类繁多，根据外形和封装形式的不同主要可分为金属壳封装（CAN）集成电路、单列直插式封装（SIP）集成电路、双列直插式封装（DIP）集成电路、扁平封装（PFP、QFP）集成电路、插针网格阵列封装（PGA）集成电路、球栅阵列封装（BGA）集成电路、无引线塑料封装（PLCC）集成电路、芯片缩放式封装（CSP）集成电路、多芯片模块封装（MCM）集成电路等。图 2-1-21 所示是几种常见的集成电路。

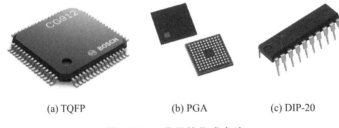

(a) TQFP　　　　(b) PGA　　　　(c) DIP-20

图 2-1-21　常见的集成电路

国产集成电路的命名由五个部分组成，从左向右依次为字头符号、类型、型号数、温度范围和封装形式。字头符号用字母表示，表示器件符合国家标准，如"C"表示中国制造；类型用字母表示，表示集成电路属于哪种类型，具体类型符号对照

见表 2-1-11；型号数用数字或字母表示，表示集成电路的系列和品种代号；温度范围用字母表示，表示集成电路的工作温度范围，具体温度范围符号对照见表 2-1-12；封装形式用字母表示，表示集成电路的封装形式，具体封装形式符号对照见表 2-1-13。

表 2-1-11　集成电路具体类型符号对照

符号	意义	符号	意义	符号	意义	符号	意义
B	非线性电路	E	ECL	J	接口器件	W	稳压器
C	CMOS	F	放大器	M	存储器	U	微机
D	音响、电视	H	HTL	T	TTL		

表 2-1-12　集成电路具体温度范围符号对照

符号	意义	符号	意义	符号	意义	符号	意义
C	0~70 ℃	E	−40~85 ℃	R	−55~85 ℃	M	−55~125 ℃

表 2-1-13　集成电路具体封装形式符号对照

符号	意义	符号	意义	符号	意义	符号	意义
B	塑料扁平	F	全密封扁平	K	金属变形	W	陶瓷扁平
D	陶瓷直插	J	黑陶瓷直插	P	塑料直插	T	金属圆形

二、常用仪器仪表

常用仪器仪表包括万用表和数字示波器，万用表在第一篇模块一已有详细介绍，此处不再赘述，本小节主要介绍数字示波器。

数字示波器是采用数字电路进行模数转换，并通过存储器实现对触发前信号进行记忆的一种具备存储功能的数字化设备。数字示波器除了具有模拟示波器的功能外，还具有波形触发、存储、显示、测量、波形数据分析与处理等功能。图 2-1-22 为典型的数字示波器。从图中可以看出，数字示波器分为左右两部分，左侧为信号波形及数据的显示部分，右侧是示波器的控制部分，包括键钮区域和探头连接区。

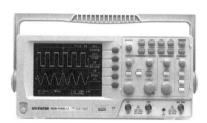

图 2-1-22　典型的数字示波器

数字示波器的显示屏是显示测量结果和设备当前工作状态的部件，在测量前或测量过程中，参数设置、测量模式或设定调整等操作也是依靠显示屏实现的。图 2-1-23 为典型数字示波器的显示屏，可以看到在显示屏上能够直接显示波形的类型、屏幕

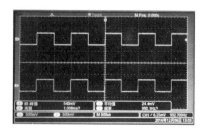

图 2-1-23　典型数字示波器的显示屏

每格的幅度、周期大小等，通过示波器显示屏上显示的数据可以很方便地读出波形的

幅度和周期。

数字示波器的键钮区域设有多种按键和旋钮。包括菜单键、垂直控制区、水平控制区、触发控制区、探头连接区及其他键钮，如图 2-1-24 所示。

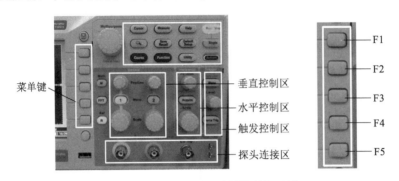

图 2-1-24　典型数字示波器的键钮区域

菜单键由上往下依次编号 F1～F5。F1 键用于选择输入信号的耦合方式，其控制区域对应在左侧显示屏上，有三种耦合方式，即交流耦合（将直流信号阻隔）、接地耦合（输入信号接地）和直流耦合（交流信号和直流信号都通过，被测交流信号包含直流信号）。F2 键用于控制带宽抑制，其控制区域对应在左侧显示屏上，可进行带宽抑制开与关的选择：带宽抑制关断时，通道带宽为全带宽；带宽抑制开通时，被测信号中高于 20 MHz 的噪声和高频信号被衰减。F3 键用于控制垂直偏转系数，可对信号幅度选择（伏/格）挡位进行粗调和细调两种选择。F4 键用于控制探头倍率，可对探头进行 1×、10×、100×、1000×四种选择。F5 键用于控制波形反向设置，可对波形进行 180°的相位反转。

垂直控制区主要包括垂直位置调整旋钮和垂直幅度调整旋钮。垂直位置调整旋钮（Position）可对检测的波形进行垂直方向的位置调整；垂直幅度调整旋钮（Scale）可对检测的波形进行垂直方向的幅度调整，即调整输入信号通道的放大量或衰减量。

水平控制区主要包括水平位置调整旋钮和水平时间轴调整旋钮。水平位置调整旋钮（Position）可对检测的波形进行水平位置的调整，水平时间轴调整旋钮（Scale）可对检测的波形进行水平方向时间轴的调整。

触发控制区包括一个触发系统旋钮和两个按键。触发系统旋钮（Level）改变触发电平，可以在显示屏上看到触发标志来指示触发电平线随旋钮转动而上下移动。菜单（Menu）按键可以改变触发设置。强制（Force Trig）按键可强制产生一触发信号，主要应用于触发方式中的正常和单次模式。

数字示波器的探头连接区是连接示波器和测试探头的区域。探头连接区需要与键钮区配合应用，相关模式设置应满足对应关系。例如，通道 1（CH1 信号输入端）对应键钮区域的 CH1 按键，通道 2（CH2 信号输入端）对应键钮区域的 CH2 按键。

能力训练项目

任务：了解常用电子元器件

● **实训目的**

（1）掌握常用电子元器件的性能、作用。

（2）熟练使用仪器仪表检测常用电子元器件的性能和质量。

● **实训仪器与材料**

（1）电阻、电容、二极管、三极管等若干电子元器件。

（2）指针式万用表、数字万用表、数字示波器等。

● **实训内容**

（1）掌握常用电子元器件（电阻器、电容器、电感、二极管、三极管等）的种类、结构、性能及使用范围。

（2）使用仪器仪表检测常用电子元器件的性能和质量。

一、常用电子元器件的检测

1. 电阻器

电阻器阻值的测量以数字万用表为例进行介绍。

根据电阻器的标称阻值将数字万用表挡位旋钮旋转到适当的 Ω 挡位，选择测量挡位时尽量使显示屏显示较多的有效数字。正确安插红、黑表笔，然后将两表笔不分正负分别接在被测电阻器

数字万用表　　指针式万用表
测量电阻　　　测量电阻

的两端，显示屏读数即为被测电阻器的阻值。如果显示"000"，表示电阻器已经短路；如果仅最高位显示"1"，说明电阻器开路；如果显示值与电阻器上的标称值相差很大，超过允许偏差，说明该电阻器质量不合格。

2. 电容器

对于容量大于 5000 pF 的电容器，可用指针式万用表的 R×10 kΩ、R×1 kΩ 挡测量电容器的两引线。正常情况下，表针先向 R 为零的方向摆动，然后向 ∞ 的方向退回（充放电）。如果退不到 ∞ 位置，而是停留在某一数值上，那么指针稳定后的阻值就是电容器的绝缘电阻（也称漏电电阻）。一般电容器的绝缘电阻在几十兆欧以上，电解电容器在几兆欧以上。若所测电容器的绝缘电阻小于上述值，则表示电容器漏电。若指针不动，则表明电容器内部开路。

对于容量小于 5000 pF 的电容器，由于其充电时间很短，充电电流很小，往往看不出指针摆动。故可借助 NPN 型晶体管的放大作用来测量，测量电路如图 2-1-25 所示。

将电容器接到 A、B 两端，借助晶体管的放大作用就可以测量电容器的绝缘电阻。判断方法同上所述。

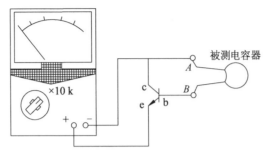

图 2-1-25　小容量电容器的简易测量方法

小容量电容器的电容值可利用数字万用表直接测出。根据被测电容的标称电容值选择合适的电容量程（C_x），将被测电容器插入数字万用表的"C_x"插孔中，万用表立即显示被测电容器的电容值。如果显示"000"，说明该电容器已短路损坏；如果仅显示"1"，说明该电容器已断路损坏；如果显示值与标称值相差很大，说明电容器漏电失效，不宜使用。数字万用表测量电容的最大量程为 20 μF，对于大于 20 μF 的电容则无法测量其数值。

测量电解电容器时，应该注意它的极性。一般地，电容器正极的引线长一些。测量时电源的正极与电容器的正极相接，电源的负极与电容器的负极相接，称为电容器的正接。当电解电容器引线的极性无法辨别时，可以根据电解电容器正向连接时绝缘电阻大、反向连接时绝缘电阻小的特征来判别。用万用表红、黑表笔交换来测量电容器的绝缘电阻时，绝缘电阻大的一次，连接表内电源正极的表笔所接的就

电解电容
的测量

是电容器的正极，另一极为负极。但用此法测漏电电流小的电容器时则不易区分极性。需要注意的是，数字万用表的红表笔内接电源正极，而指针式万用表的黑表笔内接电源正极。

3. 二极管

（1）二极管极性的识别

① 根据标志识别二极管。二极管的外壳上均印有型号和标记，标记方法有箭头、色点、色环 3 种。箭头所指方向为二极管的负极，另一端为正极；有白色标志线的一端为负极，另一端为正极；一般印有红色点的一端为正极，印有白色点的一端为负极。

二极管的
检测方法

② 根据正反电阻识别二极管。直接用指针式万用表的 R×100 Ω 或 R×1 kΩ 挡测量二极管的直流电阻，万用表上呈现的阻值很小时，表示二极管处于正向连接，黑表笔所接为二极管正极，红表笔所接为二极管负极。若万用表上显示的阻值很大，则红表笔所接为二极管正极，黑表笔所接为二极管负极。若两次测量的阻值都很大或很小，

则表明二极管已损坏。

③ 用数字万用表识别。用数字万用表的二极管测量挡进行测量时，正向压降小，反向溢出（显示"1"），可判断二极管是好的。否则可判断二极管损坏。正向导通时，红表笔所接的一端为正极。

（2）二极管好坏的判断

将万用表置于 R×100 Ω 或 R×1 kΩ 挡，黑表笔接二极管正极，红表笔接二极管负极，这时正向电阻的阻值一般应在几十欧到几百欧之间；当红、黑表笔对调后，反向电阻的阻值若在几百千欧以上，可初步判定二极管是好的。如果测量阻值都很小，接近 0，说明二极管内部 PN 结被击穿或已短路；如果阻值均很大，接近无穷大，说明二极管内部已断路。

（3）硅管和锗管的判断

若不知被测的二极管是硅管还是锗管，可根据硅管、锗管的导通压降不同来判别。将二极管接在电路中，当其导通时用万用表测其正向压降，测量值在 0.6~0.7 V 即为硅管，0.1~0.3 V 即为锗管。

4. 三极管

常用的小功率晶体管有金属外壳封装和塑料封装两种类型，可直接观测出 3 个电极 e、b、c，但仍需进一步判断管型和三极的好坏。一般可用万用表的 R×100 Ω 挡和 R×1 kΩ 挡进行判别。

三极管管型
的判别

（1）基极与管型的判别

将万用表置于 R×100 Ω 或 R×1 kΩ 挡，将黑表笔任接一极，红表笔分别依次接另外两极。若在两次测量中表针均偏转很大，说明管子的 PN 结已通，黑表笔接的电极为 b 极，该管为 NPN 型。反之，将表笔对调（红表笔任接一极），重复以上操作，也可确定管子的 b 极，其管型为 PNP 型。

三极管引脚
的判别

（2）发射极 e 和集电极 c 的判别

若已判别晶体管的基极和类型，则任意设另外两个电极为 e、c。判别 e、c 极时，以 PNP 型管为例，假设将万用表红表笔接 c 端、黑表笔接 e 端，用潮湿的手指捏住基极 b 和假设的集电极 c，但两极不能相碰，记下此时万用表欧姆挡读数；然后调换万用表表笔，再将假设的 e、c 电极互换，重复上述操作，比较两次测得的电阻大小。测得电阻小的那次，红表笔所接的引脚是集电极 c，另一端是发射极 e。若是 NPN 型管，则相反。另一种方法是用数字万用表的 h_{FE} 挡进行测量，有放大倍数对应的引脚是正确的。同时可测出电流放大倍数 β。

三极管的放大
倍数

（3）三极管好坏的判断

若在以上操作中无一电极满足上述现象，则说明管子已损坏。也可用万用表的 h_{FE} 挡进行判别。当管型确定后，将晶体管插入"NPN"

或"PNP"插孔，将万用表置于 h_{FE} 挡，若 h_{FE}（β）值不正常（如为零或大于 300），则说明管子已损坏。

二、常用仪器仪表的使用方法

1. 万用表

（1）指针式万用表

① 测量直流电压。

将万用表的红、黑表笔分别连接到万用表的+、−表笔插孔中，并将功能旋钮调至直流电压最高挡，根据估算电压选择量程。选择量程时若不清楚被测电压大小，应先用最高电压挡测量，再逐渐换用低电压挡。测量万用表应与被测电路并联，读数时仔细观察表盘，直流电压挡的刻度线是第二条刻度线，用 10 V 挡时，可用刻度线下第三行数字直接读出被测电压值。读数时视线应正对指针，根据示数大小及所选量程读出所测电压大小。

② 测量交流电压。

将万用表的红、黑表笔分别连接到万用表的+、−表笔插孔中，并将功能旋钮调至对应的交流电压最高挡。若不清楚被测电压大小，应先用最高电压挡测量，再逐渐换用低电压挡。用万用表测电压时，应使万用表与被测电路并联，仔细观察表盘，交流电压挡的读数可选第二条刻度线，根据示数大小及所选量程读出所测电压大小。

③ 测量直流电流。

用指针式万用表检测电流前，要将电流量程调整至最大挡位，即将红表笔连接到"5 A"插孔、黑表笔连接到负极性插孔。将功能旋钮调整至直流电流挡，若不清楚被测电流的大小，应先用最高电流挡（500 mA 挡）测量，然后逐渐换用低电流挡，直至找到合适的挡位。将万用表串联在待测电路中进行电流的测量，测量直流电流时，要注意正负极性的连接。测量过程中应断开被测支路，将红表笔连接到电路的正极端、黑表笔连接到电路的负极端。仔细观察表盘，直流电流挡的刻度线是第二条刻度线，根据指针位置读出相应读数。

④ 测量晶体管的放大倍数。

晶体管有 NPN 型和 PNP 型两种类型，晶体管的放大倍数可以用万用表进行测量。先将万用表的功能旋钮调整至 h_{FE} 挡，如图 2-1-26 所示，然后调节欧姆调零旋钮，让指针指在标有 h_{FE} 刻度线的最大刻度"300"处，实际上指针此时也指在欧姆刻度线"0"处。根据晶体管的类型和引脚的极性将其插入相应的测量插孔，NPN 型晶体管插入标有"N"字样的插孔，PNP 型晶体管插入标有"P"字样的插孔，如图 2-1-27 所示，即可测量出该晶体管的放大倍数。

图 2-1-26　调整万用表的功能旋钮

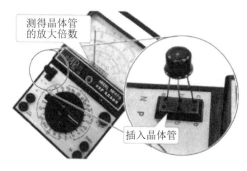

图 2-1-27　测量晶体管的放大倍数

（2）数字万用表

① 测量电压。

将红、黑表笔分别插入数字万用表的电压检测端"V/Ω"插孔与公共端"COM"插孔后，打开数字万用表的电源开关，如图 2-1-28 所示。旋转数字万用表的功能旋钮，将其旋至合适的直流电压挡，如图 2-1-29 所示。红表笔连接待测电路的正极，黑表笔连接负极，即可检测出待测电路的电压值。

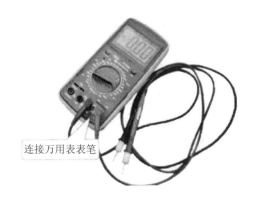

图 2-1-28　连接万用表表笔

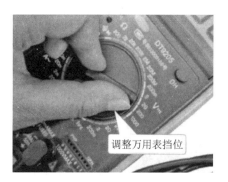

图 2-1-29　将功能旋钮旋至直流电压挡

② 测量电流。

打开电源开关，将万用表的红、黑表笔分别连接到数字万用表的负极性表笔连接插孔和"10 A MAX"表笔插孔，如图 2-1-30 所示，以防止电流过大而无法检测出数值。将万用表的功能旋钮旋至直流挡最大量程处，如图 2-1-31 所示。将万用表串联接入待测电路中，红表笔连接待测电路的正极，黑表笔连接待测电路的负极，读出万用表显示屏上的读数即可。

③ 测量电容。

打开数字万用表的电源开关后，将数字万用表的功能旋钮旋至电容挡，将待测电容的两个引脚插入数字万用表的电容检测插孔，如图 2-1-32 所示，即可测出该电容的容量值。

④ 测量晶体管的放大倍数。

打开数字万用表的电源开关，将数字万用表的功能旋钮旋至晶体管挡（h_{FE}），根据晶体管检测插孔的标识，将已知的待测晶体管插入晶体管检测插孔中，如图2-1-33所示，即可测出该晶体管的放大倍数。

图 2-1-30　连接表笔

图 2-1-31　调整数字万用表的量程

图 2-1-32　测量电容

图 2-1-33　测量晶体管的放大倍数

⑤ 测量电阻。

将万用表的黑表笔插入"COM"插孔，红表笔插入"V/Ω"插孔。将功能旋钮旋至欧姆挡，如果被测电阻阻值未知，应先选择最大量程再逐步减小。将两表笔跨接在被测电阻两端，显示屏即显示被测电阻阻值。

2. 示波器

利用示波器能直接观察信号的周期和电压值、振荡信号的频率、信号是否失真、信号的直流成分（DC）和交流成分（AC）、信号的噪声值、噪声随时间变化的情况及比较多个波形信号等，有的新型数字示波器还有很强的波形分析和记录功能。示波器有多种型号，不同型号的示波器性能指标各不相同，使用时应根据测量信号选择合适的型号。各种示波器的工作原理和操作方法基本相同。

数字示波器具有自动测量的功能，输入被测量信号，直接按"AUTO"按钮即可获得适合的波形和挡位设置。

例如，把探头的探针和接地夹连接到探头补偿信号的相应连接端上，按下"AUTO"按钮，几秒钟即可显示波形（1 kHz，约3 V，峰峰值），如图2-1-34所示。以同样的方法检查CH2，按"OFF"功能按钮以关闭CH1，按"CH2"功能按钮以打开 CH2。

自动测量步骤如下：

① 将被测信号连接到信号输入通道（CH1 或 CH2）。

② 选择耦合方式（根据被测信号选择 AC 或 DC 耦合方式）。

③ 按下运行控制区域的"AUTO"按钮，示波器将自动设置垂直、水平和触发控制，将波形稳定地显示在屏幕上。如有需要，可手动调整这些控制波形使波形显示达到最佳，也可按下运行控制区域的"RUN/STOP"按钮使波形驻留在显示器上。

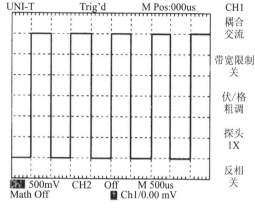

图 2-1-34　探头补偿信号

④ 自动测量参数。按下"MEASURE"按钮后，选择信源通道（CH1 或 CH2）将全部测量打开，即显示所有参数，根据需要读取数据。

视野拓展

一、电子元器件的发展史

电子元器件的发展史其实就是一部浓缩的电子发展史。电子元器件的发展大致经历了早期电子元件（电子管）时代、晶体管时代、集成电路时代、微纳电子元件时代四个时期。

① 18 世纪末至 19 世纪初，随着电学的诞生，早期电子元件开始出现。最早的电子元件是电子管，它由一个或多个电子真空管构成。电子管的发明推动了无线电通信和电子技术的发展。此后，电阻器、电感器和电容器等简单的元件也被开发出来，用于控制和调节电流与电压。

② 20 世纪 40 年代，晶体管的发明改变了电子元件的面貌。与电子管相比，晶体管更小、更节能、寿命更长，且比电子管更容易制造和操作。这些特性使得晶体管成为计算机和通信系统等领域的关键元件。这一时期的电子元件技术成为信息时代的基石。

③ 20 世纪 60 年代，集成电路的出现引领了电子元件的又一次飞跃。集成电路是一种将许多晶体管、电感器和电阻器等元件集成在一小块半导体芯片上的技术。它使得电子元件的集成度提高，功耗逐渐降低，运行速度有所提高，体积变得更小。集成电路的问世加速了对电子产品的改革，推动了计算机、通信、娱乐等领域的发展。

④ 21 世纪以来，随着纳米技术的发展，微纳电子元件开始崭露头角。微纳电子元件以纳米技术为基础，能够在纳米尺度上实现更好的性能和更小的尺寸。纳米级材料、

纳米电路和纳米加工技术的应用使得电子元件的功能更加多样化和高效化。微纳电子元件的出现为可穿戴设备、人工智能、物联网等领域带来了新的机遇和挑战。

电子元件是人类智慧的结晶，其发展史见证了科技的进步。从早期的电子管到现代的微纳电子元件，每一次技术的突破都推动了电子产品的发展和人类社会的进步。随着科技的不断创新，我们可以期待未来电子元件技术会有更大的突破和更广泛的应用。

二、电子检测仪表的发展史

电子检测仪表的发展大致经历了模拟仪器、数字仪器、智能仪器和虚拟仪器四个阶段。

① 模拟仪器是出现较早、现在仍然比较常见的测量仪器，如指针式万用表、晶体管毫伏表等，它们的指示机构是电磁机械式的，借助指针显示测量结果。

② 数字仪器是目前使用最普遍的测量仪器，如数字电压表、数字频率计等。数字仪器将模拟信号的测量变换为数字信号的测量，并以数字形式给出测量结果。

③ 智能仪器则内置微处理器，既能进行自动测试，又具有一定的数据处理功能，可取代部分脑力劳动。智能仪器的功能模块多以硬件形式存在，无论是开发还是应用，均缺乏一定的灵活性。

④ 虚拟仪器是20世纪90年代发展起来的，主要用于自动测试、过程控制、仪器设计和数据分析等。虚拟仪器强调"软件即仪器"，即在仪器设计和测试系统中尽可能用软件代替硬件。

思 考 题

1. 常用的电阻器有哪些类型？它们分别有哪些特点？

2. 根据色环读出下列电阻器的阻值及偏差：红红棕金；橙白橙银；蓝灰棕金；绿蓝黑黑绿；紫绿黑红棕。

3. 写出下列符号所表示的电容量：P33；0.033；223；109；6n8。

4. 如何用万用表判断二极管的好坏和电极？

模块二

电子元器件的焊接工艺

项目教学目标

    1. 使学生树立正确的劳动理念，帮助学生提升劳动意识；培养学生良好的工程职业道德，养成爱国敬业、追求卓越和艰苦奋斗的精神；增强学生的社会责任感，提高人文素质。

    2. 掌握电子产品的手工焊接方法；掌握导线的焊接方式。

    3. 学会通过目测、仪器仪表等方式检查焊接质量。

    4. 会使用吸锡器和专用拆焊电烙铁拆焊。

实训项目任务

    任务：通孔插装元器件的手工焊接。

视野拓展

    1. 电子组装技术的发展趋势。

    2. 通孔插装元器件的自动焊接工艺。

思政聚焦

钎焊材料行业发展：
绿色环保，高端多元

实训知识储备

任何电子产品都由基本的电子元器件和功能构件依照电路工作原理、用一定的工艺方法连接而成，连接方法有多种（如铆接、绕接、压接、粘接等），最普遍的方法是焊接，其中又以锡焊应用最为广泛。在电子产品的生产过程中，装配焊接多采用自动化流水线，但是在产品研制、设备维修或者小批量生产中，手工锡焊仍有广泛的应用。

一、锡焊概述

焊接技术通常分为熔焊、加压焊、钎焊三大类。电子元器件的焊接采用锡焊，锡焊属于钎焊，即将钎料熔入焊件的缝隙使焊件连接的一种焊接方法。其特点是：① 钎料的熔点低于被焊件；② 焊接时将焊件和钎料共同加热到焊接温度，钎料熔化而焊件不熔化；③ 连接的形式是熔化的钎料润湿焊件的焊接面，产生冶金、化学反应而形成结合层。锡焊因使用方便，在电子装配中获得广泛应用。

1. 锡焊的机理

锡焊必须将焊料、焊件同时加热到最佳焊接温度，然后不同金属表面互相浸润、扩散，凝固后在其交界面上形成多种组织的结合层。了解锡焊的机理有助于理解焊接工艺的各种要求，并尽快掌握手工焊接方法。

（1）浸润

浸润是指熔融焊料在金属表面形成均匀、平滑、连续并附着牢固的焊料层，又称作润湿。浸润程度主要取决于焊件表面的清洁程度及焊料的表面张力。在焊料的表面张力小、焊件表面无油污并涂有助焊剂的条件下，焊料的浸润性能较好。浸润性能的好坏一般用润湿角表示，润湿角指焊料外缘在焊件表面交界点处的切线与焊件表面的夹角，如图 2-2-1 所示。润湿角大于90°时，焊料不润湿焊件；润湿角等于90°时，浸润性能不良；润湿角小于90°时，焊料润湿焊件。浸润作用与毛细作用紧密相连，光洁的金属表面放大后有许多微小的凹凸间隙，熔化成液态的焊料借助毛细引力沿着间隙向焊件表面扩散，实现对焊件的浸润。

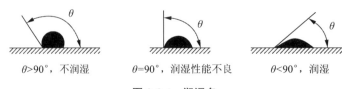

θ>90°，不润湿　　　θ=90°，润湿性能不良　　　θ<90°，润湿

图 2-2-1　润湿角

（2）扩散

浸润是熔融焊料在被焊物体上的扩散，但这种扩散并不限于物体表面，同时还发生液态和固态金属之间的相互扩散，金属之间的相互扩散是一个复杂的物理化学过程。例如，用铅锡焊料焊接铜件时，焊接过程中既有表面扩散，也有晶界扩散和晶内扩散。铅锡焊料中，铅原子只参与表面扩散，不向内部扩散；而铜、锡原子相互扩散，这是

由不同金属的性质决定的选择性扩散。扩散作用使得焊料和焊件牢固结合。

（3）形成结合层

由于焊料和焊件金属彼此扩散，所以两者交界面形成多种组织的结合层。仍以铅锡焊料焊接铜件为例，在结合层中既有晶内扩散形成的共晶合金，又有两种金属生成的金属间化合物，如 Cu_2Sn、Cu_6Sn_5 等。形成结合层是锡焊的关键，如果没有形成结合层，仅仅是焊料堆积在母材上，就成了虚焊。结合层的厚度因焊接温度、时间不同而异，一般在 $3\sim10~\mu m$ 之间。

2. 锡焊的条件

（1）焊件具有可焊性

可焊性是指在适当的温度下，被焊金属材料与焊锡能形成合格的合金层的功能。不是一切的金属都具有好的可焊性，有些金属如铬、钼、钨等的可焊性就非常差；有些金属的可焊性又比较好，如紫铜、黄铜等。在焊接时，由于低温会使金属表面产生氧化膜，影响材料的可焊性，因此为了提高可焊性，可以采用表面镀锡、镀银等措施来避免材料表面氧化。

（2）焊件表面洁净

为了保证焊接质量，焊接表面必须保持洁净。即便是可焊性好的焊件，由于贮存或被氧化，其表面都可能有油污或产生氧化膜。因此，焊接前务必将焊件表面的污膜清洁干净，否则无法保证焊接质量。金属表面轻度的氧化层可以通过焊剂作用来清洁，对于氧化程度较重的金属表面，则应采用机械或化学方法清理，例如刮除或酸洗等。

（3）要使用合适的助焊剂

助焊剂的作用是清除焊件表面的氧化膜。不同的焊接工艺应当挑选不同的助焊剂，如镍铬合金、不锈钢、铝等材料。在焊接印制电路板等精细电子产品时，为了使焊接牢靠，一般采用以松香为主的助焊剂。

（4）焊件要加热到适当的温度

焊接时，热能的作用是凝结焊锡和加热焊接对象，使锡、铅原子获得足够的能量，从而浸透到被焊金属表面的晶格中形成合金。焊接温度过低对焊料原子浸透不利，使其无法形成合金，极易形成虚焊；焊接温度过高会使焊料处于非共晶形态，减缓焊剂合成和挥发的速度，使焊料质量下降，严重时还会导致印制电路板上的焊盘脱落。

（5）适宜的焊接时间

焊接时间是指在焊接全进程中停止物理和化学变化所需要的时间。它包括被焊金属达到焊接温度的时间、焊锡的凝结时间、助焊剂发挥作用的时间及形成金属合金的时间几个部分。当焊接温度一定后，就应依据被焊件的外形、本质、特性等来调整焊接时间。焊接时间过长，容易损坏焊接的元器件或焊接部位；焊接时间过短，则达不到焊接要求。一般每个焊点焊接单次的时间最长不超过 5 s。

二、锡焊的材料及工具

锡焊的材料包括焊料（焊锡）和焊剂（助焊剂与阻焊剂），手工焊接时用的工具是电烙铁，此外还有五金工具。

1. 焊料

焊料是易熔金属，熔点低于被焊金属，熔化时在被焊金属表面形成合金而与被焊金属连接在一起。焊料按成分不同分为锡铅焊料、铜焊料、银焊料等。一般电子产品装配中主要使用锡铅焊料，俗称焊锡。锡铅合金是在锡金属中掺入铅，锡多铅少；铅锡合金则相反。

锡是一种质软、低熔点的金属，熔点为232 ℃。金属锡在温度高于13.2 ℃时呈银白色，低于13.2 ℃时呈灰色，低于-40 ℃时变成粉末。常温下锡的抗氧化性强，并且容易与多数金属形成化合物。纯锡质脆，机械性能差。铅是一种浅青白色的软金属，熔点为327 ℃，塑性好，有较高的抗氧化性和抗腐蚀性。铅属于对人体有害的重金属，在人体中积蓄可引起铅中毒。纯铅的机械性能较差。

锡铅合金是锡与铅以不同比例形成的熔合物，具有一系列锡与铅不具备的优点，如：① 熔点低，各种不同比例的铅锡合金的熔点均低于锡和铅各自的熔点；② 机械强度高，各种铅锡合金的机械强度均优于纯锡和纯铅；③ 表面张力小，黏度下降，增大了液态流动性，有利于焊接时形成可靠焊点；④ 抗氧化性好，铅具有的抗氧化性优点在合金中继续保持，使焊料在熔化时的氧化量降低。

不同比例的锡铅焊料具有不同的物理性能，其中含锡60%的焊料的抗张强度和抗剪强度都较优，而铅含量过高或过低的铅锡焊料性能都不理想。电子产品的焊接中一般选用配比成分为锡61.9%、铅38.1%的锡铅合金（共晶焊锡），它具有熔点低（183 ℃）、凝固快、流动性好及机械强度高等优点。

锡铅合金焊料的形状有粉末状、带状、球状、块状、管状和装在罐中的锡膏等几种，手工焊接常用的是焊锡丝，焊接时将焊锡制成管状，在焊锡管中夹带助焊剂，助焊剂一般选用特级松香为基质材料，添加一定的活化剂。焊锡丝直径有0.5 mm，0.8 mm，1.2 mm，1.5 mm，2.0 mm，2.3 mm，2.5 mm，4.0 mm，5.0 mm多种规格。

2. 助焊剂

金属表面与空气接触后会生成一层氧化膜，这层氧化膜可阻止液态焊锡对金属的润湿作用，就像玻璃上沾上油就不会被水润湿。助焊剂就是清除氧化膜的一种专用材料，它不像电弧焊中的焊料那样直接参与焊接的过程，而仅仅起到清除氧化膜的作用。助焊剂有四大作用：① 清除氧化膜，其实质是助焊剂中的氯化物、酸类与氧化物发生还原反应，生成物变成悬浮的渣，漂浮在焊料表面，从而清除氧化膜；② 防止氧化，液态的焊锡及加热的焊件金属都容易与空气中的氧接触而氧化，助焊剂熔化后漂浮在焊料表面形成隔离层，从而防止焊接面的氧化；③ 减小焊料表面张力，增加焊锡的流动性，有助于焊锡浸润焊件；④ 使焊点美观，合适的助焊剂能够调整焊点形状，保持焊点表面的光泽。助焊剂的分类如图 2-2-2 所示。

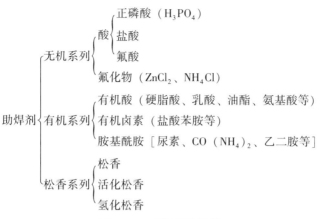

图 2-2-2　助焊剂的分类

其中，无机系列焊剂的活性最强，常温下就能除去金属表面的氧化膜。但这种强腐蚀作用很容易损伤金属及焊点，电子焊接中不能使用。这种焊剂用机油乳化后，制成一种膏状物质，俗称焊油，一般用于焊接金属板等容易清洗的焊件，除非特别允许，一般不允许使用。

有机系列焊剂的活性次于氯化物，虽有较好的助焊作用，但也有一定的腐蚀性，残渣不易清理，且挥发物对人体有害。

松香系列助焊剂的活性弱但无腐蚀性，适合电子装配锡焊。松香是从自然松脂中提炼出的树脂类混合物，主要成分是松香酸（约占 80%）和海松酸等。其主要性能如下：常温下呈浅黄色固态，化学活性呈中性；70 ℃以上开始熔化，液态时有一定化学活性，呈现酸的作用，与金属表面氧化物发生反应（如氧化铜→松香酸铜）；300 ℃以上开始分解并发生化学变化，变成黑色固体，失去化学活性。因此在使用松香焊剂时，如果其经反复使用已经变黑，就失去了助焊剂作用。手工焊接时常将松香熔入酒精制成所谓的"松香水"。氢化松香是专为锡焊生产的一种高活性松香，助焊作用优于普通松香。

3. 阻焊剂

阻焊剂是一种耐高温的涂料。在焊接时，可将不需要焊接的部位涂上阻焊剂保护起来，使焊接只在需要的焊接点上进行。阻焊剂广泛用于浸焊和波峰焊。阻焊剂的优点如下：

① 可避免或减少浸焊时的桥接、拉尖、虚焊等弊病，使焊点饱满，大大减少电路板的返修率，提高焊接质量，保证产品的可靠性。

② 使用阻焊剂后，除了焊盘外，其余线条均不上锡，可节省大量焊料；另外，由于受热少、冷却快、降低印制电路板的温度，因此起到保护元器件和集成电路的作用。

③ 由于电路板部分被阻焊剂膜覆盖，增加了一定硬度，是印制电路板很好的永久性保护膜，还可以起到防止印制电路板表面受到机械损伤的作用。

4. 手工焊接的工具——电烙铁

电烙铁是手工施焊的主要工具。选择合适的电烙铁并合理使用，是保证焊接质量的基础。电烙铁按加热方式不同可分为直热式、感应式、气体燃烧式等；按功率不同可分为 20 W，30 W，…，300 W 等规格；按功能不同可分为单用式、两用式、调温式等。

常用的电烙铁一般为直热式，直热式电烙铁的结构如图 2-2-3 所示。直热式电烙铁又分为外热式、内热式、恒温式三类。加热体（即烙铁心）是由镍铬电阻丝绕制而成的。加热体位于烙铁头外面的称为外热式，位于烙铁头内的称为内热式。恒温式电烙铁通过内部的温度传感器及开关进行温度控制，实现恒温焊接。它们的工作原理相似，在接通电源后，加热体升温，烙铁头受热温度升高，当达到工作温度后，可熔化焊锡进行焊接。内热式电烙铁比外热式电烙铁热得快，从开始加热到达到焊接温度一般只需要 3 min 左右，热效率高，可达到 85%~95% 及以上，而且具有体积小、质量轻、耗电少、使用方便灵巧等优点，适用于小型电子元器件和印制电路板的手工焊接。电子产品的手工焊接多采用内热式电烙铁。

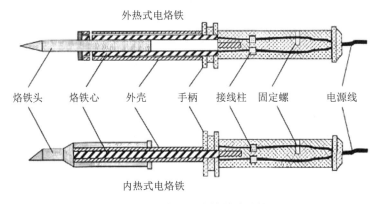

图 2-2-3　直热式电烙铁的结构

（1）电烙铁的选用

在进行科研、生产、仪器维修时，可根据不同的施焊对象选择不同的电烙铁。选用时主要从电烙铁的种类、功率及烙铁头的形状三个方面考虑，在有特殊需求时，应选择具有特殊功能的电烙铁。表 2-2-1 为电烙铁的选用原则。

表 2-2-1　电烙铁的选用原则

焊接对象及工作性质	烙铁头温度/℃ （室温，220 V 电压条件下）	选用烙铁
一般印制电路板、安装导线	300~400	20 W 内热式，30 W 外热式、恒温式
集成电路	350~400	20 W 内热式、恒温式
焊片、电位器、2~8 W 电阻、大电解电容、大功率管	350~450	35~50 W 内热式、恒温式，50~75 W 外热式

焊接对象及工作性质	烙铁头温度/℃（室温，220 V 电压条件下）	选用烙铁
8 W 以上大电阻、ϕ2 mm 以上导线	400~550	100 W 内热式，150~200 W 外热式
汇流排、金属板等	500~630	300 W 外热式
维修、调试一般电子产品		20 W 内热式、恒温式、感应式、储能式、两用式

（2）烙铁头的选用

为了保证可靠方便地焊接，必须合理选用烙铁头的形状和尺寸，图 2-2-4 所示为几种常用烙铁头的形状。其中，圆斜面式是烙铁头的一般形式，适用于在单面板上焊接不太密集的焊点；凿式和半凿式多用于电器维修；尖锥式和圆锥式烙铁头适用于焊接高密度的焊点和小且怕热的元器件；当焊接对象变化大时，可选用适合于大多数情况的斜面复合式烙铁头；弯形烙铁头适用于焊接大焊件。

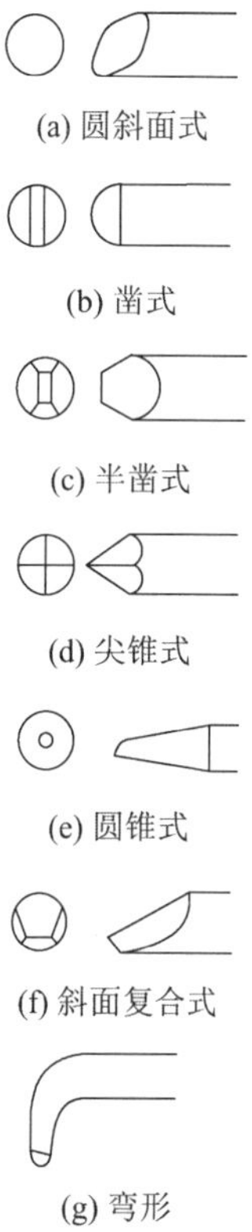

烙铁头一般用纯铜制成，表面有镀层，如果不是特殊需要，一般不用修锉打磨。因为镀层的作用就是保护烙铁头不被氧化生锈。但经过一段时间的使用后，由于温度和助焊剂的作用，烙铁头被氧化，表面凹凸不平，这时就需要修整。修整的方法一般是将烙铁头卸下来，夹到台钳上用粗锉刀修整，用细锉刀修平，用细砂纸打磨抛光。修整后的烙铁头安装好后，要马上在松香水中浸一下。然后接通电源，待烙铁变热后，用烙铁头沾上锡，在松香中来回摩擦，直到整个烙铁头的修整面均匀地镀上一层焊锡为止。也可以在烙铁头沾上焊锡后在湿布上反复摩擦。需要注意的是，新电烙铁或修整烙铁头后的电烙铁在通电前，一定要先浸松香水，否则烙铁头表面会生成难以镀锡的氧化层。

（3）电烙铁的使用注意事项

使用电烙铁前首先要核对电源电压是否与电烙铁的额定电压相符，注意用电安全，避免发生触电事故。电烙铁无论是第一次使用，还是修整后再使用，使用前均须进行"上锡"处理。上锡后如果出现烙铁头挂锡太多而影响焊接质量，千万不能为了去除多余的焊锡而甩电烙铁或敲击电烙铁，因为这样可能将高温的焊锡甩至周围人的眼睛中或身体上造成伤害，也可能在甩电烙铁或敲击电烙铁时使烙铁心的瓷管破裂、电阻丝断损或连接杆变形发生移位，从而使电烙铁外壳带电造成触电伤害。去除多余的焊锡或清除烙铁头上的残渣的正确方法是用湿布或湿海绵擦拭。

使用过程中应经常检查手柄上的紧固螺钉及烙铁头的锁紧螺钉是否松动。若出现

（a）圆斜面式

（b）凿式

（c）半凿式

（d）尖锥式

（e）圆锥式

（f）斜面复合式

（g）弯形

图 2-2-4 常用烙铁头的形状

松动，则易使电源线扭动、破损，引起烙铁心引线相碰，造成短路。电烙铁使用一段时间后，还应将烙铁头取出，清除氧化层，避免发生烙铁头取不出的现象。

焊接操作时，电烙铁一般放置在方便操作的右方烙铁架上，与焊接有关的工具应整齐有序地摆放在工作台上，养成文明使用的好习惯。

5. 其他常用五金工具

电子产品装焊常用的五金工具还有尖嘴钳、平嘴钳、斜嘴钳、剥线钳、镊子、螺钉旋具等，如图 2-2-5 所示。

(a) 尖嘴钳　　(b) 平嘴钳　　(c) 斜嘴钳　　(d) 剥线钳　　(e) 镊子　　(f) 螺钉旋具

图 2-2-5　电子产品装焊常用的五金工具

① 尖嘴钳：头部较细，适用于夹持小型金属零件或弯曲元器件的引线，以及电子装配时其他钳子较难触及的部位，不宜过力夹持物体。

② 平嘴钳：钳口平直，可用于夹弯元器件的引线。因为钳口无纹路，适合对导线进行拉直、整形。但因钳口较薄，故不宜夹持螺母或需施力较大的部位。

③ 斜嘴钳：用于剪掉焊后的线头或元器件的管脚，也可与平嘴钳配合剥导线的绝缘皮。

④ 剥线钳：专门用于剥去导线的绝缘皮。使用时应注意将需剥皮的导线放入合适的槽口，剥皮时不能剪短导线。剪口的槽并拢后应为圆形。

⑤ 镊子：有尖嘴镊子和圆嘴镊子两种。尖嘴镊子用于夹持细小的导线，以便装配焊接。圆嘴镊子用于夹弯元器件引线和夹持元器件焊接等，用镊子夹持元器件焊接时还能起到散热的作用。元器件拆件也需要镊子。

⑥ 螺钉旋具：螺钉旋具又称螺丝刀、起子或改锥。有一字式和十字式两种，专用于拧螺钉。根据螺钉大小可选用不同规格的螺钉旋具。

三、手工锡焊的技术要点

作为一种操作技术，手工锡焊要通过实际训练才能掌握，但是遵循基本的工作原则，学习前人积累的经验，运用正确的方法，可以事半功倍地掌握操作技术。手工锡焊的技术要点如下。

1. 设计合格的焊点

合理的焊点形状对保证锡焊的质量至关重要，印制电路板的焊点应为圆锥形，而导线之间的焊接则应将导线交织在一起，焊成长条形，这样能保证焊点有足够的强度。合理的焊点几何形状对保证锡焊的质量至关重要。图 2-2-6（a）所示的接点由于铅锡焊料强度有限，很难保证焊点有足够的强度，因此不推荐使用；图 2-2-6（b）的接头设计则有很大改善，推荐使用。印制电路板上通孔安装元件引线与焊盘孔尺寸不同，对焊接质量的影响不同，如图 2-2-7 所示。

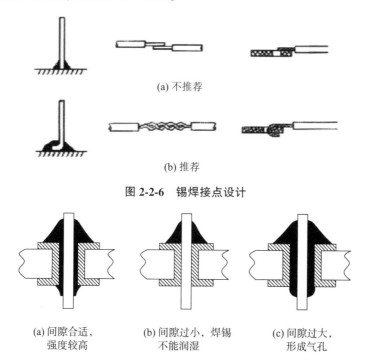

(a) 不推荐

(b) 推荐

图 2-2-6 锡焊接点设计

(a) 间隙合适，
强度较高

(b) 间隙过小，焊锡
不能润湿

(c) 间隙过大，
形成气孔

图 2-2-7 焊盘孔与引线间隙的尺寸影响焊接质量

2. 掌握焊接时间

焊接的时间是随烙铁功率的大小和烙铁头的形状而变化的，也与被焊件的大小有关。焊接时间一般规定为 2~5 s，既不可太长，也不可太短。要真正准确地把握时间，还要靠自己不断地在实践中摸索。但初学者往往把握不准，有时担心焊接不牢，会焊接很长时间，导致印制电路板焊盘脱落、塑料变形、元器件性能变化甚至失效、焊点性能变差；有时又怕烫坏元器件，烙铁头轻点几下，表面上看似已焊好，实际上却是虚焊、假焊，造成导电性不良。

3. 控制焊接温度

在焊接时，为使被焊件达到适当的温度，并使焊料迅速熔化润湿，需要足够的热量和温度。如果锡焊温度过低，焊锡的流动性就会变差，容易凝固，形成虚焊；如果温度过高，焊锡流淌，焊点不易存锡，印制电路板上的焊盘就会脱落。特别值得注意的是，当使用天然松香作为助焊剂时，焊锡温度过高，松香很容易氧化脱羧发生炭化而造成虚焊。通常情况下，烙铁头与焊点的接触时间以焊点光亮、圆润为宜。如果焊点不亮并形成粗糙面，说明温度不够、时间太短，此时需要升高焊接温度；如果焊点上的焊锡成球不再流动，说明焊接温度太高或焊接时间太长，要降低焊接温度。

4. 使用适量的助焊剂

使用助焊剂时，必须根据被焊件的面积大小和表面状态确定用量。焊锡的量会影响焊接质量，过量的焊锡会增加焊接时间，相应地降低焊接速度。更为严重的是，在高密度的电路中，很容易造成不易察觉的短路。当然，焊锡也不能过少，焊锡过少会导致焊接不牢固，降低焊点强度，特别是在印制电路板上焊接导线时，焊锡不足往往会造成导线脱落。

5. 焊接后检查

当焊接结束后，焊点的周围会有一些残留的焊料和助焊剂，焊料易使电路短路，助焊剂有腐蚀性，若不及时清除，会腐蚀元器件和印制电路板，以及破坏电路的绝缘性能。同时，还应检查电路是否漏焊、虚焊、假焊，以及是否存在焊接不良的焊点。

四、锡焊的工艺过程

掌握锡焊的基本条件和锡焊要领对正确操作是必要的，但仅仅依照这些条件和要领并不能解决实际操作中的各种问题，具体的工艺步骤和实际经验仍是不可缺少的。

1. 印制电路板和元器件的检查

装配前应对印制电路板和元器件进行检查，检查内容如下。

① 印制电路板：图形、孔位及孔径是否符合图纸规定，有无断线、缺孔等；表面处理是否合格，有无污染或变质。

② 元器件：品种、规格及外封装是否与图纸吻合，元器件引线有无氧化、锈蚀。

对于要求较高的产品，还应注意操作方式，如手汗会影响锡焊性能、腐蚀印制电路板，使用的工具如钳子会划伤印制电路板的铜陷，橡胶板中的硫化物会使金属变质等。

2. 元器件的引线成形

图 2-2-8 所示是印制电路板上装配元器件的引线成形部分实例，其中大部分需在装插前弯曲成形。弯曲成形的要求取决于元器件本身的封装外形和在印制电路板上的安装位置，有时也因整个印制电路板安装空间而限定元器件的安装位置。

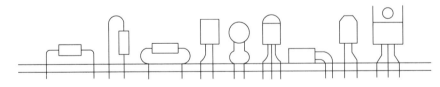

图 2-2-8　印制电路板上装配元器件的引线成形

元器件引线成形要注意以下几点：① 所有元器件引线均不得从根部弯曲，因为根部易折断，一般应留 1.5 mm 以上；② 一般不要弯曲成死角，圆弧半径应大于引线直径的 1~2 倍；③ 要尽量将有字符的元器件面置于容易观察的位置。

3．元器件的安装

元器件的安装形式可以分为卧式安装、垂直安装、横向安装、倒立安装与嵌入安装。

（1）卧式安装

卧式安装是指将元器件紧贴印制电路板的板面水平安装，元器件与印制电路板之间的距离可视具体要求而定，又分为贴板安装和悬空安装。贴板安装如图 2-2-9（a）所示，元器件紧贴印制基板面且安装间隙小于 1 mm，印制基板面为金属外壳时应加垫，适用于防震产品。悬空安装如图 2-2-9（b）所示，元器件距印制基板有一定高度，一般为 3~8 mm，适用于发热元器件的安装。卧式安装的优点是元器件的重心低，比较牢固、稳定，受震动时不易脱落，更换方便。由于元器件是水平放置的，故节约了垂直空间。

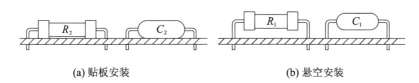

(a) 贴板安装   (b) 悬空安装

图 2-2-9　卧式安装

（2）垂直安装

垂直安装如图 2-2-10 所示，是指元器件垂直于印制基板的安装，也叫立式安装，适用于安装密度较高的场合，但质量大且引线细的元器件不宜采用。垂直安装的优点是安装密度大，占用印制电路板的面积小，安装与拆卸都比较方便。

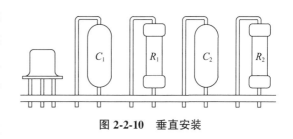

图 2-2-10　垂直安装

（3）横向安装

如图 2-2-11 所示，横向安装是将元器件先垂直插入印制电路板，然后将其朝水平方向弯曲，该安装形式适用于具有一定高度限制的元器件。

（4）倒立安装与嵌入安装

如图 2-2-12 所示，一般情况下这两种安装形式应用不多，是为了特殊需要而采用的安装形式。

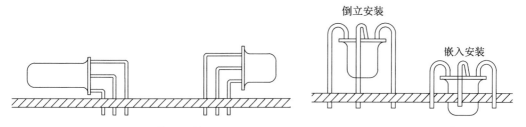

图 2-2-11　横向安装　　　　**图 2-2-12　倒立安装与嵌入安装**

五、导线的焊接

导线焊接在电子产品装配中占有重要地位。实践发现，出现故障的电子产品中，导线焊点的失效率高于印制电路板，因此要对导线的焊接工艺给予特别的重视。

1. 常用连接导线

电子产品中常用的导线有 4 种，即单股导线、多股导线、排线和屏蔽线。单股导线的绝缘皮内只有一根导线，也称"硬线"，多用于不经常移动的元器件的连接（如配电柜中接触器、继电器的连接用线）；多股导线的绝缘皮内有多根导线，由于其弯折自如，移动性好，又称为"软线"，多用于可移动的元器件及印制电路板的连接；排线属于多股线，即将几根多股线做成一排（故称为排线），多用于数据传送；屏蔽线是在绝缘的"芯线"之外做一层网状的导线，因具有屏蔽信号的作用而被称为屏蔽线，多用于信号传送。

2. 导线焊前处理

第一步：剥绝缘层。导线焊接前要除去末端绝缘层。剥除绝缘层可用普通工具或专用工具，一般可用剥线钳或简易剥线器，大规模生产中有专用剥线机械。用剥线钳或普通偏口钳剥线时要注意单股线不伤及导线、多股线及屏蔽线不断线，否则将影响接头质量。多股导线剥除绝缘层时注意将线芯拧成螺旋状，一般采用边拽边拧的方式。

第二步：预焊。导线焊接时，预焊是关键步骤。尤其是多股导线，如果没有做预焊处理，焊接质量就很难保证。导线的预焊又称为挂锡，方法同元器件引线预焊一样，但注意导线挂锡时要边上锡边旋转，旋转方向与拧合方向一致。多股导线挂锡要注意"烛芯效应"，即焊锡浸入绝缘层内，造成软线变硬，容易导致接头故障。

3. 导线焊接及末端处理

导线同接线端子的连接有绕焊、钩焊、搭焊三种基本形式。

绕焊是把经过上锡的导线端头在接线端子上缠一圈，用钳子拉紧缠牢后进行焊接，如图 2-2-13（a）所示。绕焊时应注意导线一定要紧贴端子表面，绝缘层不接触端子，长度以 1~3 mm 为宜，这种连接可靠性最好。

钩焊是将导线端子弯成钩形，钩在接线端子上并用钳子夹紧后施焊，如图 2-2-13（b）所示，其端头处理与绕焊相同。这种方法的焊接强度低于绕焊，但操作简便。

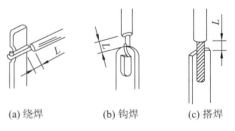

(a) 绕焊   (b) 钩焊   (c) 搭焊

图 2-2-13 导线与端子的连接

搭焊是把经过镀锡的导线搭到接线端子上施焊，如图 2-2-13（c）所示。这种连接方式最方便，但强度和可靠性最差，仅用于临时连接或不便于缠、钩的地方及某些接插件上。

导线与导线之间的连接以绕焊为主，如图 2-2-14 所示。连接时，先去掉一定长度的绝缘皮，然后端子上锡并穿上合适的套管，再绞合、施焊，最后趁热套上套管，冷却后套管固定在接头处。

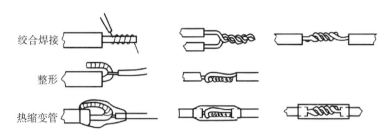

绞合焊接

整形

热缩变管

图 2-2-14 　导线与导线的连接

六、焊接的质量要求

焊点的质量直接关系到产品的稳定性与可靠性等电气性能，所以必须明确合格焊点的要求，认真分析影响焊点质量的各种因素，以减少出现不合格焊点，尽可能在焊接过程中提高焊点的质量。一个合格的焊点需要有可靠的电气连接、足够的机械强度及光洁整齐的外观。

1. 可靠的电气连接

电子产品工作的可靠性与电子元器件的焊接质量紧密相关。一个焊点要能稳定、可靠地通过一定的电流，没有足够的连接面积是不行的。如果锡焊仅仅是将焊料堆在焊件的表面或只有少部分形成合金层，那么虽然在最初的测试和工作中也许不能发现焊点出现问题，但随着时间的推移和条件的改变，接触层被氧化，脱焊现象就出现了，电路会时通时断或者干脆不工作，这是产品制造中要十分注意的问题。

2. 足够的机械强度

焊接不仅起电气连接的作用，同时也是固定元器件、保证机械连接的手段，因而存在机械强度的问题。作为铅锡焊料的铅锡合金，其本身的强度是比较低的。常用的铅锡焊料抗拉强度只有普通钢材的 1/10，要想增加强度，就要有足够的连接面积。如果是虚焊点，焊料仅仅堆在焊盘上，强度自然不够。另外，焊接时焊锡未流满焊盘或焊锡量过少，也会使焊点的强度降低。此外，焊接时焊料尚未凝固就使焊件震动、抖动，会引起焊点结晶粗大或有裂纹，也会影响焊点的机械强度。

3. 光洁整齐的外观

良好的焊点要求焊料用量恰到好处，外表有金属光泽，没有桥接、拉尖等现象，导线焊接时不伤及绝缘皮。良好的外表是焊接高质量的反映，表面有金属光泽是焊接温度合适、生成合金层的标志，而不仅仅是外表美观的要求。图 2-2-15 是两种典型的焊点外观，其共同的要求是：① 形状为近似圆锥而表面微凹呈慢坡状，虚焊点表面往往呈凸形；② 焊料的连接面呈半弓形凹面，焊料与焊件交界处平滑，接触角尽可能小；③ 焊点表面有光泽且平滑；④ 无裂纹、针孔、夹渣。

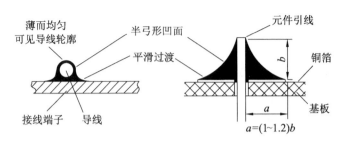

图 2-2-15　典型的焊点外观

七、焊接质量的检查

在手工焊接结束后，为保证产品质量，需要对焊点进行检查，包括目视检查、手触检查和通电检查。目视检查是从外观上检查焊接质量是否合格，也就是从外观上评价焊点有什么缺陷。手触检查是指观察用手触摸、摇动元器件时，焊点有无松动、不牢或脱落的现象；或用镊子夹住元器件引线轻轻拉动时，焊点有无松动现象。通电检查必须是在目视检查和手触检查无误后才可进行的工作，也是检验电路性能的关键步骤。通电检查可以发现许多微小的缺陷，如目视检查观察不到的电路桥接、虚焊等，表 2-2-2 所示为通电检查结果及原因分析。

表 2-2-2　通电检查结果及原因分析

通电检查结果		原因分析
元器件损坏	失效	过热损坏、电烙铁漏电等
	性能降低	电烙铁漏电等
导通不良	短路	桥接、焊料飞溅等
	断路	焊锡开裂、松香夹渣、虚焊、插座接触不良等
	时通时断	导线断丝、焊盘剥落等

造成焊接缺陷的原因有很多，表 2-2-3 列出了印制电路板焊接缺陷的外观、危害及产生的原因，可供焊接检查、分析时参考。

表 2-2-3　常见焊接缺陷

焊接缺陷	外观表现	危害	原因分析
焊料过多	焊料面呈凸形	浪费焊料，且容易包藏缺陷	焊锡丝撤离过迟
焊料过少	焊料未形成平滑面	机械强度不足	焊锡丝撤离过早

焊接缺陷	外观表现	危害	原因分析
松香焊	焊缝中夹有松香渣	机械强度不足，导通不良	助焊剂过多或失效；焊接时间不足，加热不够；元器件表面氧化膜未除去
过热焊	焊点发白，无金属光泽，表面较粗糙	焊盘容易脱落，机械强度降低	电烙铁功率过大，加热时间过长
冷焊	表面出现豆腐渣状颗粒，有时可能有裂纹	机械强度低，导电性不好	焊料未凝固前焊件抖动或电烙铁功率不够
虚焊	焊料与焊件交界面接触角过大	机械强度低，不通电或时通时断	焊件清理不干净；助焊剂不足或质量差；焊件未充分加热
不对称	焊锡未流满焊盘	机械强度不足	焊料流动性不好；助焊剂不足或质量差；加热时间不足
松动	导线或元件引线可动	导通不良或不导通	焊料未凝固前引线移动造成空隙；引线未处理好（镀锡）
拉尖	出现尖端	外观不佳，容易造成桥接现象	助焊剂过少，加热时间过长；电烙铁撤离角度不当
桥接	相邻导线连接	电气短路	焊锡过多；电烙铁撤离角度不当
针孔	目测或通过低倍放大镜可见有孔	强度不足，焊点容易腐蚀	焊盘空，与引线间隙太大

能力训练项目

任务：通孔插装元器件的手工焊接

● **实训目的**

（1）掌握常用焊接材料与焊接工具的特点。

（2）掌握通孔插装元器件的焊接方法。

● **实训仪器与材料**

（1）25 W直热式电烙铁、剪线钳、镊子、偏口钳等工具。

（2）焊锡丝、松香等焊料及助焊剂。

（3）电阻器、电容器、电感器、二极管、三极管和集成电路等若干电子元器件。

（4）印制电路板。

● **实训内容**

（1）认真检查印制电路板上的每一个焊盘及电烙铁的烙铁头，若已被氧化，则需清除氧化层。

（2）元器件在印制电路板上的安装一般有两种方法，一种是贴板安装（短引线），另一种是悬空安装（长引线）。在此，将元器件分为两部分，一部分作贴板安装，另一部分作悬空安装。

（3）元器件的引脚成形除了需要去氧化层、上锡和清洗外，还需根据贴板安装和悬空安装的要求分别给元器件的引脚进行弯曲加工，以便元器件保持最佳的机械性能。一般地，贴板安装的元器件两端引脚（A、B）的长度约2 mm，如图2-2-16（a）所示；悬空安装的元器件引脚的最短长度应使元器件距离印制电路板（C、D）不小于5 mm，如图2-2-16（b）所示。

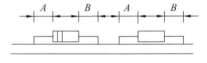

(a) 贴板安装引脚成形

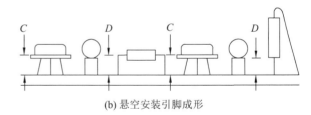

(b) 悬空安装引脚成形

图 2-2-16 元器件引脚成形示意图

（4）根据焊接的方法，先做贴板安装，后做悬空安装。做悬空安装前，需在各元器件引脚外露部分套上耐热的黄蜡套管。要求每个焊点都焊接完好，尽量一次成形，若焊点不合格，则需要修复。

（5）焊接结束后，要认真检查每一个焊点，若出现元器件焊错位置，则要进行手工拆焊。

（6）焊接完毕，应用清洗溶剂清洗多余的助焊剂。

● 注意事项

（1）要保持正确的坐姿，掌握规范地握电烙铁的方法和标准的送锡方式。

（2）注意操作要领，特别是贴板安装和悬空安装的元器件引脚的弯曲长度。

（3）掌握好每一步操作的时间，反复训练。

一、手工焊接的操作要领

1. 焊接姿势

焊接时应保持正确的姿势。一般烙铁头的顶端距操作者鼻尖部位至少要在 20 cm 以上，通常为 40 cm，以免操作者吸入焊剂因加热挥发出的有害气体。同时，操作者要挺胸端坐，不要躬身操作，并且室内要保持空气流通。

2. 电烙铁的握法

电烙铁一般有正握法、反握法、握笔法三种握法，如图 2-2-17 所示。正握法适用于中等功率电烙铁或带弯头电烙铁的操作。反握法动作稳定，长时间操作不易疲劳，适用于大功率电烙铁的操作。握笔法多用于小功率电烙铁在操作台上焊接印制电路板等焊件。

3. 焊锡丝的拿法

焊锡丝的拿法根据连续焊锡丝和断续焊锡丝的不同有两种，如图 2-2-18 所示。

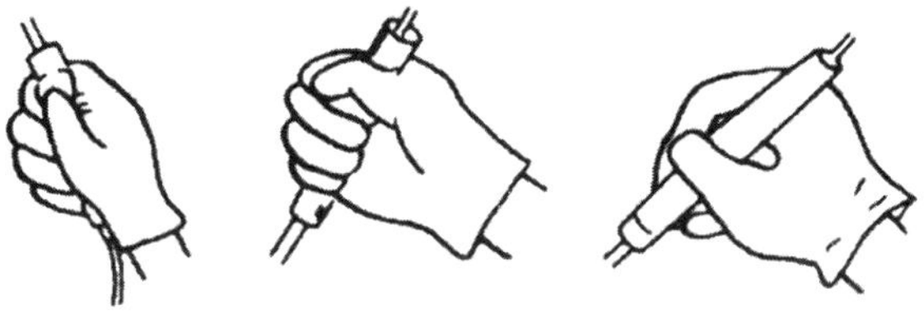

(a) 正握法　　　(b) 反握法　　　(c) 握笔法　　　(a) 连续焊锡丝拿法　　(b) 断续焊锡丝拿法

图 2-2-17　电烙铁的握法　　　　　　　图 2-2-18　焊锡丝的拿法

4. 焊接五步法

① 准备施焊。左手拿焊锡丝，右手握电烙铁，随时处于焊接状态。要求烙铁头保持干净，表面镀一层焊锡，如图 2-2-19（a）所示。

② 加热焊件。应注意加热整个焊件，使焊件均匀受热。烙铁头放在两个焊件的连接处，时间为 1~2 s，如图 2-2-19（b）所示。若在印制电路板上焊接元器件，则要注意使烙铁头同时接触焊盘和元器件的引线。

手工焊接
五步法

③ 送入焊锡丝。焊件加热到一定温度后，焊锡丝从电烙铁对面接触焊件，如图 2-2-19（c）所示。注意不要把焊锡丝送到烙铁头上。

④ 移开焊锡丝。当焊锡丝熔化一定量后，立即将焊锡丝向左上 45° 方向移开，如图 2-2-19（d）所示。

⑤ 移开电烙铁。焊锡浸润焊盘或焊件的施焊部位后，向右上 45°方向移开电烙铁，完成焊接，如图 2-2-19（e）所示。

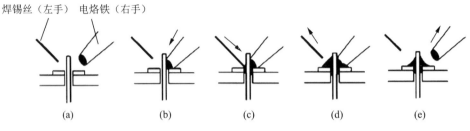

焊锡丝（左手） 电烙铁（右手）

(a)   (b)   (c)   (d)   (e)

图 2-2-19 焊接五步法

二、手工拆焊

调试和维修中常需要更换一些元器件，如果方法不当，就会破坏印制电路板，也会使虽已换下却并未失效的元器件无法重新使用。

一般电阻器、电容器、晶体管等管脚不多且每个引线可相对活动的元器件可用电烙铁直接拆焊，如图 2-2-20 所示。将印制电路板竖起来并固定住，一边用电烙铁加热待拆元件的焊点，一边用镊子或尖嘴钳夹住元器件引线轻轻拉出。

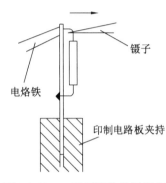

电烙铁 镊子 印制电路板夹持

图 2-2-20 一般元器件的拆焊方法

重新焊接时须先用锥子将焊孔在加热熔化焊锡的情况下扎通，需要指出的是，这种方法不宜在一个焊点上多次使用，因为印制导线和焊盘在反复加热后很容易脱落，造成印制电路板损坏。在可能多次更换的情况下可用图 2-2-21 所示的方法进行重新焊接。

剪断   用搭焊更换元器件

图 2-2-21 断线法更换元器件

当需要拆下多个焊点且引线较硬的元器件时，以上方法就不适用了，一般有以下三种方法：

① 采用专用工具。采用专用烙铁头，一次可将所有焊点加热熔化取出插座。这种方法速度快，但需要制作专用工具，需较大功率的电烙铁，同时解焊后焊孔很容易堵死，重新焊接时还需清理。显然，这种方法对于不同的元器件需要不同种类的专用工具，有时并不是很方便。

② 采用吸锡电烙铁或吸锡器。这种工具对拆焊是很有用的，既可以拆下待换的元

器件，又可防止焊孔堵塞，而且不受元器件种类的限制。但它须逐个焊点除锡，效率不高，而且须及时排除吸入的焊锡。

③ 利用铜丝编织的屏蔽线电缆或较粗的多股导线为吸锡材料。将吸锡材料浸上松香水贴到待拆焊点上，用烙铁头加热吸锡材料，通过吸锡材料将热传到焊点熔化焊锡。熔化的焊锡沿吸锡材料上升，从而将焊点拆开。这种方法简便易行，且不易烫坏印制电路板，在没有专用工具和吸锡电烙铁时不失为一种行之有效的方法。

视野拓展

一、自动插装设备

1. 导线切剥机

导线切剥机分为单功能的导线剪线机和可以同时完成剪线、剥头的多功能自动切剥机等类型。它能自动核对并随时调整剪切长度，也能自动核对并调整剥头长度。

导线剪线机是靠机械传动装置将导线拉到预定长度，由剪切刀剪断导线的。剪切刀由上、下两片半圆凹形刀片组成。操作时，先将导线放置在架线盘上，根据剪线长度要求将剪线长度指示器调到相应位置上固定好；然后将导线穿过导线校直装置，并引过刀口放在止挡位置上，固定好导线的端头，对计数器调零；最后启动设备，即能自动按预定长度剪切导线。在首件剪切长度符合要求后，使设备正常运行，即可按预定数量剪切完导线。

多功能自动切剥机能在剪断导线的同时完成剥掉导线端头绝缘层的工作，适用于塑胶线、腊克线等单芯、多芯导线的剪切与剥头。对 ASTVR 绝缘线等带有天然或人造纤维绝缘层的导线，应使用装有烧除纤维装置的设备。在使用这类设备时，要同时调整好剪切导线的长度和剥头长度，并对首件加以检查，合格后方可开机连续切剥。

2. 剥头机

剥头机用于剥除塑胶线、腊克线等导线端头的绝缘层。单功能剥头机机头部分有四把或八把刀装在刀架上，并且刀之间形成一定的角度；刀架后有可调整剥头尺寸的止挡；电动机通过皮带带动机头旋转。操作时，将需要剥头的导线端头放入导线入口处，剥头机就会将导线端头带入设备内，呈螺旋形旋转的刀口会将导线绝缘层切掉。当导线端头被带到止挡位置时，导线即停止前进。将导线拉出，被切割的绝缘层随之脱落，掉入收料盒内。剥头机的刀口可以调整，以适应不同直径导线的需要。通常，在这种设备上可安装数个机头，调成不同刀距，实现不同线径的导线的切剥。这种单功能的剥头机同样不能去掉 ASTVR 等塑胶导线的纤维绝缘层。使用此种剥头机剥掉导线绝缘层时，可借助被旋转拉掉的绝缘层的作用将多股芯线捻紧，同时完成捻头操作。

3. 切管机

切管机用于剪切塑胶管和黄漆管，其外形如图 2-2-22 所示。切管机刀口部分的构造与剥头机的刀口相似。每台切管机有几个套管入口，可根据被切套管的直径选择使用。操作时，根据要求先调整剪切长度，将计数器调零，然后开始剪切。应对剪出的首件进行检查，合格后方可批量剪切。

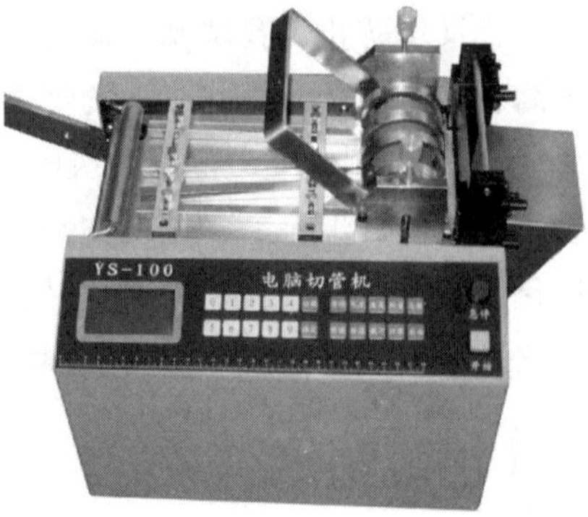

图 2-2-22　切管机

4. 捻线机

多股芯线的导线在剪切剥头等加工过程中易松散，而松散的多股芯线容易折断、不易焊接，且增大连接点的接触电阻，影响电子产品的电性能。因此，多股芯线的导线在剪切剥头后必须增加捻线工序。

捻线机的功能是捻紧松散的多股导线芯线。捻线机捻线比手工捻线效率高、质量好。捻线机机头上有钻卡头似的 3 个瓣，每瓣均可活动，机架上装有脚踏闭合装置。使用时，将被捻导线端头放入转动的机头内，脚踏闭合装置的踏板，活瓣即闭合并将导线卡紧。随着卡头的转动，在逐渐向外拉出导线的同时，松散的多股芯线即被朝一个方向捻紧。捻过的导线如不合格，可再捻一次。捻线的角度、松紧度与拉出导线的速度、脚踏用力的程度有关，应根据要求灵活调整。捻线机还可制成与小型手电钻相似的手枪式，使用起来更方便。

5. 打号机

打号机用于对导线、套管及元器件打印标记，常用的打号机有两种类型。一种类似于小型印刷机，由铅字盘、油墨盘、机身、手柄、胶轴等几部分组成。操作时，按动手柄，胶轴通过油墨盘滚上油墨后给铅字上墨，反印在印字盘橡胶皮上。将需要打印标记的导线或套管在着油墨的字迹上滚动，清晰的字迹即再现于导线或套管上，形成标记。

另一种打号机是在手动打号机的基础上加装电传动装置构成的。对于圆柱形的电阻器、电容器等器件，其打标记的方法与导线相同；对于扁平形的元器件，直接将元器件按在着油墨的印字盘上即可印上标记。

6. 插件机

插件机是指各类能在电子整机印制电路板上自动、正确装插元件的专用设备。插件机中的微处理器根据预先编好的程序控制机械手，自动完成电子元件的切断引线、引线成形、插入印制电路板上的预制孔并弯角固定等动作。自动插件机一般每分钟能完成 500 件次的装插，常用插件机有跳线插件机、连体卧式插件机、自动卧式插件机、自动立式插件机和 LED 专用插件机等。图 2-2-23 所示为一种自动卧式插件机，该插件机每分钟能完成 575 件次元器件的装插。

图 2-2-23　自动卧式插件机

7. 自动切脚机

自动切脚机用于切除印制电路板上元器件的多余引脚，如图 2-2-24 所示，其具有切除速度快、效率高、引脚预留长度可以任意调节、切面平整等特点。

8. 自动元器件引脚成形机

自动元器件引脚成形机是一种能将元器件的引线按规定要求自动快速地弯成一定形状的专用设备。该设备能大大提高生产效率和装配质量，特别适合大批量生产。常用的自动元器件引脚成形机有散装电阻成形机（图 2-2-25）、带式电阻成形机、IC 成形机、自动跳线成形机、电容器及晶体管等立式元器件成形机等。

图 2-2-24　自动切脚机　　　　　图 2-2-25　散装电阻成形机

二、通孔插装元器件的自动焊接工艺

1. 浸焊

浸焊是将插好元器件的印制电路板浸入盛有熔融锡的锡锅内，一次性完成印制电路板上全部元器件焊接的方法。它比手工焊接的生产效率高，操作简单，适用于批量生产。浸焊的工作原理是让插好元器件的印制电路板水平接触熔融的铅锡焊料，使整块印制电路板上的全部元器件同时完成焊接。印制电路板上的印制导线被阻焊层阻隔，浸焊时不会上锡，对于那些不需要焊接的焊点和部位，要用特制的阻隔膜（或胶布）贴住，防止不必要的焊锡堆积。能完成浸焊功能的设备称为浸焊机，如图 2-2-26 所示。

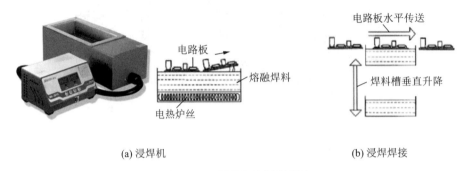

(a) 浸焊机　　　　　　　　　　　　　　　　　(b) 浸焊焊接

图 2-2-26　浸焊机和浸焊焊接

常见的浸焊有手工浸焊和自动浸焊两种形式。

（1）手工浸焊

手工浸焊是由装配工人用夹具夹持待焊接的印制电路板（已插装好元器件）浸在锡锅内完成浸锡的方法，其步骤和要求如下。

① 锡锅的准备。在插锡锅加热（熔化焊锡的温度为 230～250 ℃），并及时去除焊锡层表面的氧化层。有些元器件和印制电路板较大，可将焊锡温度提高到 260 ℃ 左右。

② 印制电路板的准备。在插装好元器件的印制电路板上涂上助焊剂，通常是在松香酒精液中浸渍，使焊盘上涂满助焊剂。

③ 浸焊。用夹具将待焊接的印制电路板夹好，水平地浸入锡锅中，使焊锡表面与印制电路板的底面完全接触。浸焊深度以印制电路板厚度的 50%～70% 为宜，切勿使印制电路板全部浸入锡中。浸焊时间以 3～5 s 为宜。

④ 完成浸焊。浸焊完成后要立即取出印制电路板，稍冷却后检查浸焊质量。若大部分未焊好，可重复浸焊，并检查原因；若个别焊点未焊好，可用电烙铁手工补焊。

印制电路板手工浸焊的关键是将印制电路板浸入锡锅的过程一定要平稳，接触良好，时间适当。手工浸焊不适用于大批量生产。

（2）自动浸焊

自动浸焊一般利用具有振动头或超声波的浸焊机进行。将插装好元器件的印制电路板放在浸焊机的导轨上，由传动机构自动导入锡锅，浸焊时间为 2～5 s。由于浸焊机具有振动头或超声波，能使焊料深入焊接点的孔中，焊接更可靠，所以自动浸焊比手工浸焊的质量要好。但自动浸焊有两点不足：一是焊料表面极易氧化，要及时清理；二是焊料与印制电路板接触面积大，温度高，易烫伤元器件，还可使印制电路板变形。

由此可见，自动浸焊比手工浸焊的效率高，设备也较简单。但是由于锡槽内的焊锡表面是静止的，焊锡表面的氧化物极易粘在被焊物的焊接处，从而造成虚焊；又由于自动浸焊温度高，容易烫坏元器件，易导致印制电路板变形。因此，在现代的电子产品生产中浸焊已逐渐被取代。

2. 波峰焊

波峰焊是熔融的液态焊料借助泵的作用在焊料斗槽液面形成特定形状的焊料波，将插装好元器件的印制电路板置于传送机构上，以某一特定的角度及一定的浸入深度穿过焊料波峰，与波峰接触而实现焊点焊接的过程。这种方法适用于焊接印制电路板的大批量生产，其特点是质量好、速度快、操作方便，如与自动插件器配合使用，即可实现半自动化生产。

实现波峰焊的设备称为波峰焊机。波峰焊机是在浸焊机的基础上发展起来的自动焊接设备，两者最主要的区别在于设备的焊锡槽不同。波峰焊利用焊锡槽内的机械式或电磁式离心泵将熔融焊料压向喷嘴，从喷嘴中形成一股向上平稳喷涌的焊料波峰，并源源不断地溢出，如图 2-2-27 所示。

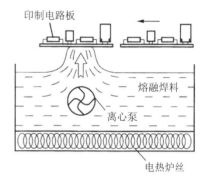

图 2-2-27 波峰焊机的焊锡槽

（1）原理

插装好元器件的印制电路板在水平面上以匀速直线运动的方式通过焊料波峰，波峰的表面均被一层氧化皮覆盖，它在沿焊料波的整个长度方向上几乎保持静态。在波峰焊接过程中，印制电路板焊接面接触到焊料波的前沿表面，氧化皮破裂，印制电路板前面的焊料波被推向前进，这说明整个氧化皮与印制电路板在以相同的速度移动。当印制电路板进入波峰面前端时，基板与引脚被加热，并在未完全离开波峰面时，整个印制电路板被浸在焊料中，即被焊料所桥接，但在离开波峰尾端的瞬间，少量的焊料由于润湿力的作用而粘在焊盘上，并因表面张力的存在而以引线为中心收缩至最小的状态，此时，焊料与焊件之间的润湿力大于两焊盘之间焊料的内聚力，因此会形成饱满、圆整的焊点，离开波峰尾的多余焊料由于重力回落到锡锅中。

与浸焊机相比，波峰焊机具有以下优点：

① 熔融焊料的表面漂浮着一层抗氧化剂，隔离了空气，只有焊料波峰处暴露在空气中，减少了氧化的机会，可以减少焊料氧化带来的浪费。

② 印制电路板接触高温焊料的时间短，可以减少印制电路板因高温产生变形的可能。

③ 在泵的作用下，整槽的熔融焊料循环流动，使焊料成分均匀一致，有利于提高焊点的质量。

（2）工艺过程

波峰焊过程：治具安装→喷涂助焊剂→预热→波峰焊接→冷却。波峰焊机的内部结构示意图如图 2-2-28 所示。

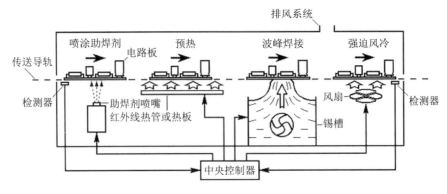

图 2-2-28　波峰焊机的内部结构示意图

① 治具安装。治具安装是指给待焊接的印制电路板安装夹持的治具，这可以限制基板受热变形的程度，防止冒锡现象的发生，从而确保浸锡效果稳定。

② 喷涂助焊剂。助焊剂系统是保证焊接质量的第一个环节，其主要作用是均匀地涂覆助焊剂，除去印制电路板和元器件焊接表面的氧化层并防止其在焊接过程中再氧化。助焊剂的涂覆一定要均匀，尽量不产生堆积，否则将导致焊接短路或开路。助焊剂系统有多种形式，包括喷雾式、喷流式和发泡式。目前一般使用喷雾式助焊剂系统，采用免清洗助焊剂。免清洗助焊剂中固体含量极少，所以必须采用喷雾式助焊剂系统涂覆助焊剂，同时在焊接系统中加防氧化系统，保证在印制电路板上得到一层均匀、细密、很薄的助焊剂涂层，这样才不会因第一个波的擦洗作用和助焊剂的挥发作用导致助焊剂量不足，使得焊料桥接和拉尖。喷雾式助焊剂系统涂覆助焊剂有两种方式：一是采用超声波击打助焊剂，先使其颗粒变小，再喷涂到印制电路板上；二是采用微细喷嘴在一定空气压力下使助焊剂雾化并喷出，采用这种方式喷涂均匀、粒度小、易于控制，喷雾高度和宽度可自动调节，是主流方式。

③ 预热。通过预热系统使助焊剂中的溶剂成分受热挥发，从而避免溶剂成分在经过液面时因高温气化而导致炸裂，防止产生锡粒的品质隐患。通过预热器的缓慢升温，可避免因印制电路板过波峰时骤热导致的物理作用而使产品损伤。预热后的焊接部分在经过波峰时，不会因自身温度较低而大幅度降低焊点的焊接温度，从而确保焊接在规定的时间内达到温度要求。常见的预热方法有空气对流加热、红外加热器加热、热空气和辐射相结合加热三种。一般预热温度为 130～150 ℃，预热时间为 1～3 min。预热温度控制得好，可防止虚焊、拉尖和桥接，减小焊料波峰对基板的热冲击，有效地解决焊接过程中的印制电路板翘曲、分层、变形等问题。

④ 波峰焊接。焊接系统一般采用双波峰。在波峰焊接时，印制电路板先接触第一个波峰，然后接触第二个波峰。第一个波峰是由窄喷嘴喷出的"湍流"波峰，其流速快，对组件有较高的垂直压力，使焊料对尺寸小、贴装密度高的表面组装元器件的焊端有较好的渗透性。湍流的熔融焊料在所有方向擦洗组件表面，从而提高了焊料的润湿性，并克服了元器件的复杂形状和取向带来的问题，同时也克服了焊料的"遮蔽效

应"。湍流波向上的喷射力足以使焊剂气体排出，因此，即使印制电路板上不设置排气孔也不存在焊剂气体的影响，从而大大减少了漏焊、桥接和焊缝不充实等焊接缺陷，提高了焊接可靠性。经过第一个波峰的产品，因浸锡时间短及产品自身散热等原因，浸锡后存在短路、锡多、焊点光洁度不够及焊接强度不足等不良情况。因此，必须对浸锡不良进行修正，这个工作由喷流面较平较宽阔、波峰较稳定的二级喷流进行。二级喷流产生一个"平滑"波峰，其流动速度慢，有利于形成充实的焊缝，同时也可以有效除去焊端上过量的焊料，并使所有焊接面上的焊料润湿良好。二级喷流修正了焊接面，消除了可能的拉尖和桥接，获得了充实无缺陷的焊缝，最终确保了组件焊接的可靠性。

⑤ 冷却。焊接后要立即进行冷却，适当的冷却有助于增强焊点的接合强度，同时，冷却后的产品更利于后续操作人员作业。冷却大多采用强迫风冷的方式。

思 考 题

1. 常见的电烙铁有哪些种类？各有何特点？
2. 焊接温度不宜过高、焊接时间不宜过长的元器件时，应选用哪种电烙铁？
3. 引线成形工艺的基本要求有哪些？
4. 焊接工艺的基本条件是什么？
5. 手工焊接的工艺步骤及工艺要求有哪些？
6. 焊点的质量要求及焊接缺陷有哪些？分析焊接缺陷产生的原因。

模块三

表面贴装技术

项目教学目标

1. 使学生树立安全、文明的劳动意识，培养学生良好的职业道德、追求卓越的职业态度、爱国敬业和艰苦奋斗的精神。

2. 培养学生优良的工作作风，使学生具有安全、责任、管理、团队、质量、成本、环保、创新等工程意识。

3. 帮助学生了解表面贴装技术的特点及应用范围，基本工艺过程及操作方法，完成表面贴装实习作业件。

4. 帮助学生了解新设备、新工艺和新技术在电子技术中的应用，培养适应未来新兴产业和新经济发展的能力强、素质高的复合型"新工科"人才。

实训项目任务

任务一：贴片元件的手工焊接。

任务二：贴片 FM 收音机表面贴装回流焊。

视野拓展

1. 回流焊设备的种类与加热方法。

2. 新一代回流焊设备及工艺。

3. SMT 自动化贴片技术。

思政聚焦

四代劳模见证"中国制造"
享誉世界

实训知识储备

一、表面贴装技术

表面贴装技术（surface mounted technology，SMT）又称为表面安装技术，是新一代电子组装技术，它是将表面贴装元器件贴、焊到印制电路板表面规定位置上的电路装联技术。具体地说，就是首先在印制电路焊盘上涂覆焊锡膏，再将表面贴装元器件准确地放到涂有焊锡膏的焊盘上，加热印制电路板直至焊锡膏熔化，焊锡膏冷却后便实现了元器件与印制电路板之间的电气及机械连接。

1. 组成

表面贴装技术由表面贴装元器件、表面贴装电路板的设计、表面贴装工艺材料（如焊锡膏和贴片胶）、表面贴装设备、表面贴装焊接技术（如波峰焊、回流焊）、表面贴装测试技术、清洗与返修技术等多个方面组成，如表 2-3-1 所示。

表 2-3-1　表面贴装技术的组成

贴装材料	涂敷材料：黏结剂、焊料、焊锡膏等
	工艺材料：焊剂、清洗剂等
贴装工艺设计	贴装方式设计、工艺流程设计、工序优化设计等
贴装技术	涂敷技术：点涂、针转印、印制
	贴装技术：顺序式、在线式、同时式
	焊接技术：流动焊接、回流焊等
	清洗技术：溶剂清洗、水洗等
	检测技术：接触式检测、非接触式检测等
	返修技术：热空气对流、传导加热等
贴装设备	涂敷设备：点胶机、印制机等
	贴装设备：贴装机、在线式贴装系统
	焊接设备：双波峰、喷射式波峰焊接设备及回流焊设备
	清洗设备：溶剂清洗机、水清洗机
	返修设备：热空气对流、传导加热返修工具和设备

由表 2-3-1 可知，SMT 的组成可以归纳为以下三要素：第一组成要素是设备，即 SMT 的硬件；第二组成要素是装联工艺，即 SMT 的软件；第三组成要素是电子元器件，它既是 SMT 的基础，也是 SMT 发展的动力。

2. 优点

SMT 是目前先进电子制造技术的重要组成部分。与通孔安装相比，SMT 的优点主要有以下几点。

① 高密度：贴片元器件尺寸小，能有效利用印制电路板的面积，整机产品的主板一般可以减小到其他装接方式的 10%～30%，质量减轻 60%，实现了产品微型化。

② 高可靠：贴片元器件引线短或无引线，质量轻，抗震能力强，焊点可靠性高。

③ 高性能：引线短和高密度安装使得电路的高频性能改善，数据传输速率增加，传输延迟减小，可实现高速信号传输。

④ 高效率：适合自动化生产。

⑤ 低成本：贴片印制电路板的使用面积减小；频率特性提高降低了电路调试费用；片式元器件体积小、质量轻，减少了包装、运输和储存的费用；片式元器件发展快，成本迅速下降。

3. 缺点

① 昂贵的设备：大多数 SMT 设备（如回流炉、贴片机、锡膏丝网印刷机）和 SMT 检测设备都很昂贵。

② 检查困难：由于大多数组件很小并且有许多焊点，因此检查变得非常困难。

③ 容易损坏：跌落后易损坏。

此外，这些设备对静电放电非常敏感，一般都需要进行处理和包装，且在洁净环境中处理。

二、表面贴装元器件

1. 表面贴装元器件的分类

（1）按产品功能分类

① 无源元器件：厚膜电阻、薄膜电阻、敏感电阻等电阻器；微调、多圈电位器；陶瓷电容、电解电容、薄膜电容、云母电容等电容器；以及叠层电感、线绕电感等电感器。

② 有源元器件：二极管、三极管、场效应管等器件及集成电路。

③ 机电元器件：轻触开关、继电器、片状跨线、插片连接器、插座、电动机等。

（2）按形状分类

① 薄片矩形：各种无源元器件及机电元器件。

② 扁平封装：SOP（小外形封装）、SOJ（J 型引脚小外形封装）、SSOP（缩小型 SOP）、TSOP（薄小外形封装）等；四面引线封装 QFP；无引线片式载体 LCC；焊球阵列 BGA。

③ 圆柱形：各种电阻、电容、二极管等。

④ 其他形状：可调电阻、线绕电阻；可调电容、电解电容；滤波器、晶体振荡器；开关、继电器、电动机等。

2. 表面贴装元件

表面贴装元件中使用最广泛、品种规格最齐全的是电阻和电容，它们的结构外形、标识方法、性能参数都和普通安装元件有所不同，选用时应注意其差别。

（1）表面安装电阻

表面安装电阻主要有矩形片状和圆柱形两种。

矩形片状电阻的结构和外形见图 2-3-1，基板大都采用 Al_2O_3 陶瓷制成，具有较好的机械强度和电绝缘性。电阻膜采用 RuO_2 电阻浆料印制在基板上，经烧结制成。由于 RuO_2 成本较高，近年来又开发出一些低成本电阻浆料，如氮化物系材料（TaN-Ta）、碳化物系材料（WC-W）和 Cu 系材料。保护层采用玻璃浆料印制在电阻膜上，经烧结成釉。电极由三层材料构成：内层 Ag-Pd 合金与电阻膜接触良好，电阻小，附着力强；中层为镀 Ni 层，主要作用是防止端头电极脱落；外层为可焊层，采用电镀 Sn 或 Sn-Pb、Sn-Ce 合金。

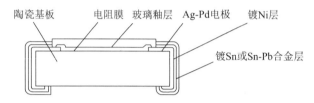

图 2-3-1　矩形片状电阻的结构和外形

矩形片状电阻通常在电阻本体上以数字形式进行标识，如图 2-3-2 所示。E24 和 E96 系列是最常见的电阻，精度分别为 ±5% 和 ±1%。当片状电阻阻值精度为 ±5% 时，用 3 个数字（包括字母）表示。阻值大于等于 10 Ω 的，前两位数字为有效数字，最后一位数字表示增加的零的个数；阻值小于 10 Ω 的，在两个数字之间以字母"R"代表小数点。例如，用 101 表示 100 Ω，用 563 表示 56 kΩ，用 1R0 表示 1.0 Ω，用 4R7 表示 4.7 Ω。当片状电阻阻值精度为 ±1% 时，用 4 个数字（包括字母）表示。阻值大于等于 100 Ω 的，前三位数字为有效数字，最后一位数字表示增加的零的个数；阻值小于 100 Ω 的，仍在数字间以字母"R"代表小数点。例如，用 1000 表示 100 Ω，用 1004 表示 1 MΩ，用 47R1 表示 47.1 Ω，用 10R0 表示 10.0 Ω。

图 2-3-3 所示为圆柱形电阻结构示意图，基本可以认为这种电阻是普通圆柱长引线电阻去掉引线，两端改为电极的产物。两者的材料及制造工艺、标识方式都基本相同，只是圆柱形电阻的外形尺寸要小一些。

图 2-3-2　矩形片状电阻标识

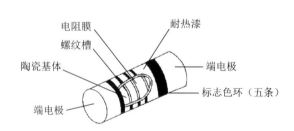

图 2-3-3　圆柱形电阻结构示意图

两种表面安装电阻的主要性能对比见表 2-3-2。

表 2-3-2　两种表面安装电阻的主要性能对比

电阻	结构				阻值标识	电气性能	安装特性	使用特性
	电阻材料	电极	保护层	基体				
矩形片状电阻	RuO_2 等贵金属氧化物	Ag-Pd、Ni、焊料三层	玻璃釉	高铝陶瓷片	3 位数字	阻值稳定，高频特性好	无方向但有正反面	偏重提高安装密度
圆柱形电阻	碳膜、金属膜	Fe-Ni 镀 Sn 或黄铜	耐热漆	圆柱陶瓷	包码（3，4，5 环）	温度范围宽，噪声电平低，谐波失真较矩形片状电阻低	无方向，无正反面	偏重提高安装速度

（2）表面安装电容

表面安装电容中使用最多的是多层片状陶瓷电容，其次是铝和钽电解电容，而有机薄膜电容和云母电容使用较少。表面安装电容的外形同表面安装电阻一样，也有矩形片状和圆柱形两大类。表 2-3-3 所示为几种主要的表面安装电容的技术规范。

表 2-3-3　几种主要的表面安装电容的技术规范

	多层片状陶瓷电容	圆柱铝电解电容	片状钽电解电容	片状有机薄膜电容	片状云母电容
形状					
工作温度/℃	$-55 \sim 125$ 部分$-30 \sim 85$	$-40 \sim 85$	$-55 \sim 85$		$-55 \sim 125$
容量	A 类：5～47000 pF B 类：220 pF～2.2 μF	1～470 μF	0.1～22 μF	0.01～0.15 μF	0.5～2200 pF
额定电压/V	25，50，100，200，500	4，6.3，10，16，25，36，50	4，6.3，10，16，25，36，50	25，75，100	100，500

（3）其他表面安装元件

其他表面安装元件见表 2-3-4。表中每一类元件仅列出一种作为代表，实际上还有其他种类和规格，例如连接器还包括边缘连接器、条形连接器、扁平电缆连接器等多种形式。

表 2-3-4　其他表面安装元件

	电位器（矩形）	电感器（矩形片状）	继电器	开关（旋转型）	连接器（芯片插座）
形状					

	电位器 （矩形）	电感器 （矩形片状）	继电器	开关 （旋转型）	连接器 （芯片插座）
典型 参数	阻值：100 Ω～1 MΩ 阻值偏差：±25% 使用温度：−55～100 ℃ 功率：0.05～0.5 W	电感：0.05 μH 电流：10～20 mA	线圈电压：4.5～4.8 V 额定功率：200 mV 触点负荷：125 V，2 A	开关电压：15 V 电流：30 mA 寿命：20000 步	引线数： 68～132 个

3. 表面贴装器件

表面贴装器件（surface mounted devices，SMD）包括各种半导体器件，既有分立件的二极管、三极管、场效应管，也有数字电路和模拟电路的集成器件。

（1）二极管

三种用于表面贴装的二极管封装形式如下。

① 塑封矩形片状二极管：如图 2-3-4（a）所示。

② 圆柱形无引脚二极管：将二极管 PN 结装在具有内部电极的细玻璃管中，其特点是没有引线，玻璃管两端装上金属帽作为正、负电极，如图 2-3-4（b）所示。

③ SOT-23 封装片状二极管：外形如图 2-3-4（c）所示，这种封装形式除多用于复合二极管外，也可用于高速开关二极管和高压二极管。

(a) 塑封矩形片状二极管　　　(b) 圆柱形无引脚二极管　　　(c) SOT-23封装片状二极管

图 2-3-4　三种二极管封装形式

（2）三极管

表面贴装三极管的封装形式主要为 SOT 封装，带有短引脚。与插装式三极管相比，表面贴装三极管具有体积小、功耗小等特点，特别适用于高频电路。常见封装形式有 SOT-23、SOT-89、SOT-143、SOT-343 等。普通小功率表面贴装三极管大多采用 SOT-23 封装形式，功耗为 150～300 mW；大功率表面贴装三极管一般采用 SOT-89 封装形式，并且其元器件需粘贴在较大的铜片上，以增加散热能力。图 2-3-5 所示为部分贴片三极管封装实物图。

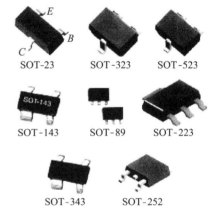

图 2-3-5　部分贴片三极管封装实物图

（3）表面贴装集成电路

随着大规模集成电路（IC）技术的飞速发展，I/O 数猛增，各种适合表面安装的 IC 封装技术先后出现，从引脚形状来分，IC 主要有以下三种形式。

① L 形引脚：常见于 SOP 和 QFP。SOP 封装集成电路由双列直插式封装 DIP 演变而来，如图 2-3-6 所示。SOP 封装常见于线形电路、逻辑电路、随机存储器等。SOP 封装的优点是它的"翼形"引脚易于焊接和检测，但占印制电路板面积较大；QFP 是适应 IC 内容增多、I/O 数量增多而出现的封装形式，QFP 封装如图 2-3-7 所示，常用于门阵列的 ASIC 器件的封装。

图 2-3-6　SOP 封装　　图 2-3-7　QFP 封装

② J 形引脚：常见于 SOJ 和有引脚塑料芯片载体（plastic leaded chip carrier, PLCC），分别如图 2-3-8 和图 2-3-9 所示。SOJ 封装占印制电路板面积较小，应用广泛。PLCC 也是由 DIP 演变而来的，当引脚超过 40 只时便采用此类封装，引脚采用 J 形结构。PLCC 外形有方形和矩形两种，这类封装形式常用于逻辑电路、微处理器阵列、标准单元等。

图 2-3-8　SOJ 封装　　图 2-3-9　PLCC 封装

③ 球栅阵列：常见于 BGA，芯片的 I/O 引脚呈阵列式分布在元器件底部，引脚呈球状，适用于多引脚元器件的封装，如图 2-3-10 所示。BGA 的安装高度和引脚间距小、引脚共面性高都极大地改善了组装的工艺性；由于它的引脚更短，组装密度更高，因此电气性能更优越，特别适合在高频电路中使用。当然，BGA 封装也存在焊后检查和维修困难（必须借助 X 射线检测才可确保可靠）、易吸湿等问题。按引脚排列分类、基座材料、封装形式、散热方式及芯片的放置位置等的不同，BGA 有不同的封装结构。

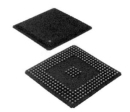

图 2-3-10　BGA 封装

三、表面贴装工艺的材料

锡膏是一种由焊料合金粉末和稳定的助焊剂按一定比例均匀混合而成的膏状体。在常温下，锡膏可将电子元器件粘在既定位置，当其被加热到一定温度时，随着溶剂和部分添加剂的挥发、合金粉的熔化，锡膏可使被焊元器件和焊盘连在一起，冷却形成永久连接的焊点。

1. 锡膏的组成

锡膏由锡粉和助焊剂组成。锡粉通常由氮气雾化或用转碟法制造后经丝网筛选而成。助焊剂由黏结剂（树脂）、溶剂、活性剂、触变剂及其他添加剂组成，它对锡膏从印制到焊接的整个过程起着至关重要的作用。一般情况下，锡粉和助焊剂的质量比是 9 : 1，锡粉和助焊剂的体积比是 50%锡粉和 50%助焊剂。

2. 锡膏的重要特性

锡膏与其他焊接材料相比，主要具有触变性和黏性。此外，锡膏是一种流体，还具有流动性。材料的流动性可分为理想的、塑性的、伪塑性的、膨胀的和触变的，锡膏属于触变流体。定义剪切应力与剪切率的比值为锡膏的黏度，其单位为 Pa·s。锡膏合金百分含量、粉末颗粒大小、温度、焊剂用量和触变剂的润滑性是影响锡膏黏度的主要因素。在实际应用中，一般根据锡膏印制技术的类型和印到印制电路板上的厚度确定最佳的黏度。

3. 锡膏的分类

① 按回焊温度划分：有高温锡膏、常温锡膏、低温锡膏。

② 按金属成分划分：有含银锡膏（$Sn_{62}/Pb_{36}/Ag_2$）、非含银锡膏（Sn_{63}/Pb_{37}）、含铋锡膏（$Bi_{14}/Sn_{43}/Pb_{43}$）、无铅锡膏（$Sn_{96.5}/Ag_{3.0}/Cu_{0.5}$）。

③ 按助焊剂成分划分：有免洗型（NC）锡膏、水溶型（WS 或 OA）锡膏、松香型（RMA、RA）锡膏。

④ 按清洗方式划分：有有机溶剂清洗型锡膏、水清洗型锡膏、半水清洗型锡膏、免清洗型锡膏。

四、表面贴装元器件的手工焊接

手工焊接贴片元器件是电子专业人才必备的基本技能之一，正确的焊接方式、良好的焊接工艺、娴熟的技术是焊接技能的重要体现。

1. 焊接前准备

先用万用表检查恒温电烙铁的电源线有无短路和开路，测量电烙铁是否有漏电现象，检查电源线的装接是否牢固、固定螺钉是否松动、手柄上的电源线是否被螺钉顶紧、电源线的套管有无破损。恒温焊台一般放置在工作台右前方，电烙铁使用后一定要稳妥放于烙铁架上，并注意导线等其他物品不要碰烙铁头，保持被焊件清洁。

2. 手工焊接贴片件的技巧

一种方法是先清理焊盘，然后把少量的焊膏放到焊盘上，对位贴片元件，用恒温电烙铁加热焊锡固定贴片件，固定好后在元器件引脚上用电烙铁使焊锡完全浸润、扩散，以形成完好的焊点。

另一种方法是先在一个焊盘上镀锡，镀锡后电烙铁不要离开焊盘，快速用镊子夹着元器件放在焊盘上，焊好一个引脚后，再焊另一个引脚。焊接集成电路时，先把器件放在预定位置上，用少量焊锡焊住器件的两个对脚使器件准确固定，然后将其他引脚涂上助焊剂依次焊接。如果技术水平过硬，可以用 H 形电烙铁进行"托焊"，即沿着器件引脚把烙铁头快速往后托，采用该方法焊接速度快、效率高。

3. 其他焊接要领

① 焊剂的用量要合适。用量过少影响焊接质量；用量过多，焊剂残渣会腐蚀零件，并使线路的绝缘性能变差。

② 焊接的温度要掌握好。温度过低，焊锡流动性差，很容易凝固，形成虚焊；温度过高，焊锡流淌使焊点不易存锡，焊剂分解速度加快，金属表面加速氧化，并导致

印制电路板上的焊盘脱落。

③ 焊接时手要扶稳。在焊锡凝固过程中不能晃动被焊元器件，否则将造成虚焊。

④ 重焊。当焊点一次焊接不成功或上锡量不够时，要重新焊接。重新焊接时，必须待上一次的焊锡一同熔化并融为一体才能把电烙铁移开。

⑤ 焊接后的处理。当焊接结束后，应将焊点周围的焊剂清洗干净，并检查电路有无漏焊、错焊、虚焊等现象。

4. 合格焊点的标准

合格的焊点要具有良好的电气接触、可靠的机械强度和美观的外形。即焊点呈内弧形；焊点整体要圆满、光滑、无针孔、无松香渍；零件脚外可见锡的流散性好；焊锡将整个上锡位置及零件脚包围，如图 2-3-11 所示。

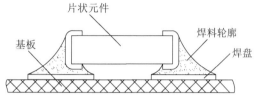

图 2-3-11　手工焊接贴片件的合格焊点

 能力训练项目

任务一：贴片元件的手工焊接

● **实训目的**

（1）掌握贴片元件手工焊接的技巧及注意事项。

（2）掌握贴片元件手工焊接的操作方法。

● **实训仪器与材料**

（1）25 W 直热式电烙铁、剪线钳、镊子、偏口钳等工具。

（2）焊锡丝、松香等焊料及助焊剂。

（3）若干贴片元器件、芯片、集成电路。

（4）印制电路板。

● **实训内容**

（1）焊接之前先在焊盘上涂助焊剂，用电烙铁处理一遍，以免焊盘因镀锡不良或被氧化而不易焊。芯片一般无须处理。

（2）用镊子将元器件放到印制电路板上，使其与焊盘对齐，注意不要损坏引脚。

（3）开始焊接引脚时，应在烙铁头上加上焊锡，将所有的引脚涂上助焊剂以使引脚保持湿润。用烙铁头接触芯片每个引脚的末端，直到看见焊锡流入引脚。焊接时要保持烙铁头与被焊引脚并行，防止因焊锡过量发生搭接。

（4）焊完所有的引脚后，用助焊剂浸湿所有引脚以便清洗焊锡。在需要的地方吸掉多余的焊锡，以消除短路和搭接。最后用镊子检查是否有虚焊。检查完成后，清除电路板上的助焊剂：用硬毛刷浸酒精后沿引脚方向仔细擦拭，直到助焊剂消失。

（5）贴片阻容元件相对容易焊一些，可以先在一个焊点上锡，然后放上元件的一头，用镊子夹住元件，焊上一头之后，再看看是否放正了，如果已放正，焊上另外一头即可。

● **注意事项**

（1）保持正确的坐姿、规范的握烙铁方法和标准的送锡方式。

（2）注意操作要领，特别是引脚比较多的元器件，要注意元器件的极性和方向。

（3）掌握好每一步操作的时间，反复训练。

一、芯片手工焊接的步骤

第一步：准备施焊。左手拿焊丝，右手握电烙铁，进入备焊状态。要求烙铁头保持干净，无焊渣等氧化物，并在表面镀一层焊锡。

第二步：加热焊件。将烙铁头靠在两焊件的连接处，加热整个焊件，时间为 1~2 s。对在印制电路板上的焊接件来说，要注意使电烙铁同时接触焊盘的元器件引线。

第三步：送入焊锡丝。焊件的焊接面被加热到一定温度时，焊锡丝从电烙铁对面接触焊件。

第四步：移开焊锡丝。当焊锡丝熔化一定量后，立即向左上 45°方向移开焊锡丝。

第五步：移开电烙铁。焊锡浸润焊盘的被焊部位以后，向右上 45°方向移开电烙铁，结束焊接。

从第三步开始到第五步结束，时间应控制在 1~3 s。

二、SMT 元器件的手工拆焊

1. 表面贴装器件的拆焊

第一步：检查贴装状态。

第二步：用两个电烙铁轻轻接触器件两端的焊锡处，加热使焊锡熔化。

第三步：确认焊锡完全熔化后，用两个电烙铁轻轻将元器件向上提起，完成拆焊。

2. 四方扁平集成块的拆焊

第一步：用镊子夹住集成块引脚并用热风枪加热（注意元器件管脚容易弯曲），如图 2-3-12 所示。

图 2-3-12 热风枪加热集成块

第二步：焊锡熔化后，用真空笔取下集成块。对于面积较大的集成块，可以用比集成块稍大一点的热风嘴加热，实现集成块的分离。

任务二：贴片 FM 收音机表面贴装回流焊

● **实训目的**

（1）了解回流焊的工艺特点。

（2）掌握锡膏印制机、贴片机、回流焊机等表面贴装常用设备的工作过程。

（3）能够正确使用锡膏印制机进行锡膏印制。

（4）能够用回流焊机进行表面贴装器件的贴焊。

（5）能够合理分析具体的贴装缺陷。

● **实训仪器与材料**

（1）FM 微型收音机套件 1 套。

（2）万用表 1 个。

（3）手动丝网印刷机、焊膏。

（4）专用托盘、镊子、流水工作台等。

（5）回流焊机。

（6）真空吸管、热风枪、放大镜、台灯。

（7）多媒体教学设备及视频软件。

● **实训内容**

（1）根据印制电路板及元件装配图，对照电路原理图和材料清单对已经检测好的元件进行成形加工处理。

（2）对照印制电路板及元件装配图，按照正确装配顺序进行锡膏印制、元件贴装和回流焊。

（3）装配焊接后进行焊接质量检查，并进行机壳等配件装机通电测试。

● **注意事项**

（1）首先焊接矮的元器件如电容、电阻等，再焊接高一些的元器件。

（2）放置好元器件后，先将元器件的两个引脚放在电路板上，焊接时拉直。

（3）元器件剩余引脚要短一些，让元器件尽量靠近印制电路板，不可出现虚焊。

（4）注意发光二极管的放置，焊接时注意其极性，发光二极管要先对准外壳的眼再焊接。

（5）印制电路板较小，元器件排列紧密，焊接时要看清元器件所在的位置，切勿放错。

（6）引脚有正、负之分的元器件不可放反，如电解电容器、发光二极管等。

一、印制电路板贴片回流焊接工艺设计

表面贴装工艺流程主要包括印制（或点胶）、贴装、固化、回流焊、清洗、检测、返修等步骤，图 2-3-13 所示为回流焊工艺流程示意图。

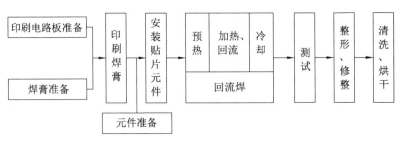

图 2-3-13　回流焊工艺流程示意图

二、电子元器件的检测

1. 电子元器件的检测方法

根据抽样方案和验收标准从物料库中随机抽取样本数量要求的物料，按照检验标准与验收方法对样本进行质量检验并如实记录数据。对整理后的数据进行分析，判断元器件是否合格，如不合格则判断其缺陷。

因为有合格的原材料才可能有合格的产品，所以组装前来料检测是保障表面贴装组件（Surface Mount Assembly，SMA）可靠性的重要环节。随着 SMT 的不断发展和对 SMA 组装密度、性能、可靠性要求的不断提高，以及元器件进一步微型化、工艺材料应用更新速度加快等技术发展趋势，SMA 产品及其组装质量对组装材料质量的敏感度和依赖性都在增大，组装前来料检测成为不能忽视的环节。选择科学、适用的标准与方法进行组装前来料检测成为 SMT 组装质量检测的主要内容之一。

SMT 组装前来料主要包含元器件、印制电路板、焊膏/助焊剂等组装工艺材料。检测的基本内容包括：元器件的可焊性、引脚共面性、使用性能；印制电路板的尺寸和外观、阻焊膜的质量、翘曲和扭曲、可焊性、阻焊膜的完整性；焊膏的金属百分比、黏度与触变系数、合金粉末氧化均量、外观与印制性能，助焊剂的活性、浓度、品质，黏结剂的黏度与触变系数、黏结强度、固化时间等。对应不同的检测项目，其检测方法也有多种，如仅元器件可焊性测试就有浸渍测试、焊球法测试、润湿平衡试验等多种方法。表 2-3-5 所示为 SMT 组装前来料检测的主要项目和基本检测方法。

表 2-3-5　SMT 组装前来料检测的主要项目和基本检测方法

来料类别	检测项目	检测方法
元器件	可焊性	浸渍测试 焊球法测试 润湿平衡试验
	引脚共面性	光学平面检测 贴片机共面性检测
	使用性能	抽样后用专用仪器检测

来料类别		检测项目	检测方法
印制电路板		尺寸和外观	目检
		阻焊膜的质量	专用量具测试
		翘曲和扭曲	热应力测试
		可焊性	旋转浸渍测试 波峰焊料浸渍测试 焊料珠测试
		阻焊膜的完整性	热应力测试
工艺材料	焊膏	外观、印制性能检查	目检、印制性能测试
		黏度与触变系数	旋转式黏度计
		润湿性、焊料球	回流焊
		金属百分比	加热分离称重法
		合金粉末氧化均量	俄歇分析法
	助焊剂	活性	铜镜试验
		浓度	比重计
		品质	目测颜色
	黏结剂	黏度与触变系数	旋转式黏度计
		黏结强度	黏结强度试验
		固化时间	固化试验
	清洗剂	成分	气体色谱分析法
	焊料合金	金属污染量	原子吸附测试

2. 电子元器件的检测步骤

① 领取任务，分析任务，明确任务的目的与要求。

② 规划任务，制订任务实施方案。

③ 根据入库单上的批量大小及质量验收标准确定样本大小，明确质量。

④ 根据抽样方案和验收标准随机抽样，注意抽样批次。

⑤ 按照验收标准对样品进行质量检验。

⑥ 记录测量数据。

⑦ 分析数据并判定合格率，判断缺陷类别。

⑧ 确认所验批次物料是否合格，并正确处置。

三、表面贴装元器件的贴装

① 丝印焊膏。在印制电路板上用印刷机印制焊锡膏。将锡膏或贴片胶准确地漏印到印制电路板的焊盘上，为元器件贴装做好准备。用于 SMT 的印刷机分为手动印刷机、半自动印刷机和全自动印刷机三种。

② 按顺序贴片。根据贴装元器件及位置要求，仔细查看印制电路板，将元器件准

确地安装到印制电路板的固定位置上，并检查贴片元件有无漏贴、错位。

四、回流焊的实施

第一步：运行参数设置。设定或修改各温区加热温度、冷却温度、运输速度及风机速度等。

第二步：焊接温度曲线查询。

第三步：焊接温度曲线测试。

第四步：将印制电路板送入回流焊机的入口进行焊接。

第五步：结合焊接品质分析方法评价焊接质量。

五、装接后的检查与测试

1. 目视检查

① 元器件：型号、规格、数量、安装位置及方向是否与图样一致。

② 焊点：有无虚焊、漏焊、桥接、飞溅等缺陷。

2. 测总电流

① 检查无误后将电源线焊到电池片上。

② 在电位器开关断开的状态下装入电池。

③ 插入耳机。

④ 将万用表 200 mA 挡（数字式万用表）或 50 mA 挡（指针万用表）跨接在开关两端测电流，用指针式万用表时要注意表笔的极性。正常情况下总电流应为 7~30 mA（与电源电压有关），并且 LED 灯正常点亮。

以下是样机测试结果，可供参考：工作电压 1.8 V，2，2.8 V，3 V，3.2 V；工作电流 8 mA，11 mA，17 mA，24 mA，28 mA。

注意：若总电流为零或超过 35 mA，则应检查电路。

3. 搜索电台广播

如果总电流在正常范围内，可按"S"按钮搜索电台广播。只要元器件质量完好、安装正确、焊接可靠，不用调节任何部分即可收到电台广播。若收不到电台广播，则应仔细检查电路，特别要检查有无错装、虚焊、漏焊等缺陷。

4. 调接收频段

我国调频广播的频率范围为 87~108 MHz，调试时可找一个当地频率最低的 FM 电台，按下"RESET"键后第一次按"SCAN"键即可收到这个低频电台。由于 SC1088 集成度高，因此如果元器件的一致性较好，那么一般收到低频电台后均可覆盖 FM 频段。

5. 调灵敏度

收音机灵敏度由电路及元器件决定，一般不用调整，调好电台后即可正常收听。

视野拓展

一、回流焊的种类与加热方法

回流焊经历了气相法、热板传导、红外线辐射、热风对流、激光等加热方法。近年来新开发的激光束逐点式回流焊机虽可实现极精密的焊接，但成本很高。

1. 气相回流焊

气相回流焊的工作原理是：加热传热介质氟氯烷系溶剂，使之沸腾产生饱和蒸气；在焊接设备内，饱和蒸气遇到温度低的待焊电路组件后转变为相同温度下的液体，释放出汽化潜热，使膏状焊料熔融浸润，印制电路板上的所有焊点同时完成焊接。采用这种焊接方法，液体介质需要具有较高的沸点（高于铅锡焊料的熔点）和良好的热稳定性，且不自燃。

气相回流焊的优点是整体加热，饱和蒸气能到达设备的每个角落，热传导均匀，可形成与产品形状无关的焊接。气相回流焊能精确控制温度（取决于溶剂沸点），热转化效率高，焊接温度均匀，不会发生过热现象；蒸气中含氧量低，焊接对象不会被氧化，能获得高精度、高质量的焊点。气相回流焊的缺点是介质液体及设备的价格高，介质液体是典型的臭氧层损耗物质，在工作时会产生少量八氟异丁烯气体，该气体有毒，因此在应用上受到极大限制。

图 2-3-14 是气相回流焊设备的工作原理示意图。非活性溶剂在加热器作用下沸腾产生饱和蒸气，印制电路板从左往右进入炉膛，受热进行焊接。炉子上方与左右方都有冷凝管，将蒸气限制在炉膛内。

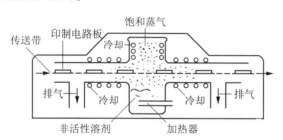

图 2-3-14 气相回流焊设备的工作原理示意图

2. 热板传导回流焊

利用热板传导来加热的焊接方法称为热板传导回流焊。热板传导回流焊的工作原理如图 2-3-15 所示。热板传导回流焊的发热器件为加热板，加热板放置在很薄的传送带下，传送带由导热性能良好的聚四氟乙烯材料制成。待焊印制电路板放在传送带上，热量先传送到印制电路板上，再传至铅锡焊膏与 SMC/SMD 元器件，焊膏熔化后，通过风冷降温，完成印制电路板的焊接。这种回流焊的加热板表面温度不能高于 300 ℃，早期用于导热性较好的高纯度氧化铝基板、陶瓷基板等厚膜电路的单面焊接，之后也用于焊接初级 SMT 产品的单面印制电路板。其优点是结构简单，操作方便；缺点是热效率低，温度不均匀，印制电路板若导热不良或稍厚则无法适应，对普通覆铜箔电路板的焊接效果不好，故很快被取代。

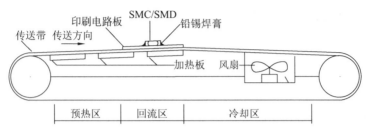

图 2-3-15　热板传导回流焊的工作原理

3. 红外线辐射回流焊

红外线辐射回流焊的主要工作原理是：在设备内部，通电的陶瓷发热板（或石英发热管）辐射出远红外线，印制电路板通过数个温区，接收辐射并将其转化为热能，当达到回流焊所需的温度时，焊料浸润，然后冷却，完成焊接。红外线辐射加热法是最早、最广泛使用的 SMT 焊接方法之一。

以红外线辐射为热源的加热炉称为红外线辐射回流焊炉（IR），其工作原理示意图如图 2-3-16 所示。这种设备成本低，适用于低组装密度产品的批量生产，温度调节范围较宽的炉子也能在点胶贴片后固化贴片胶。其热源有远红外线与近红外线两种，一般地，前者多用于预热，后者多用于回流加热。整个加热炉可以分成几段温区来控制温度。红外线辐射回流焊炉的优点是热效率高，温度变化梯度大，温度曲线容易控制，焊接双面印制电路板时上、下面温差大。缺点是印制电路板同一面上的元器件受热不够均匀，温度设定难以兼顾周全，阴影效应较明显；当元器件的颜色、材质、封装形式不同时，各焊点所吸收的热量也不同，体积大的元器件会给较小的元器件造成阴影，使之受热不足。

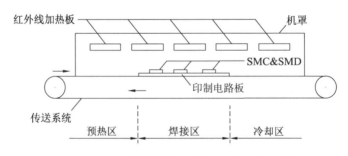

图 2-3-16　红外线辐射回流焊炉的工作原理示意图

4. 热风对流回流焊

热风对流回流焊的工作原理是：加热器与风扇使炉腔内的空气不断加热并强制循环流动，焊接对象在炉内受到炽热气体的加热而实现焊接，如图 2-3-17 所示。这种回流焊设备的加热温度虽均匀但不够稳定，焊接对象容易被氧化，印制电路板上、下面的温差及沿炉长方向的温度梯度不容易控制，因此一般不单独使用。

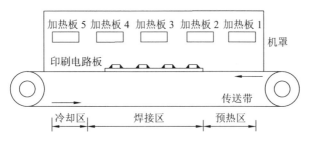

图 2-3-17　热风对流回流焊的工作原理示意图

5. 激光回流焊

激光回流焊利用激光束良好的方向性及功率密度高的特点，通过光学聚焦系统将 CO_2 或激光束聚集在很小的区域内，在很短的时间内使焊接对象形成一个局部加热区，其工作原理示意图如图 2-3-18 所示。激光回流焊的加热具有高度局部化的特点，不产生热应力，热冲击小，热敏元器件不易被损坏；但是设备投资大，维护成本高。

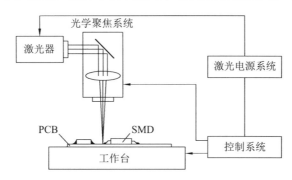

图 2-3-18　激光回流焊的工作原理示意图

二、新一代回流焊设备及工艺

1. 热风对流红外线辐射回流焊设备

为使不同颜色、不同体积的元器件（如 QFP、PLCC 和 BGA 封装的集成电路）同时完成焊接，必须改善回流焊设备的热传导效率，缩小元器件之间的峰值温度差，使印制电路板在通过温度隧道的过程中维持稳定一致的温度曲线。于是设备制造商纷纷开发新一代回流焊设备，如改进加热器的分布、调整空气的循环流向及增加温区划分，使之能进一步精确控制炉内各部位的温度，便于调节温度曲线。

在对流、辐射和传导这三种热传导机制中，只有前两者容易控制。红外线辐射加热的效率高，而强制对流可以使加热更均匀。先进的回流焊技术结合了热风对流与红外线辐射的优点，以波长稳定的红外线（波长约为 8 μm）发生器为主要热源，利用对流的均衡加热特性减少元器件与印制电路板之间的温度差。

改进后的红外线热风回流焊是混合了红外线辐射和热风循环对流的加热方式，因此又称为热风对流红外线辐射回流焊。目前多数大批量 SMT 生产中的回流焊炉都采用这种大容量循环强制对流加热的工作方式，在炉体内，热空气不停地流动，均匀加热焊接对象，有极高的热传递效率，并不依靠红外线直接辐射加温。这种加热方法的特点是，各温区独立调节热量，减少热风对流，而且可以在印制电路板下面采取制冷措施，从而保证加热温度均匀、稳定，使印制电路板表面和元器件之间的温差小，温度曲线容易控制。热风对流红外线辐射回流焊设备的生产能力高、操作成本低。

现在，随着温度控制技术的进步，高档的强制对流热风回流焊设备的温度隧道细分出了不同的温度区域，如把预热区细分为升温区、保温区和快速升温区等。回流焊接炉的强制对流加热方式和加热器形式也在不断改进，使传导对流热量给印制电路板的效率更高，加热更均匀。

2. 简易红外线回流焊机

简易红外线回流焊机内部是只有一个温区的小加热炉，能够焊接的印制电路板的最大面积为 400 mm×400 mm（小型设备的有效焊接面积会更小一些）。炉内的加热器和风扇受计算机控制，温度随时间变化，印制电路板在炉内处于静止状态，连续经历预热、回流和冷却的温度变化过程，最终完成焊接。

3. 充氮气的回流焊炉

为适用无铅环保工艺，一些高性能的回流焊设备带有加充氮气和快速冷却的装置。惰性气体可以减少焊接过程中的氧化，采用氮气保护的焊接工艺常用于加工要求较高的产品。采用氮气保护时可以使用活性较低的焊膏，这有利于减少焊接残留物和免清洗。氮气可以加大焊料的表面张力，使企业选择超细间距器件的余地更大；在氮气环境中，印制电路板上的焊盘与线路的可焊性得到较好的保护，快速冷却可以增加焊点表面的亮度。该方法的缺点是氮气的成本高、管理与回收难。所以，焊膏制造厂家也在研究改进焊膏的化学成分，以便在回流焊工艺中不必再使用氮气保护。

4. 通孔回流焊工艺

通孔回流焊工艺在一些生产线上也得到了应用，它可以省去波峰焊工序，尤其在焊接 SMT 与 THT 混装的印制电路板时会很有用。这样做的好处是可以利用现有的回流焊设备来焊接通孔式接插件。相比表面贴装式接插件，通孔式接插件焊点的机械强度更高。同时，在较大面积的印制电路板上，由于平整度问题，表面贴装式接插件的引脚不容易焊接得很牢固。通孔回流焊在严格的工艺控制下，焊接质量能够得到保证，而存在的不足是焊膏用量大，导致助焊剂残留物增多。另外，有些通孔式接插件的塑料结构难以承受回流焊的高温。

5. 无铅回流焊工艺

在无铅焊接时代，使用无铅锡膏可使回流焊的焊接温度提高、工艺窗口变窄，除了要求回流焊炉的技术性能进一步提高外，还必须通过自动温度曲线预测工具结合实时温度管理系统进行连续的工艺过程监测，精确控制通过回流焊炉的温度传导。

6. 各种回流焊设备及其工艺性能比较

各种回流焊工艺的主要加热方法的优缺点见表 2-3-6。

表 2-3-6　各种回流焊工艺的主要加热方法的优缺点

加热方式	原理	优点	缺点
气相	利用惰性溶剂蒸气凝聚时释放的潜热加热	① 加热均匀，热冲击小； ② 升温快，温度控制准确； ③ 在无氧环境下焊接，氧化少	① 设备和介质费用高； ② 不利于环保
热板	利用热板的热传导加热	① 减少了对元器件的热冲击； ② 设备结构简单，操作方便，价格低	① 受基板热传导性能的影响较大； ② 不适用于大型基板、大型元器件； ③ 温度分布不均匀
红外	吸收红外线辐射加热	① 设备结构简单，价格低； ② 加热效率高，温度可调范围宽； ③ 减少焊料飞溅、虚焊及桥接	① 元器件材料、颜色与体积不同，热吸收不同； ② 温度控制不够均匀
热风	高温加热的气体在炉内循环加热	① 加热均匀； ② 温度容易控制	① 容易氧化； ② 能耗大
激光	利用激光的热能加热	① 聚光性好，适用于高精度焊接； ② 非接触加热； ③ 用光纤传送能量	① 激光在焊接面上的反射率大； ② 设备昂贵
红外+热风	强制对流加热	① 温度分布均匀； ② 热传递效率高	设备昂贵

思 考 题

1. SMT 由什么组成？

2. SMT 的优点及存在的缺陷是什么？

3. 简述表面贴装元器件的分类。

4. 简述表面贴装元器件的手工焊接步骤。

5. 简述回流焊工艺的流程。

模块四

印制电路板设计与制作工艺

项目教学目标

1. 了解印制电路板设计的相关基础知识、电路设计软件的主要功能及文件管理方法、原理图的绘制（包括原理图元件符号库创建及元件符号创建、原理图编辑调整与报表打印）方法。

2. 掌握印制电路板的设计方法，包括 PCB 规划与网表导入、PCB 封装库创建及封装制作、PCB 布线规则与布线、PCB 设计后期处理等。

3. 熟悉印制电路板的基本制作工艺流程。

4. 提升学生设计与制作印制电路板的能力，以及跟踪掌握该领域新理论、新知识、新技术的能力。

实训项目任务

任务一：绘制 PCB 图。

任务二：手工制作电子产品电路板。

视野拓展

1. 用雕刻机制作印制电路板。

2. 印制电路板的质量检验。

思政聚焦

开拓进取，原始创新：
哈尔滨电机厂有限责任公司

📑 实训知识储备

印制电路板（printed circuit board，PCB）简称印制板或 PCB。在电子产品的研发过程中，印制电路板的设计是关键点之一。熟悉印制电路板基础知识、掌握印制电路板的基本设计方法和制作工艺、了解其生产过程是学习电子工艺技术的基本要求。

一、印制电路板的基础知识

印制电路板的制作方式为在覆铜板上用模板印刷防腐蚀膜图层，腐蚀刻线形成导电图形。这个制作过程如同在纸上印刷一样，因此称其为印制电路板。

评价印制电路板技术一般以印制电路板上的线宽、孔径、板厚与孔径比等参数为标准。印制电路板的发展主要体现在基板材料、制造工艺及生产技术的提高等方面。印制电路板已从过去的单面板发展到现在的双面板、多层板和柔性板，对精度、布线密度和可靠性的要求也在不断提高。

1. 印制电路板的材料与分类

覆铜板是制造印制电路板的主要材料。覆铜板是经过粘接、热挤压工艺，将一定厚度的铜箔牢固地覆盖在绝缘基板上制成的。根据所用基板的材料及其厚度、铜箔及结合剂不同，覆铜板会表现出不同的性能。常用印制电路板的分类如图 2-4-1 所示。

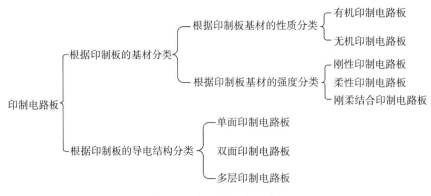

图 2-4-1　印制电路板的分类

2. 印制电路板设计前的准备

在印制电路板设计中应遵守一定的规范和原则。印制电路板设计主要指排版设计，设计前应对电路工作原理及相关资料进行分析，熟悉原理图中出现的每一个元器件，然后确定覆铜板的材料、厚度、形状、尺寸及对外连接的方式，最后构建外形结构草图。

（1）电路工作原理及性能分析

设计前必须对电路工作原理进行认真分析，并了解电路的性能及工作环境，充分考虑可能出现的各种干扰，提出印制方案。通过对原理图的分析应明确以下几点：找出原理图中可能存在的干扰源，以及易受外界干扰的敏感元器件；熟悉原理图中出现的每个元器件，掌握每个元器件的外形尺寸、封装形式、引线方式、引脚排列顺序、功能及形状等，确定哪些元器件因发热而需要安装散热片并计算散热片面积；确定元器件的安装位置；确定元器件的安装方式、排列规则、焊盘及印制导线的布线方式；确定印制板的种类是单面板、双面板还是多层板。

（2）覆铜板材料、厚度、形状及尺寸的确定

覆铜板的厚度主要根据印制板的尺寸、元器件的重量及使用条件等因素确定，应尽量采用标准厚度。覆铜板的形状一般由整机外形结构和内部空间的大小决定，应尽量简单。覆铜板尺寸的确定要根据整机的内部结构和印制板上元器件的数量、尺寸、安装排列方式及间距等确定，还应留 5~10 mm（单边）余量，以便印制板在整机安装中固定。

（3）选择对外连接方式

当一块印制板不能构成一个完整的电子产品时，就存在印制板之间、印制板与板外元器件之间的连接问题。此时要根据整机的结构选择连接方式，总的原则是连接可靠，安装、调试、维修方便。连接方式一般有导线连接、排线连接、印制板之间直接连接及插接器连接等。

① 导线连接：一般焊接导线的焊盘应尽可能放在印制板边缘。

② 排线连接：将两块印制板之间采用排线焊接，不受两块印制板相对位置的限制。

③ 印制板之间直接连接：直接连接常用于两块印制板之间夹角为 90° 的情况，连接后两块印制板成为一块印制板。

④ 插接器连接：在较复杂的电子仪器设备中，为了安装调试方便，经常采用各种插接器的连接方式。设计时可根据插座的尺寸、接点数、接点距离、定位孔的位置设计连接方式。这种连接方式的优点是可保证批量产品的质量，调试、维修方便；缺点是触点多，可靠性比较差。插接器连接适用于印制板对外连接的插头、插座种类很多的情况，常用的几种插接器为矩形连接器、口形连接器、圆形连接器等。

二、印制电路板的设计

1. 印制电路板的设计基础

（1）整机印制板整体布局

整体布局是指整机中印制板的布置，当电路较简单或整机电路功能唯一确定时，可以采用单板结构。单板的优点是结构简单、可靠性高、使用方便，但也存在改动困难、难以进行功能扩展和工艺调试、维修性差等缺点。对于中等及以上复杂程度的电子产品，可选用多板结构。能独立完成某种功能的电路及要求一端接地的电路部分应尽量置于同一块板内，而对于高低电平相差较大、容易相互干扰的电路，宜分板布置。多板结构的优缺点与单板结构正好相反。

（2）元器件排列及安装尺寸

元器件在印制板上的排列与产品种类和性能要求有关，常用的有随机排列、坐标排列及栅格排列三种方式。

图 2-4-2 所示为随机排列方式，元器件轴线按任意方向排列，不受位置的限制，印

制导线短而少，布设方便。这种排列方式对减少电路板的分布参数、抑制干扰有利，特别对高频电路及音频电路有利。

图 2-4-3 所示为坐标排列方式，元器件轴线方向一致，与板的四边垂直或平行，这种排列方式整齐规范，版面美观，安装、调试及维修均较方便。缺点是安装元器件时会受方向或位置的限制，导线布设也更复杂。

图 2-4-4 所示为栅格排列，板上每一个孔位均在栅格交点上。栅格为等距正交网格，目前通用的栅格尺寸为 2.54 mm，在高密度布线中也用 1.17 mm 或更小尺寸。采用栅格排列方式布置的元器件整齐美观，便于测试维修，特别有利于机械化、自动化作业。

注意：IC 间距是设计 PCB 时采用的特殊单位，1 个 IC 间距为 0.1 inch，即 2.54 mm。设计 PCB 时应尽可能采用 IC 间距为单位，这样可以使安装更加规范，便于 PCB 加工和检测。当不同种类元器件混合排列时，元器件之间的距离亦以 IC 间距为参考尺寸。

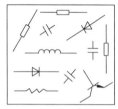 　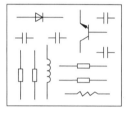　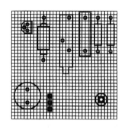

图 2-4-2　随机排列　　　图 2-4-3　坐标排列　　　图 2-4-4　栅格排列

（3）导线的宽度、走向与形状

印制导线的宽度由该导线的工作电流决定，因为当导线流过一定强度的电流时，其温度会升高。印制导线的宽度与最大工作电流的关系见表 2-4-1。在设计印制导线的走向与形状时要注意以下几点：以短为佳，不要绕远；以走线平滑自然为佳，避免急拐弯和尖角；公共地线应尽可能多地保留铜箔；印制板上大面积铜箔应镂空成栅状，导线宽度超过 3 mm 时中间留槽，以利于印制板涂覆铅锡及波峰焊；为增加焊盘抗剥强度，根据安装需要可设置工艺线，但其不担负导电作用。图 2-4-5 是印制导线走向与形状的部分实例。

表 2-4-1　印制导线的宽度与最大工作电流的关系

导线宽度/mm	1	1.5	2	2.5	3	3.5	4
导线截面积/mm²	0.05	0.075	0.1	0.125	0.15	0.175	0.2
导线工作电流/A	1	1.5	2	2.5	3	3.5	4

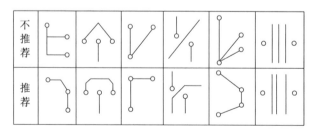

图 2-4-5　印制导线走向与形状实例

（4）焊盘的设计

焊盘的设计包括形状的选择和孔径的确定。焊盘的形状有很多，常见的形状如图 2-4-6 所示。岛形焊盘有利于元器件密集固定，可大量减少印制导线的长度和数量，能在一定程度上抑制分布参数对电路的影响。圆形焊盘与穿线孔为同心圆，其外径一般为 2~3 倍孔径，多在元器件规则排列中使用，双面印制板也多采用圆形焊盘。方形焊盘的设计形式简单、精度要求低，印制板上元器件大而少、印制导线简单时多采用这种焊盘设计。椭圆形焊盘有足够的面积增强抗剥能力，且有利于中间走线，常用于双列直插式元器件或插座类元器件。泪滴式焊盘与印制导线过渡圆滑，在高频电路中有利于减少传输损耗，提高传输速率。开口式焊盘的作用是保证在波峰焊后，手工补焊的焊盘孔不被焊锡封死。

(a) 岛形　　　　(b) 圆形　　　　(c) 方形　　　　(d) 椭圆形　　　　(e) 泪滴式　　　　(f) 开口式

图 2-4-6　常见的焊盘形状

焊盘外径 D 一般不小于（$d+1.2$）mm，其中 d 为孔径。对于一些密度较大的组件，D 最小可取（$d+1.0$）mm。内孔直径与焊盘直径的关系如表 2-4-2 所示。当焊盘外径为 1.5 mm 时，为了增加焊盘的抗剥强度，可采用长度不小于 1.5 mm、宽度为 1.5 mm 的焊盘或椭圆形焊盘。焊盘的内孔尺寸必须从元件引线直径和公差尺寸及搪锡层厚度、孔径公差、孔金属化电镀层厚度等多方面考虑，焊盘的内孔尺寸一般不小于 0.6 mm。通常情况下以金属引脚直径数值加上 0.2 mm 作为焊盘内孔直径。

表 2-4-2　内孔直径与焊盘直径的关系

内孔直径/mm	0.4	0.5	0.6	0.8	1.0	1.2	1.6	2.0
焊盘直径/mm	1.5	1.5	2.0	2.5	3.0	3.5	4.0	4.5

2. 印制电路板的设计要求

印制电路板的基本要求是正确、可靠、合理、经济。具体来说，印制电路板必须能准确实现电气原理图的连接关系。此外，在设计印制电路板时，从制造、检验、装配、调试到整机装配、调试，再到使用维修，都需要做到合理、经济，并以经济指标为重点。

（1）布局设计

印制电路板的布局就是将电路元器件放在布线区内，布局的合理性直接影响整个印制电路板功能的实现。在进行印制电路板布局时，首先要保证电路功能和性能指标能够实现；其次要满足工艺性、检测、维修方面的要求；最后要尽量使元器件排列整齐、疏密得当。

在进行布局时，要遵循就近原则、信号原则及散热原则。就近原则是指电路部分应就近安放，不得交叉穿插；信号原则是指按电路信号流向安放元器件，不得出现输入/输出、高低电平部分交叉的现象；散热原则是指元器件摆放的位置要有利于发热元件或大功率元件散热。此外，在布放时要先大后小，先集成后分立，先主后次。即先安放较大的元器件，后放小的；有多块集成电路时，先放置主电路。

（2）布线设计

布线即按照原理图要求将元器件和部件通过印制导线连接成电路。在设计布线时首先要保证所有连接正确，必要时可以采用 CAD 检查及校对检查来保证连接的正确性。印制电路板连线力求简洁，走线尽可能短、直、平滑，特别是低电平、高阻抗电路部分；线宽要适当，尤其是电源线、地线和大电流线要尽可能宽一点。

3. 印制电路板的设计技巧

印制电路板的设计过程虽然复杂，但仍有一些设计技巧可以使用，如散热设计、地线设计、抗电磁干扰设计等均有相应的技巧。

（1）散热设计技巧

电路板的表面覆盖着一层纯铜箔，工作电流会产生一定的热能使铜箔升温；同时，一些大功率的元器件在工作时也会产生较高的热量，这些热量如果得不到很好的抑制，会使整个电路板的温度升高，影响电路的功能。在进行电路板散热设计时，可以参考以下几项措施：

① 将对温度敏感的元器件远离高散热源放置，通过液冷等方式对导体进行降温。如图 2-4-7 所示，变压器工作时温度较高，可以将电解电容、三极管远离变压器放置。

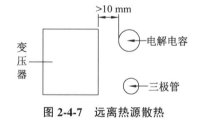

图 2-4-7　远离热源散热

② 在发热体的表面安装散热器以加速散热，或在热能传播的路径上涂抹硅脂加速热传导，将热源的热量传导出去，如图 2-4-8 所示。

③ 将容易发热的元器件置于空气流入口处来达到降温的目的。如图 2-4-9 所示，LSI 的工作温度比 SSI 更高，将其放置在空气流入口处可以有效降低整个电路板的温度。

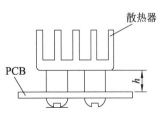

图 2-4-8　加装散热器散热

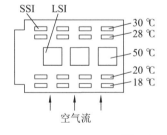 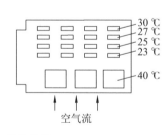

图 2-4-9　散热设计

（2）地线设计技巧

地线设计是印制电路板布线设计的重要环节。理论上，地线是一个电位处处为零的等电位点。但由于导线阻抗的存在，地线上的电位并不是处处为零，这就会对电路工作的可靠性产生影响。

设计地线时有一个基本原则，即"一点接地"，整个印制电路板对外的接地只有一个点，当一个单元的接地元器件较多时可以采用分地线，但分地线不可与其他单元的地线连接。此外，设计地线时应注意尽量加粗设计。设计时地线的宽度应能通过印制电路板允许电流的三倍。通常情况下信号线宽度为 0.5~1.0 mm，电源线宽度为 1.5~2.5 mm，地线宽度应大于 3.0 mm。它们之间的宽度关系应当满足：地线>电源线>信号线。

（3）抗电磁干扰设计技巧

电磁干扰的产生主要有平行线效应、天线效应、电磁感应三个方面。

① 平行线效应：平行导线之间存在电感效应、电阻效应、电导效应、互感效应和电容效应。图 2-4-10 所示为平行导线 AB 和 CD 及其之间的等效电路，一根导线上的交变电流必然影响另一根导线，从而产生干扰。

② 天线效应：一定形状的导体对一定波长的电磁波可实现发射或接收功能。印制电路板上的印制导线、板外连接导线、元器件引线都可能成为发射或接收干扰信号的天线。

③ 电磁感应：主要指电路中的磁性元器件，如扬声器、电磁铁、永磁表头等产生的恒定磁场和变压器、继电器等产生的交变磁场，对印制电路板的影响。

电磁干扰的抑制可以从布线、设置屏蔽地线等技巧入手。

① 布线时导线越短越好，因为平行线效应与导线长度成正比；应按信号去向顺序布线，忌迂回穿插；尽量远离电源线和高电平导线。若无法躲避干扰源，不能与之平行走线，则双面板可交叉通过，单面板可飞线过渡，如图 2-4-11 所示。此外，印制电路板上的环形导线相当于单匝线圈或环形天线，可使电磁感应和天线效应增强，布线时应尽可能避免成环或减小环形面积。电路中的反馈元器件和导线连接输入、输出，布线不当则容易引入干扰，如图 2-4-12 所示。若将反馈元器件布设在中间，输出导线远离前级元器件，则可以避免反馈导线越过放大器基极电阻产生的寄生耦合对电路工作带来的影响。

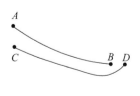

(a) 电路板上的平行导线

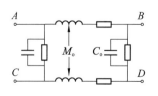

(b) 等效电路

图 2-4-10　平行线效应

有平行部分，易干扰

直接穿越、干扰小

图 2-4-11　防电磁干扰布线

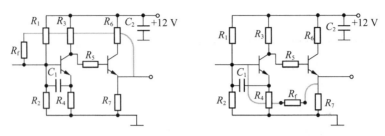

图 2-4-12　放大器反馈布线

② 设置屏蔽地线。采用大面积屏蔽地时，要注意此处地线单纯作屏蔽使用，不作为信号地线；采用专置地线环避免输入线受干扰，屏蔽地线既可以在单侧、双侧，也可以在另一层；采用屏蔽线，高频电路中印制导线分布参数对信号影响大且不容易阻抗匹配，因此可用专用屏蔽线。

此外，远离磁场减少耦合也可有效降低电磁干扰。对于干扰磁场首先应设法远离，其次布线时尽可能使印制导线方向不切割磁力线，最后可考虑采用无引线元器件以缩短导线长度，避免引线干扰。为防止电磁干扰通过电源及配线传播，在印制电路板上设置滤波去耦电容是常用方法，但这些电容通常不反映在电路原理图中。

4. 印制电路板的设计过程和方法

印制电路板设计过程通常包括设计准备、外形及结构草图绘制、底图绘制、印制板工艺图绘制等。

① 设计准备。在设计印制板前，应基本确定整机结构、电路原理、主要元器件及部件、印制电路板外形及分板、印制电路板对外连接等内容。

② 外形及结构草图绘制。它包括印制电路板对外连接草图和外形尺寸草图两部分。对外连接草图是根据整机结构和分板要求确定的，一般包括电源线、地线、板外元器件的引线、板与板之间的连接线等，绘制草图时应大致确定其位置和排列顺序。采用接插件引出时，要确定接插件的位置和方向。绘制印制板外形尺寸草图时，要从经济性和工艺性的角度出发，优先考虑矩形，印制电路板的安装、固定也是必须考虑的内容，印制电路板与机壳及其他结构件连接的螺孔位置及孔径应明确标出。

③ 底图绘制。印制电路板设计定稿以后，在投入生产制造时必须将设计图转换成符合生产要求的 1∶1 底图。获取底图的方式与设计手段有关，图 2-4-13 是目前使用的

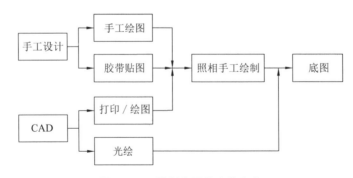

图 2-4-13　绘制底图的几种方式

几种绘制方式。

④ 印制板工艺图绘制。印制板工艺图包括线路图、机械加工图、字符标记图、阻焊图。线路图是由导电图形和印制元器件组成的图。机械加工图是标明印制板外形尺寸、孔位和孔径及形位公差、使用材料、工艺要求，以及其他说明的图。对于外形尺寸及定位要求较高的印制板，应绘制单独的机械加工图。为了装配和维修方便，将元器件标记、图形或字符印制到板子上，称为字符标记图，因为常采用丝印的方法，所以又称为丝印图。丝印图的字符、图形没有统一的标准，手工绘制时可按习惯绘制，采用 CAD 绘制时可直接从元器件库中调用。丝印图的比例、绘图要求与线路图相同，丝印图不仅可以印在元器件单面上，也可两面都印，如图 2-4-14 所示。阻焊图指采用机器焊接 PCB 时，为防止焊锡在非焊盘区桥接而在印制板焊点以外的区域印制一层阻止焊锡的涂层（绝缘耐锡焊涂料）或干膜，这种印制底图称为阻焊图，由对应印制板上全部焊点形状、略大于焊盘的图形构成，如图 2-4-15 所示。

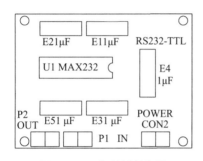

图 2-4-14　印制板丝印图

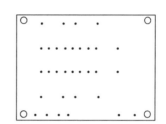

图 2-4-15　印制板阻焊图

三、印制电路板的制作与检验

1. 印制电路板的制作工艺

根据不同电子产品的需求，印制电路板分为单面、双面及多层印制电路板。不同印制电路板的工艺流程也不相同。单面印制电路板的生产工艺较为简单，质量容易得到保证。其生产流程为：覆铜板下料→表面去油处理→上胶→曝光→成形→表面涂覆→涂助焊剂→检验。双面印制电路板的生产流程更复杂一些，包括：下料→钻孔→化学沉铜→擦去表面沉铜→电镀铜加厚→贴干膜→图形转移→二次电镀加厚→镀铅锡合金→去保护膜→涂覆金属→成形→热烙→印制阻焊剂与文字符号→检验。在实际使用中，双面印制电路板使用更为普遍。本节主要对双面印制电路板的制作工艺做详细介绍。

① 选材、下料。根据需要选择不同材料、不同厚度的覆铜板，然后根据要求将覆铜板切割成所需大小，最后根据电路板事先设计好的孔位，用小型数控机床对覆铜板进行打孔。

② 对孔壁进行镀铜，即"孔金属化"。孔金属化是实现双面印制电路板的电气连接的有效方法，具体操作是将铜沉积在贯通两面导线或焊盘的孔壁上，从而将原来非

金属的孔壁金属化。

③ 贴感光胶膜。为了将照相底片或光绘片上的图形转印到覆铜板上，应先在覆铜板上贴一层感光胶膜，即"贴膜"。贴膜的方法有离心式甩胶、手工涂覆、滚涂、浸蘸、喷涂等。贴膜时要注意使胶膜厚度均匀，否则会影响曝光效果。

④ 制取底图胶片。通常有两种基本途径来获得底图胶片：一种是先绘制黑白底图，再经过照相制版得到；另一种是利用计算机辅助设计系统和光学绘图机直接获得。

⑤ 图形转移、去膜蚀刻。即通过丝网漏印、光化学法等方法将胶片上的印制电路图形转移到覆铜板上，然后用化学方法或电化学法去除覆铜板上多余的导电材料。

⑥ 表面涂覆。在电路板铜箔图形上涂覆一层金属，其目的是提高电路板的导电性、可焊性、耐磨性、可靠性等性能，同时延长电路板的使用寿命。表面涂覆工艺常用的金属涂覆材料有金、银和铅锡合金等。其中，金和银的成本较高，而铅锡合金成本较低，且能增加电路板的可焊性。表面涂覆可以采用电镀或化学镀两种方法。对于要求较高的印制板和镀层宜采用电镀法，如插头的镀金。采用电镀法可使镀层致密、牢固，且厚度均匀可控，但设备复杂、成本高。化学镀的优点是设备简单、操作方便、成本低廉，缺点是镀层厚度有限且牢固性差。对于改善可焊性的表面涂覆可采用化学镀，如板面铜箔图形镀银等。

⑦ 热熔和热风整平。热熔工艺是把涂覆有铅锡合金的印制电路板加热到铅锡合金熔点以上的温度，使铅锡和铜形成化合物，同时铅锡镀层会变得致密、光亮、无针孔，能够有效提高镀层的抗腐蚀性和可焊性。热风整平是先将已涂覆阻焊剂的印制电路板浸过热风整平助溶剂，再将印制电路板浸入熔融的焊料槽中，然后利用两个风刀里的热压缩空气把印制电路板板面和孔内的多余焊料吹掉，得到一个光亮、均匀、平滑的焊料涂覆层。

⑧ 外表面处理。外表面处理就是利用助焊剂和阻焊剂来提高印制电路板的质量，同时为了方便焊接工作，在需要标注的地方印上图形和字符。助焊剂既可以保护镀层不被氧化，又能提高可焊性；阻焊剂可以限定焊接区域，提高焊接准确性，减少潮湿气体和有害气体对板面的侵蚀。在印制电路板上标注元器件的代号、型号、规格和符号，大大方便了印制电路板的焊接、装配和维修工作。

2. 印制电路板的检验

印制电路板的检验包括 PCB 图样检验、电气特性检验、物理特性检验、机械特性检验、PCB 安装后整体检验几个方面。

（1）PCB 图样检验

在制作印制板之前要对 PCB 图样的各个方面进行常规检验，主要包括：电路原理与 PCB 线路是否匹配；跨接线的使用是否正确；该屏蔽的地方是否采用了有效的屏蔽方法；焊盘尺寸和过孔的尺寸是否匹配；导线宽度和间距的选用是否规范；线路绘图是否充分利用了基本网格图形；印制电路板的尺寸是否为最佳尺寸；照相底版和简图是否适配；装配后字符是否清晰；尺寸和型号标注是否正确；大面积地线铜箔是否开了防止起泡的窗口（槽）；是否设置了工具定位孔；等等。

（2）电气特性检验

电气特性检验主要包括：是否分析了导线引起的电阻、电感、电容对电路的影响，尤其是对关键接地点的压降是否进行了分析；导线与附件之间的间距及形状是否符合绝缘要求；大电流、高电位线路关键节点处是否规定了绝缘电阻值；是否充分识别了各类电气极性；是否从几何学的角度衡量了导线间距对泄漏电阻、电压的影响；是否对改变表面涂覆层的介质（如阻焊绿油）进行了鉴定；等等。

（3）物理特性检验

物理特性检验主要包括：所有焊盘及其位置是否适合整装；标准元件的间距是否符合规定；元件排布是否便于检查；孔与引线的直径比是否在能接受的范围内；定位孔的尺寸是否正确；公差是否合理；等等。

（4）机械特性检验

机械特性检验主要包括：较大 PCB 的支撑是否满足在三条边沿范围内进行一定间隔的支撑条件；机械附件和插头（座）的类型、数量和安放位置是否正确；插拔器件与印制板尺寸、形状和厚度的适应性是否符合安全、方便的原则；等等。

（5）PCB 安装后整体检验

PCB 安装后整体检验主要包括：所有涂覆层的物理特性是否经过检验；装配好的印制电路板的抗冲击和抗震能力能否满足要求；元件或较重的部件的安装是否牢固；分压器和其他多引线元件定位是否正确；元器件各工作点的电压、电流及输入、输出波形是否满足电路设计规范；线路上和印制电路板组装件上产生的干扰是否已消除；等等。

能力训练项目

 任务一：绘制 PCB 图

● **实训目的**

（1）熟悉制图基本规格，学会读图，认识各项制图规范，牢记制图规则，能够在绘图时遵守并运用。

（2）正确使用绘图工具，掌握制图的基本步骤和方法。

● **实训仪器与材料**

（1）电脑一台。

（2）绘图软件（Altium Designer、立创 EDA、嘉立创 EDA）。

● **实训内容**

（1）建立项目工程。

（2）创建与绘制原理图。

（3）绘制印制电路板。

一、原理图的绘制

1. 原理图的新建与保存

原理图的绘制实质上就是在原理图中放置元器件，以及将元器件的引脚连接起来。

（1）先新建工程再新建原理图

执行主菜单"文件"→"新建"→"工程"命令，如图 2-4-16 所示，会弹出"新建工程"对话框，如图 2-4-17 所示。在"所有者"文本框中输入登录名，在"标题"文本框中输入工程名称，"路径"文本框中会自动修改为所设置的工程名称。需要注意的是，若工程名称为中文，会自动变成相应的拼音；若工程名称中有空格，会自动添加连字符"-"。"描述"的功能是介绍与工程相关的内容，为非必填项。"可见性"分为"私有"和"公开"两种情况。

图 2-4-16　新建工程命令

图 2-4-17　"新建工程"对话框

本例在"标题"文本框中输入 New Project，单击"保存"按钮，工程建立完毕。此时在导航菜单"工程"的展开窗口中会出现工程名称，并自动新建一张原理图。注意，此时原理图名称前的"＊"表示该原理图还未保存，如图 2-4-18 所示。在执行主菜单中"文件"→"保存"命令后，"＊"就会消失，表示原理图已保存。然后单击工程名称前的倒三角形按钮，会显示此工程下的所有文件。本例中可以看到在"New Project"下有一张默认名称为 Sheet_1 的原理图，如图 2-4-19 所示。实际使用中，当要

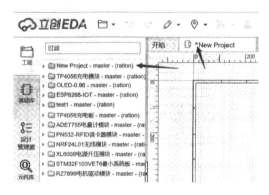

图 2-4-18　新建好的工程和未保存的原理图

图 2-4-19　新建好的工程和已保存的原理图

修改原理图的名称时，在默认名称上右击选择"修改"，在弹出的"修改文档信息"对话框的"标题"中输入修改后的名称即可。

（2）先新建原理图再保存到工程

执行主菜单"文件"→"新建"→"原理图"命令，原理图名称前有"＊"表示未保存，如图 2-4-20 所示。若要保存原理图，则执行主菜单"文件"→"保存"命令，弹出"保存为原理图"对话框，点击"保存"按钮保存即可，如图 2-4-21 所示。

图 2-4-20　未保存的原理图　　　　　图 2-4-21　"保存为原理图"对话框

选中"保存至新工程"按钮，会自动新建一个工程。然后将工程名称输入"标题"文本框，单击"保存"按钮，可以看到新建好的原理图文件和工程，如图 2-4-22 所示。若选中"保存至已有工程"按钮，则需要选择具体的工程名称，如图 2-4-23 所示。

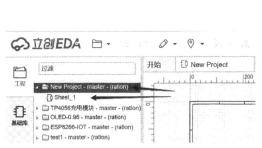

图 2-4-22　新建好的原理图文件和工程　　　　图 2-4-23　选择需要保存的工程

2. 放置元件

放置元件就是在绘图软件的"基础库"和"元件库"中寻找要用的元件，并将其放置到原理图中合适的位置。在绘制过程中，每次对原理图进行修改时，原理图的名称前都会出现"＊"，代表原理图已有改动但未保存。

（1）从基础库中选取并放置元件

在导航菜单中单击"基础库"图标，其右侧会展开基础库中所有的元器件，如图 2-4-24 所示。单击所需要的元器件图标并将其拖到原理图中，即可完成该元器件的放置。图 2-4-25 所示为单击"欧标样式"中的"电阻"，然后在原理图合适的位置单击，"电阻"元件就放置完成。此时，光标上仍然会附着"电阻"元件，若要继续放置"电阻"元件，继续在所放位置单击即可；若需要放置其他元件，鼠标右击即可取消"电阻"元件的附着。

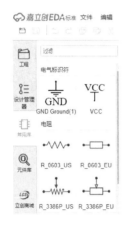

图 2-4-24　基础库元器件

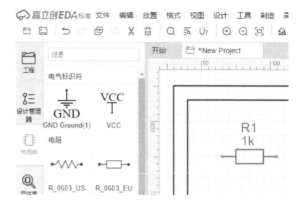

图 2-4-25　放置电阻至原理图中

（2）从元件库中选取并放置元件

单击导航菜单中的"元件库"图标，会弹出如图 2-4-26 所示的"元件库"窗口。在"类型"中选择"原理图模块"，然后在"搜索引擎"文本框中输入所需的元器件名称，单击搜索即可。选择合适的库别后，在元器件上单击，就会出现该元器件的"原理图库""PCB库""实物图"的预览图，根据预览图找到合适的元器件即可。

图 2-4-26　"元件库"窗口

图 2-4-27 是搜索"STM32F05"，在"立创商城"的库别下选择 STM32F051K6T6 的结果，界面右侧窗口中显示其原理图库、PCB 库和实物图的预览图。找到需要放置的元器件之后，单击"放置"按钮，元器件就会附着在光标上，然后在合适的位置单击放置即可。同样，元器件放置好后，右击即可取消附着命令。

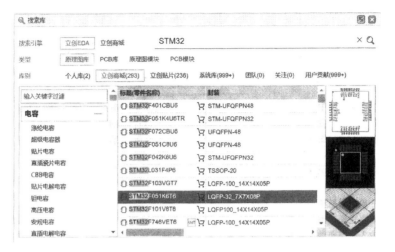

图 2-4-27　搜索 STM32F05 元器件

3. 电气连接

（1）导线连接

在"电气工具"的悬浮窗口中找到"导线"工具，如图 2-4-28 所示。单击"导线"工具，在元器件引脚的电气连接点上单击即可开始绘制导线，在需要连接的另外一个电气连接点上单击，则完成一条导线的绘制。如

图 2-4-28　"导线"工具

不需要再使用导线命令，右击即可取消命令。图 2-4-29 所示为用"导线"工具连接电阻和发光二极管。另外，还可以执行主菜单"转换"→"原理图转 PCB"命令，在 PCB 中可以看到电阻的一端已经和发光二极管有连接提示，如图 2-4-30 所示。

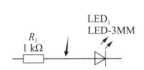

图 2-4-29　用"导线"工具连接元器件

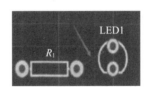

图 2-4-30　PCB 中引脚连接提示

（2）网络标签连接

在"电气工具"的悬浮窗口中找到"网络标签"工具，如图 2-4-31 所示。单击"网络标签"，在需要连接的两个电气连接点上分别放置一个网络标签，然后将两个网络标签修改为同一个名称，这两个电气连接点就相当于用导线连接了起来。图 2-4-32 所示为用网络标签连接电阻和发光二极管，在两个元器件的连接点上放置了名称为"LED"的网络标签，然后执行"转换"→"原理图转 PCB"命令，可以看到该连接效果与使用导线连接是一样的。要注意的是，如果已经生成过一次 PCB 文件且已保存，这里就可以执行"转换"→"更新 PCB"命令了。

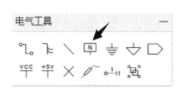

图 2-4-31 "网络标签"工具

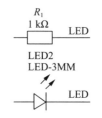

图 2-4-32 用"网络标签"工具连接元器件

（3）网络端口连接

在"电气工具"的悬浮窗口中找到"网络端口"
工具，如图 2-4-33 所示。"网络端口"和"网络标签"
工具的使用一模一样，只是在表现形式上有所不同，
具体操作过程不再赘述。

图 2-4-33 "网络端口"工具

（4）总线连接

"总线"和"总线分支"工具也在"电气工具"悬浮窗口中，其图标如图 2-4-34
所示。"总线"在数字电路中常表示一组具有相同特性的并行信号线。在设计电路时，
需要用总线连接的地方也可以用"导线"或"网络标签"连接，但是使用"总线"或
者"总线分支"连接可以让电路布局更清晰。"总线"和"总线分支"都不具有电气
特性。

（5）电气节点

在绘制原理图时，很多导线是纵横交叉的，其中有的交叉导线之间存在电气连
接，而有的交叉导线之间不存在电气连接，"电气节点"就是区分这两种交叉情况的
工具。如果交叉导线之间存在电气连接，就需要在交叉点上放置"电气节点"，如
图 2-4-35 所示，左边的圆点表示这两根导线之间存在电气连接，右边的两条导线则
没有电气连接。

图 2-4-34 "总线"和"总线分支"工具

图 2-4-35 电气节点

4. 放置电源和地

"电源"和"地"工具在"电气工具"悬浮窗口及基础库中都能找到，图标如
图 2-4-36 所示。电气工具中的"地"有两种图标，基础库中的"地"有四种表现形
式，如图 2-4-37 所示，分别单击即可看到对应的形式。同样地，"电源"也有多种表现
形式。

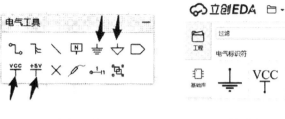

（a）电气工具　　　（b）基础库

图 2-4-36　"电源"和"地"工具

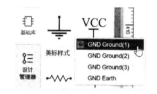

图 2-4-37　基础库中的四种"地"形式

5. 标注编号

在原理图中放置元器件时，元器件会自动编号，如果不需要自动编号，可执行主菜单"配置"→"系统设置"命令，然后切换到"原理图"选项卡，取消选中"自动编号"。

在绘制原理图或者对原理图进行修改之后，可能会出现元器件编号混乱的现象，这时就要重新整理元器件的编号。执行主菜单"编辑"→"标注编号"命令，弹出"标注"对话框，如图 2-4-38 所示。对话框中的"重新标注"表示对所有的元器件重新编号，"保留原来的标注"表示只标注"？"的元器件；"行"表示按照先从右到左再从上到下的顺序标注编

图 2-4-38　"标注"对话框

号，"列"表示按照先从上到下再从右到左的顺序标注编号。单击"重置"按钮，原理图中的所有编号变成"？"；单击"标注"按钮，则会按设置好的方法和方向给原理图中的元器件标注编号。

二、PCB 图的绘制

对于常用的单面电路板和简单的双面电路板，一般直接画 PCB；而对于复杂的双层板或多层板，则需要先画原理图，再由原理图生成 PCB 文件。

1. PCB 文件的新建与保存

立创 EDA 提供了两种不同的 PCB 文件创建方式。第一种是在原理图编辑器界面执行主菜单"转换"→"原理图转 PCB"命令生成 PCB 文件，此时原理图中的所有元器件会同时导入 PCB 文件中，相当于同时实现了"新建 PCB""生成网络表""导入网络表"等操作命令，接下来可以直接进行元器件的布局。第二种是执行主菜单"文件"→"新建"→"PCB"命令新建 PCB 文件。新建好 PCB 文件后，既可以直接在 PCB 文件中绘制电路板，也可以从绘制好的原理图中导入元器件。

执行主菜单"文件"→"保存"命令可以保存 PCB 文件到云端。对于初次保存的 PCB 文件，可以保存到已有的工程中，也可以保存到新的工程中。每次对 PCB 文件进

行操作后都需要立即保存 PCB 文件，防止数据丢失。

2. PCB 布局

PCB 布局就是将元器件放置在电路板中合适的位置上，虽然没有强制性的位置要求，但要做到布局合理、美观还是有一些规律可循的。

（1）电路板边框绘制

一般情况下，在元器件布局之前，需要先绘制好电路板的边框。电路板的边框一般是由电路板的产品外壳决定的。立创 EDA 提供了丰富的工具，可以设计出任何形状边框的电路板，其"工具"菜单下有边框设置向导。

第一次执行原理图，导入 PCB 命令后会自动生成一个边框，这个边框的大小是软件根据元器件封装的面积等参数自动计算的。如果需要调整边框，可以选中自动生成的边框按【Delete】键删除；如果不需要自动生成边框，可以执行"设置"→"系统设置"→"PCB"命令将其关闭。另外，还可以将 CAD 中绘制好的边框保存成 dxf 文件导入 PCB 文件中。绘制边框之前，需要先在"层与元素"悬浮窗口中单击边框层前面的颜色窗口，将层修改为"边框层"，如图 2-4-39 所示。

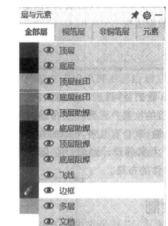

图 2-4-39　在窗口中选择边框层

使用 PCB 工具悬浮窗口中的"圆形"工具可以快速绘制一个圆形电路板边框，若要调整圆形的大小，可通过右侧的属性面板来实现。使用"导线"工具可以绘制矩形、多边形等电路板边框，其大小和形状也可通过右侧属性面板来调整。

（2）添加安装孔

绘制好边框后，需要给电路板添加安装孔。安装孔的位置一般是由外壳的要求来确定的，如果先做电路板再做外壳，可以自行安排合适的位置放置安装孔。安装孔一般是圆形的，特殊情况下也可以是其他形状的。

使用 PCB 工具悬浮窗口中的"孔""焊盘""过孔"工具都可以绘制安装孔。"孔"工具是专门用来绘制安装孔的，在 PCB 上放置"孔"以后，可以在界面右侧"孔属性"面板中修改孔的参数，比如直径和坐标，这种孔被称为机械孔。用"焊盘"工具制作的安装孔其实是一个直插焊盘，可修改焊盘的内径以符合安装孔的要求，这种孔属于电气孔。用"过孔"工具制作安装孔的原理和用"焊盘"制作安装孔的原理一样，但安装孔的样式有所不同。

（3）手动布局

手动布局就是用鼠标把元器件依次拖放到合适的位置。一般情况下是按照原理图中的元器件相对位置摆放元器件的。基本的布局原则如下：需要插接导线或者其他线缆的接口元器件一般放在电路板的外侧，并且接线的一面要朝外；元器件应就近放置，从而缩短 PCB 导线的距离，若是去耦电容或者滤波电容，则越靠近元器件效果越好；

整齐排列，如在一个 IC 芯片的辅助电容、电阻电路中，围绕此 IC 整齐地排列电阻、电容可以使电路更美观；所有 IC 元件单边对齐，有极性元件的极性标示应明确；同一印制电路板极性标示不得多于两个方向，出现两个方向时，两个方向应互相垂直。

（4）布局传递

布局传递是一个非常实用的功能。"布局传递"命令可以实现一键把原理图中的布局传递到 PCB 中的功能，使得单元电路中的元器件都按照原理图中的相对位置摆放，不需要手动依次寻找和拖放元器件，可提高布局效率。

在原理图中，选中所有需要布局传递的元器件，然后执行主菜单中的"工具"→"布局传递"命令，就会自动切换到 PCB 编辑器界面，被选中的元器件自动按照原理图中的位置附着在光标上，单击就可以把元器件放到 PCB 中。

3. PCB 布线

元器件布局完成后，就需要布线了。布线就是指元器件之间的导线连接。布线是一项非常重要的工作，也可能是花时间最久的一项工作。尤其是对于设计复杂、密度较高的电路板，要把所有的导线走通且美观合理，难度是比较大的。布线的方式有自动布线和手动布线两种。

（1）自动布线

对于设计比较简单的电路板，自动布线可以提高布线的效率。自动布线完成后，只需修改个别布线即可满足设计要求。在 PCB 设计界面，执行菜单"布线"→"自动布线"命令，会弹出"自动布线设置"对话框，如图 2-4-40 所示，在"通用选项"中可以设置线宽、间距、孔外径、孔内径，以及设置是否实时显示、选择何种布线服务器。选择云端作为布线服务器时，如果同时使用人数过多，会出现排队等待现象，还可能会布线失败，因此建议使用本地布线服务器。选中"安装本地自动布线"打开新页面，按照其中的安装步骤可将布线服务器安装到本地。

图 2-4-40 "通用选项"设置

"布线层"中的内容如图 2-4-41 所示，用于设置在哪个层进行布线。只要点击层级前面的复选框，布线时将会在选中的层自动布线。如果是多层板，还会出现"内层"选项。

"特殊网络"中的内容如图 2-4-42 所示。在"特殊网络"选项卡下，可以对 PCB 中的所有网络设置各自的线宽和间距需求，一般情况下，可以使用这个功能对电源网络进行加粗操作。单击"操作"下面的加号，可以继续添加需要单独设置线宽和间距的网络。

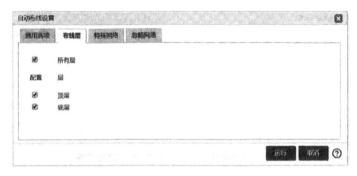

图 2-4-41　"布线层"设置

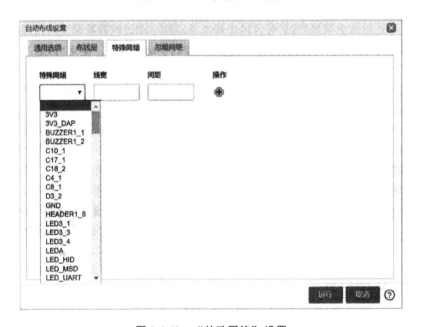

图 2-4-42　"特殊网络"设置

"忽略网络"中的内容如图 2-4-43 所示。系统不会对被忽略的网络进行布线操作。当已经手动对某些网络进行了布线且不希望自动布线对这些布线进行修改时，就可以选中"忽略已布线的网络"复选框。"忽略网络"下拉列表中可以选择不需要自动布线的网络。单击右侧加号可以添加更多需要忽略的网络。

全部设置好以后，单击"运行"按钮，就开始自动布线了。

图 2-4-43　"忽略网络"设置

（2）手动布线

当自动布线满足不了需求时，就需要使用"PCB 工具"悬浮窗口中的"导线"工具来手动布线。手动布线之前，先在 PCB 画布空白处单击，在界面右侧属性面板的"其他"下面将线宽和拐角修改好。"拐角"有 4 个选项，分别是 45°、90°、自由拐角、圆弧，可以根据实际需求设置，一般设置为 45°拐角。不同电流大小对应不同导线宽度。

在顶层布线的过程中，会有一些导线的路"走不通"，这种情况就需要挖个孔将导线穿到底层，从底层走线，当走到合适的地方后，再挖个孔把导线穿上来，继续在顶层走线，最终完成两个引脚的连接。这里提到的孔就是"过孔"。

在"PCB 工具"悬浮窗口中，单击"过孔"工具即可在 PCB 中放置过孔。如果将过孔放置到导线上，过孔的网络就是导线的网络；如果将过孔放置在空白处，则默认过孔没有网络；如果想让某条导线连接到过孔上，就需要先把过孔的网络设置成导线的网络。

在绘制 PCB 时通常会添加泪滴，其作用如下：避免电路板因受到巨大外力的冲撞，而使导线与焊盘或导线与导孔的接触点断开；使电路板更加美观；保护焊盘，避免多次焊接时焊盘脱落；生产时可以避免蚀刻不均及过孔偏位导致的裂缝；信号传输时平滑阻抗，减少阻抗的急剧跳变，避免高频信号传输时由于线宽突然变小而造成反射，使走线与元件焊盘之间的连接趋于平稳。

布线完成后，还需要在电路板上闲置的地方铺铜，一般情况下，把铜接地线。覆铜接地可以减小地线阻抗，提高抗干扰能力。覆铜时有以下几个技巧：覆铜分为实心覆铜和网格覆铜两种形式，建议在高频电路中使用网格覆铜，提高抗干扰能力；在低频大电流的场合使用实心覆铜；大面积覆铜时，一定要用网格覆铜。模拟地和数字地要分开覆铜，并采用单点连接的形式。晶体振荡器（简称"晶板"）是高频发射源，其周围需要环绕覆铜。覆铜不能将天线包围，否则信号既不能被接收，也不能被发射。

4. PCB 预览

在 PCB 布线的过程中及完成布线之后都可以随时使用 PCB 预览功能。立创 EDA 的 PCB 预览功能分为"照片预览"和"3D 预览"。两者都可以把 PCB 渲染成实物的样子，帮助用户直观感受 PCB 制作出来的模样。这个功能对检测 PCB 非常实用。

（1）照片预览

照片预览可以看到 PCB 的正面和反面。在 PCB 设计界面，通过主菜单"预览"→"照片预览"命令，就可以进入照片预览界面。图 2-4-44 所示为 XL66008 电源模块的 PCB 照片预览效果。在照片预览界面的右侧，可以修改一些显示效果，如修改板子颜

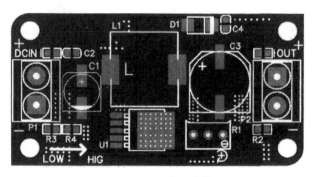

图 2-4-44　照片预览效果

色和焊盘喷镀颜色，设置丝印是否显示，以及切换显示顶层和底层等。

（2）3D 预览

3D 预览的效果比照片预览更加真实。在 PCB 设计界面，通过主菜单"预览"→"3D 预览"命令可以进入 3D 预览界面，使用鼠标可以对其进行放大、缩小、翻转等操作。在 3D 预览界面的右侧属性面板中，可以修改板子和焊盘喷镀的颜色，以及选择某些层是否单独显示等。

任务二：手工制作电子产品电路板

● **实训目的**

（1）掌握手工制作电路板的工艺流程。

（2）掌握手工制作电路板的性能检测。

● **实训仪器与材料**

覆铜板、三氯化铁、工业酒精、小毛笔、竹筷、玻璃或陶瓷器皿、松香、小电钻、水砂纸、电烙铁、焊锡。

● **实训内容**

（1）在任务一完成 PCB 文件绘制的基础上，通过准备覆铜板、转印图形、腐蚀、钻孔、表面处理等步骤，手工制作印制电路板。

（2）利用准备好的焊锡材料，采用合适的焊锡方法及步骤，将印制电路板上的各个元器件可靠焊接。

（3）进行通电前后电路板中电源对地电阻及链路连接情况的检测。

一、手工制作印制电路板

印制电路板是电子制作的必备材料，具有固定安装元器件及实现元器件之间的电路连接的作用。科研、毕业设计和课程设计大赛及创新制作等环节中使用的印制电路板通常都是手工制作的，下面介绍手工制作印制电路板时的几个重要环节。

（1）设计

把电路原理图设计成印制电路布线图，可利用多种 PCB 设计软件实现，简单的电路可以直接手工布线完成。

（2）准备覆铜板

覆铜板是制作印制电路板的材料，分为单面和双面两种。覆铜板通过专用胶热压到印制电路板基板上，如图 2-4-45 所示。印制电路板常用厚度规格为 1.6 mm，实际制作中可根据需求选择。选择覆铜板时尽量选择铜箔厚度薄的，这样腐蚀速度快、侧蚀少，适用于高精度印制电路板的制作。可根据实际需要的尺寸大小与形状用剪板机、剪刀、锯等工具裁剪覆铜板实现。

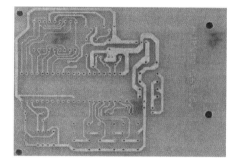

图 2-4-45　覆铜板实物图

（3）转印图形

转印图形是指将设计好的 PCB 布线图转印到覆铜板上，有以下几种方法。

① 手工描绘：将设计好的 PCB 图按 1∶1 的比例画好后通过复写纸印到覆铜板上，用耐水洗、抗腐蚀的材料涂描焊盘和印制导线，可选用油漆、酒精、松香溶液、油性记号笔等完成。检查无断线、无短接、无漏线、无砂眼后晾干，待下一步腐蚀。

② 贴图法：把不干胶纸或胶带裁成不同宽度贴在覆铜板上，覆盖焊盘与印制导线，裸露不需要的铜箔；或用整张不干胶纸覆盖整块覆铜板，然后剥去胶纸并裸露焊盘和线条以外的部分。检查无误并确认已粘牢后，待下一步腐蚀。

③ 热转印法：用激光打印机将设计好的图形打印在热转印纸上。将覆铜板放入腐蚀液中浸泡 2~3 s，取出后水洗擦干，或用去污粉擦洗去除表面油污，禁止使用砂纸打磨。将打印出来的电路图附到处理过的覆铜板表面，用胶带固定。将覆铜板放入转印机中，加温、加压 3 min 后移出。待转印好的覆铜板自然冷却后，揭掉转印纸，PCB 图形就印到覆铜板表面了。用油性记号笔修补断线、砂眼，检查无误后，待下一步腐蚀。

（4）腐蚀

腐蚀的目的是留下覆铜板上的焊盘与印制导线，去除多余部分的铜箔。常用的腐蚀液有三氯化铁（$FeCl_3$）水溶液和过硫化钠（Na_2S_2）水溶液。需要注意的是，腐蚀液呈酸性，对皮肤有一定的伤害，建议用镊子操作，同时采取一定的防护措施；腐蚀液温度应在 40~50 ℃之间，腐蚀时间一般为 5~10 min；将腐蚀液倒入塑料盒中，将腐蚀的印制电路板线路朝上放入盒内；用长毛软刷或废旧的毛笔往返均匀轻刷，及时清除化学反应物，这样可以加快腐蚀速度；待不需要的铜箔完全清除后，及时取出印制电路板，清洗并擦干。

（5）钻孔

将印制电路板钻孔，方便插装焊接元器件。钻孔的工具可选用台钻或手持电钻。

钻孔时，钻头给进速度不能太快，以免焊盘出现毛刺。钻孔的孔径通常以元器件引脚直径+0.3 mm为佳。

（6）表面处理

PCB的"表面"指的是PCB上为电子元器件或其他系统到PCB的电路之间提供电气连接的连接点，如焊盘或接触式连接的连接点。裸铜本身的可焊性很好，但是暴露在空气中很容易被氧化，而且容易受到污染。这也是PCB必须进行表面处理的原因。表2-4-3给出了常见的表面处理方法及其特性。

表2-4-3　常见的表面处理方法及其特性

物理性能	热风整平	浸银	浸锡	有机焊料防护	化镍浸金
保存寿命/月	18	12	6	6	24
可经历回流次数	4	5	5	≥4	4
成本	中等	中等	中等	低	高
工艺复杂程度	高	中等	中等	低	高
工艺温度/℃	240	50	70	40	80
厚度范围/μm	1~25	0.05~0.20	0.8~1.2	0.2~0.5	0.05~0.20（Au），3~5（Ni）
助焊剂兼容性	好	好	好	一般	好
环保性	不环保	环保	环保	环保	环保

二、印制电路板插装焊接

焊接前，先将烙铁头上锡，对难焊的焊点、焊件也进行上锡，以提高焊接的质量和效率。焊点必须做到无假焊虚焊、焊锡适当、牢固可靠，有良好的导电性能；表面无裂纹、无针孔夹渣、圆润光滑，形成以引脚为中心、大小均匀的锥形。焊接时间要尽可能短，一般为3 s左右，避免烧坏元器件。焊接是电子制作的基本功，直接关系到电路制作的成功与失败，只要掌握正确的方法，平时多做多练，就能掌握良好的焊接技术。

需要注意的是，焊接时各个芯片的引脚功能不能混淆，必须了解各个芯片的使用方法、内部结构及使用注意事项，该接电源的一定要接电源，该接地的一定要接地，且不能有悬空。同时要预先在电路板上确定电源的正负极，便于区分及焊接。对于各引脚连接必须查阅各种资料并记录，以确保在焊接和调试过程中芯片不被烧坏，同时确保整个电路的正确性。在焊接完后对每块芯片都应用万用表检测，看是否有短接等。焊接时要尽量使布线规范、清晰、明了，这样有利于在调试过程中检查电路。

三、装接后的检查与测试

电路板的测试也应遵循一般电子电路"先静态、后动态"的原则。"静态"即在通电前对电路板中的电源对地电阻及链路连接情况进行检测，"动态"即给电路板通电后对其相关指标进行测试。

（1）测试前检查

测试前，先根据电路结构图认真检查数字电路板中各器件的安装位号、钽电容极性、芯片方向和封装型号，检查二极管、三极管、电解电容等的引脚有无接错，检查电路接线是否正确及有无错线、少线和多线，检查元器件有无漏装、错装等。然后用万用表的欧姆挡测量电路板的电源端对地、信号线、芯片引脚之间是否存在短路，测量元器件的引脚与信号线之间有无接触不良，若有短路和接触不良则要进行修整。接着检查各仪表的设置是否正确，如信号发生器的工作频率、工作模式和输出幅值是否设置正确，电源的工作电压和保护电流是否设置正确。最后根据被测电路板输出的功能设置频谱仪和示波器的相应参数，判定电路板是否正常工作。

（2）通电测试

首先给印制电路板通电，观察电源电压值和电流值的变化情况，若电压值瞬间下拉并且电流值与正常要求值相比偏大，说明被测印制电路板可能有故障，此时应立即关闭电源开关，以免损坏印制电路板。另外，还应注意有无放电、打火、冒烟、异常气味等现象，手摸电源变压器有无超温，若有这些现象应立即停电检查。正常通电后再测量各路电源电压，从而保证元器件正常工作。接着在装配后对电路参数及工作状态进行测量。利用信号发生器送入需要的信号，或者将事先编写好的程序写入可编程逻辑芯片中，来检测被测印制电路板的功能指标是否满足设计要求，包括测量被测印制电路板的信号幅值、波形、相位关系、放大倍数等指标。对不符合测试指标的电路板进行故障排查和修复。

视野拓展

一、雕刻机制作印制电路板

雕刻机制作印制电路板的流程：导出 PCB 文件→转换成雕刻机识别文件→试雕→雕刻→钻孔→切边。

具体操作方法如下：单击"File-Export"，将 PCB 文件导出。导出的文件类型保存为"Protel PCB 2.8 ASCII File（＊.PCB）"，如图 2-4-46 所示。接着将该文件转换成雕刻机识别文件。打开文件找到需要转换的 PCB 文件，如图 2-4-47 所示。选择合适的刀头，如图 2-4-48 所示（实际装上的刀头要比软件中选择的略小一点）。设置完成后，单击"输出"，完成识别文件的转换。然后打开雕刻机电源，将覆铜板铜箔面向上，在板的反面贴上双面胶，将其贴在工作底板上，用力压匀。通过雕刻机控制面板上的"+""−"操作，将刀头下降到紧贴覆铜板表面，按下"试雕"，确认试雕的边框深度均匀且以刚好可以铣去铜层为宜。多操作几次，不断调整刀头紧贴铜箔面的程度。试雕完成后，按下"雕刻"按键，开始雕刻。雕刻完成后，换上钻头进行钻孔。钻孔完成后，换上刀尖较大的刀头，按下"切边"，进行切边操作。完成后，将印制电路板从雕刻机里取出，完成全部操作。

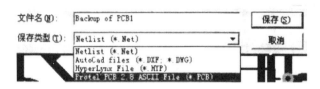

图 2-4-46 选择保存类型

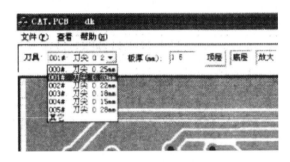

图 2-4-47 打开 PCB 文件　　　　　图 2-4-48 选择合适的刀头

二、印制电路板的质量检验

印制电路板是各类电子设备中用得最多也是最基本的组装单元。设备的各项功能和性能指标主要通过印制电路板来实现，可以说印制电路板是电子设备的心脏，其质量优劣、可靠性高低直接影响设备的质量与可靠性。随着电子设备智能化、小型化发展，印制电路板的尺寸越来越小，结构也越来越复杂。实践证明，即使原理图设计正确，如果印制电路板的设计、制作不当，质量检验把关不严，也会给后续的组装、调试等工作带来许多不利影响。因此，加强对印制电路板从设计到制作全过程的质量控制及最后的检验显得尤为重要。

1. 质量控制

（1）设计阶段

项目负责人要对印制电路板的设计文档进行审核并履行相关审批程序，确保设计文档合法有效且能满足设备的功能及性能要求。项目负责人和工艺师要对印制电路板制作的工艺要求进行把关，确保印制电路板的可制造性。工艺要求如果简单，可以直接在设计图纸上列出；若内容较多，则单独成文。工艺要求不管是简单还是复杂，都应该准确、清晰、有条理地表明加工工艺要求，且经审核的工艺要求应既能符合当时的生产工艺水平，经济实惠、性价比高，又能方便后续装配、调试、检验等工序的开展。标准化师应对印制板的测试点、结构形式、外形尺寸、印制线布局、焊盘、过孔、字符等设计进行规范性审查，以确保印制电路板的可测试性和规范性，尽可能满足有关国家标准及行业标准的要求。

（2）加工阶段

质量管理部门会同采购部门对印制电路板的生产厂家的资质、生产能力等进行实地考察并认证，确保生产厂家有能力完成生产任务。由于印制电路板的设计需经多次改版，因此设计师要对厂家生产用的图纸进行审核，确保使用的是最终版图纸。印制电路板生产中的关键工序的实施质量对印制电路板的性能和可靠性的影响非常大，应加强质量管控。

（3）检验阶段

检验阶段的质量控制工作就是严格按照检验依据，通过目测或采用专门的工装和仪器对印制电路板进行监视和测量，并保存记录。如有特殊要求，应制订相应的验收检验细则。

2. 质量检验

印制电路板分为刚性印制电路板和柔性印制电路板两类，刚性印制电路板又分为单面板、双面板和多层板三种。印制电路板通常分为一级、二级、三级三个质量等级，三级要求最高。印制电路板的质量等级不同，其复杂程度及测试和检验方面的要求也不同。印制电路板制作完成后，质量检验是产品质量及后续工序顺利开展的重要保证。

无论是哪种印制电路板，其质量检验的方法和内容都是相似的，根据检验方法，印制板的检验内容通常包含以下几个部分。

（1）目测检验

目测检验简单易行，借助直尺、游标卡尺、放大镜等即可完成，主要检验内容包括板厚、板面平整度和翘曲度；外形尺寸和安装尺寸，特别是与电连接器和导轨的配合安装尺寸；导电图形是否完整、清晰，有无桥接短路和断路、毛刺、缺口等；印制线和焊盘上有无凹坑、划伤、针孔，表面是否露织物、显布纹；焊盘孔及其他孔的位置有无漏打或打偏，孔径尺寸是否符合要求，过孔有无结瘤和空洞；焊盘镀层是否牢固、平整、光亮，有无凸起缺陷；阻焊剂是否均匀、牢固、位置准确，助焊剂是否均匀，颜色是否满足要求；字符标记是否牢固、清晰、干净，有无划伤、渗透和断线。

（2）一般电气性能检验

一般电气性能检验主要包括印制电路板的连通性能和绝缘性能检验。一般使用万用表对导电图形的连通性能进行检验，双面板的金属化孔和多层板的连通性能由制板厂家在出厂前采用专门工装或仪器进行检验；绝缘性能主要测试同层或不同层之间的绝缘电阻，确认印制电路板的绝缘性能。

（3）一般工艺性能检验

一般工艺性能检验主要包括可焊性和镀层附着力检验。可焊性即检验焊料对导电图形的润湿性能。镀层附着力采用胶带试验法检验，将质量比较好的透明胶带粘到要测试的镀层上，用力均匀按压后迅速掀起胶带，观察镀层有无脱落。另外，印制电路板的铜箔抗剥离强度、金属化孔抗拉强度等指标可根据实际需要选择检验。

（4）金属化孔检验

金属化孔的质量对双面板和多层板来说至关重要，电路模块乃至整个设备的许多故障都与金属化孔的质量有关。因此，应对金属化孔的检验予以高度重视。检验的内容主要包括以下几个方面。

① 外观：孔壁金属层应完整、光滑、无空洞、无结瘤。

② 电性能：包括金属化孔镀层与焊盘的短路与开路，孔与导线间的电阻值指标。

③ 孔的电阻变化率：环境试验后，电阻变化率不得超过 5%～10%。

④ 机械强度（拉脱强度）：即金属化孔壁与焊盘之间的结合强度。

⑤ 金相剖析试验：检查孔的镀层质量、厚度与均匀性及镀层与铜箔之间的结合强度。

金属化孔的检验通常采用目测和设备检验相结合的方法。目测就是将印制电路板对着光源看，凡是内壁完整、光滑的孔，都能均匀反射光线，呈现一个光亮的环，而有结瘤和空洞等缺陷的孔都不够亮。大批量生产时，应采用在线检测仪（如飞针检测仪）进行金属化孔检验。

多层印制电路板由于结构比较复杂，在后续的单元模块装配调试过程中若发现问题，很难快速定位故障，因此对其质量和可靠性的检验必须十分严格。检验的内容除了上述常规检验外，还应包括导体电阻、金属化孔电阻、内层短路与开路、同层级各层线路之间的绝缘电阻、镀层结合强度、黏结强度、耐热冲击、耐机械振动冲击及耐压、电流强度等多项指标，各项指标均要使用专用仪器及专门手段进行检验。多层印制电路板的检验通常是委托方结合制板厂家的出厂检验一并进行。检验结束后，检验师填写《外购（协）件检验报告单》，将检验合格的印制电路板入库，对于不合格的印制电路板，按各装备承制单位制订的不合格品控制程序执行。

三、检验中常见的质量缺陷及其影响

在印制电路板检验过程中，可能会发现其存在很多缺陷。本部分主要依据常见的质量缺陷及其影响，对如何判别缺陷及如何分析质量缺陷对印制电路板的影响进行说明。毛刺、板边缘有缺损及印制线边缘粗糙有毛刺，电装后会造成电路短路；印制线与基板间附着不牢，尤其是导线拐弯和连接处附着不牢，电装后会造成电路工作不正常，极大地影响设备的可靠性；印制线有缺口或变窄，边缘粗糙有缺口或者边缘不平行变窄，会使印制线横截面积减小，不能满足设计的电流要求，设备工作时易导致印制线熔断；安装孔破裂，孔形边缘开裂或只有圆孔的一部分，电装时会造成虚接；安装孔歪斜，电装时会增加安装过程中焊腿与安装孔间的应力，长时间工作或受机械应力的作用易导致印制电路板在安装过程中损坏；安装孔偏离，孔不在焊盘中央，容易导致虚焊或位置偏移；金属化孔不符合要求，孔壁有空洞或结瘤，容易导致虚焊，如果结瘤过大，会导致无法焊接；有多余导体，印制电路板清洗不干净，会导致有金属残留，会使导体间距变小甚至造成短路；无焊盘、焊盘缺损或焊盘小于印制电路板规

定的最小尺寸，会导致漏焊或虚焊；印制电路板缺损，如裂口或凸起，会降低板的强度，导致设备耐机械振动和冲击的能力差；金属材料被去除时，未充分理解图纸要求，去除了印制电路板表面的金属导电层，会导致印制电路板的接地面积减小，影响设备的电磁兼容性和散热能力。

　　除此之外，印制电路板触片和焊盘缺陷，有针孔或露铜或不浸润，都会导致印制板的可焊性差，容易产生虚焊；有结瘤，焊接时容易导致器件位置偏移；附着力差、起翘甚至与基体分离，会导致设备的可靠性和耐机械振动的能力差；印制电路板变形或扭曲，如变形或扭曲超过1%，容易造成元器件的疲劳破坏；安装孔间隙太小，孔间距小于标准规定的最小值，易损坏孔间的绝缘材料，导致两孔贯穿或击穿，最终导致元器件损坏，电路的耐高压性能变差；安装孔不符合要求，孔过大会影响印制电路板的紧固性，过小会破坏孔内壁，影响电路的接地性能；印制电路板表面有划痕和压痕，如划痕或压痕过大、过深，容易导致印制线断裂，造成开路；印制线有修补，不仅影响外观，而且修补的导体不容易和原始导线融合，在经过温度冲击后易造成开路；测试点不规范，存在位置偏差或不符合有关标准的规定，测试环（柱、针）不符合规定要求，测试时可能造成短路；尺寸不符合图纸要求，包括外形尺寸、安装孔的中心距等，会影响最终的安装；焊盘被污染，印制电路板清洗不干净、包装不规范，导致焊盘上有多余的非金属物质、阻焊膜或其他污物，最终会影响印制电路板的可焊性；标记缺陷，如字符和图形缺损、变形、位置偏离、模糊不清等，可能导致元器件装配错误，增加调试的难度。

思　考　题

　　1. 简述印制电路中元件之间的接线方式。

　　2. 印制电路板的主要工艺是什么？

　　3. 在设计中布局是一个重要环节，试述印制电路板的布局方式，并分析每种布局方式，列举每种布局方式的检查项目。

　　4. 请写出在印制电路板设计中需要注意的地方。

　　5. 简述电子元器件的焊接顺序。

　　6. 印制电路板的制作流程是什么？

模块五

电子产品的装配及调试工艺

项目教学目标

1. 了解电子产品整机装配的基础、工艺过程、调试与检验。
2. 掌握电子产品整机装配的基本要求、工艺流程、检验方法和工艺原则。
3. 熟悉用电安全、装配通用工艺、电子产品安全操作规程、装配过程和注意事项。
4. 熟悉电子产品的质量管理、生产和全面质量管理及生产过程管理。

实训项目任务

任务：智能循迹小车整机装调。

视野拓展

1. 电子产品的可靠性分析。
2. 电子产品生产的全面质量管理。

思政聚焦

中国电力的飞速发展历程

中国电力机车之父——
刘友梅院士的青春岁月

实训知识储备

电子产品整机由许多电子元器件、印制电路板、零部件、壳体等装配而成。电子产品的整机装配就是根据设计文件的要求，按照工艺文件的工序安排和具体方案，以壳体为支撑，把焊接好的印制电路板、零部件、面板等进行装连，并紧固到壳体结构上，完成整机的装配。整机装配工艺的好坏直接影响电子产品的质量。

一、电子产品整机装配的基础

整机装配包括机械和电气两大部分，主要是指先将各零、部、整件按照设计要求组合成一个整体，再用导线在元、部件之间进行电气连接，形成一个具有一定功能的完整的电子产品，以便进行整机调整和测试。装配的连接方式分为可拆卸连接和不可拆卸连接。

1. 整机装配的工艺要求

整机装配时要注意：安装牢固可靠，不损伤元器件；避免碰坏机箱及元器件的涂覆层，不能破坏元器件的绝缘性能；保证安装件的方向、位置正确。

（1）产品外观方面的要求

电子产品外观质量是产品给人的第一印象，电子产品制造商基本会在工艺文件中提出各种要求来保证产品的外观质量。通常各个企业都会从以下几个方面考虑：

① 在存放壳体等注塑件时，要注意防止灰尘等的污染，可以用软布将其罩住。

② 搬运壳体或面板等物品时，要注意轻拿轻放，单层叠放，避免意外碰伤。

③ 用工作台及流水线传送带传送时，要敷设软垫或塑料泡沫垫，供摆放注塑件使用。

④ 操作人员在装配时要佩戴手套，防止油污、汗渍等对壳体等注塑件造成污染。

⑤ 操作人员使用和放置电烙铁时要小心，不能烫伤面板、外壳。

⑥ 用螺钉固定部件或面板时，应选择合适的力矩，否则会造成壳体或面板开裂。

⑦ 黏合剂的用量要适当，用量太多会溢出并污染外壳。

（2）整机安装方面的注意事项

整机安装的基本原则是：先小后大、先轻后重、先装后焊、先里后外、先下后上、先平后高，易碎易损件后装，前道工序不得影响后道工序的安装。同时要注意前后工序的衔接，尽量保证操作方便、节约工时。整机安装时还有以下要求：

① 装配时应根据工艺指导卡进行操作，操作应谨慎，以保证装配质量。

② 安装过程中应尽可能采用标准化的零部件，使用的元器件和零部件规格型号应符合设计要求。

③ 安装工艺应根据产品结构、采用元器件和零部件的变化情况及时调整。

④ 若质量反馈表明装配过程中存在质量问题，应及时调整工艺方法。

（3）结构工艺方面的要求

结构工艺通常是指用紧固件和黏合剂将产品零部件按设计要求装在规定的位置上。电子产品装配的结构工艺性直接影响各项技术指标能否实现。结构布置是否合理还影响到整机内部的整齐和美观，以及生产效率的提高。结构工艺方面的主要要求如下：

① 要合理使用紧固零件，保证装配精度，必要时应有可调节环节，保证安装方便和连接可靠。

② 机械结构装配后不能影响设备的调整与维修。

③ 线束的固定和安装要有利于组织生产，应整齐美观。

④ 根据要求提高产品结构件本身耐冲击、抗振动的能力。

⑤ 应保证线路连接的可靠性，操纵机构应精确、灵活，操作手感好。

2. 整机装配的基本要求

整机装配前要对零部件或组件进行调试与检验。整机装配应采用合理的安装工艺，用经济、高效、先进的装配技术使产品达到预期的效果。整机装配过程中，应严格遵守顺序要求，不损伤元器件和零部件，保证安装件正确，保证产品的电性能稳定，并有足够的机械强度和稳定度。整机装配中每个阶段都应严格执行自检、互检与专职检验的"三检"原则。

3. 整机装配的工艺流程

电子产品的整机装配工艺流程如图 2-5-1 所示。

图 2-5-1 整机装配工艺流程

4. 整机装配的质量检查

整机装配的质检原则是坚持自检、互检、专职检验的"三检"原则，通常先自检再互检，最后由专职检验人员检验。

整机质检包括外观检查；装联正确性的检查；安全性检查（包括绝缘电阻和绝缘强度的检查）。根据产品的具体情况，还可以选择其他项目的检查，如抗干扰检查、温度测试检查、湿度测试检查、震动测试检查等。

二、电子产品整机装配

1. 电子产品整机装配原则

整机装配也称为整件装配，是将检验合格的零部件进行连接，形成一个功能独立的产品。装配时应遵循以下原则：

① 确定零件和部件的位置、极性、方向，不能装错；应从低到高、从里向外、从小到大安装；前一道工序应不影响后一道工序。

② 安装的元器件、零部件应牢固，焊接件焊点光滑、无毛刺，螺钉连接部位牢固

可靠。

③ 电源线和高压线连接可靠，不得受力，以防导线绝缘层损坏造成漏电及短路现象。

④ 操作时工具码放整齐有序，不得将螺钉、线头及异物落在零部件上从而破坏零部件的精度及造成外观损坏。

⑤ 将导线及线扎放置整齐，固定好高频线。要注意屏蔽保护，减小干扰。

2. 电子产品整机装配流程

电子产品的质量好坏与其生产装配管理、工艺有直接关系。整机装配是依据产品所设计的装配工艺程序及要求进行的，应针对大批量生产的电子产品的生产组织过程，科学、合理、有序地安排工艺流程。电子产品整机装配流程可分为装配准备、部件装配、整机装配三个阶段，装配流程如图 2-5-2 所示。

生产电子产品要求企业生产体制完整、技术人员水平高、生产设备齐全，同时要求工艺文件完备，技术人员严格依据技术文件操作并完成整机装配工作。

（1）装配准备

装配准备是整机装配的关键，整机生产过程中不允许出现材料短缺的情况，否则将造成较大的损失。此阶段主要准备部件装配和整机装配所需要的工艺文件、工具、仪器、材料与零部件等，以及进行人员定位及流程安排。

工艺文件准备指技术图样、材料定额、调试技术文件、设备清单等技术资料的准备。工具、仪器准备指整个生产过程中各个岗位应使用的工具、工装和测试仪器的准备，并由专门人员调试配送到工位。材料与零部件准备指对所生产的产品使用的材料、元器件、外协部件、线扎等进行预加工、预处理、清点，如元器件成形与引线挂锡、线扎加工等。各种备件应按照产品生产数量的要求提前准备好。

（2）印制电路板装配

印制电路板装配属于部件装配，但是由于其工序比较复杂，技术水平要求高，且在所有电子产品生产中印制电路板装配都是产品质量的核心，因此采用单独管理或外

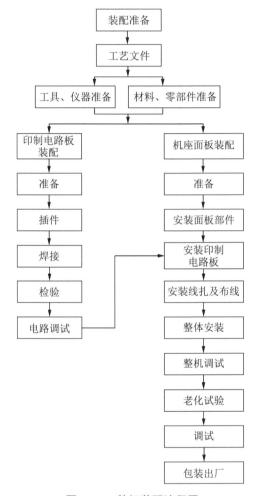

图 2-5-2 整机装配流程图

加工的方式。

检验与电路调试是必要的过程，无论是自己装配的印制电路板还是由外面加工来的印制电路板，在整机装配前都需要对其各项技术参数进行测试，以保证整机质量。

（3）整机装配

整机由合格的部件、材料、零件经过连接、紧固而成，再经过检验和调试才能成为可出售的产品。

产品生产中的每一步操作都关系到产品的质量。因此，技术人员在工艺管理执行过程中应安排质检人员对其随时进行检查，特别是对关键的质量点进行严格控制，如印制电路板装配后的检查与调试、线扎制作完成后的检验与测试。只有对每个环节严格检查，抓好质量，整机产品才可能合格。

三、电子产品整机调试

整机调试是为了保证整机的技术指标和设计要求，把经过动、静态调试的各个部件组装在一起进行相关测试，以解决单元部件调试中不能解决的问题。

1. 整机调试的步骤

第一步进行整机外观检查，主要检查外观部件是否完整、拨动是否灵活。第二步进行整机的内部结构检查，主要检查内部结构装配的牢固性和可靠性。第三步进行整机的功耗测试，整机功耗是电子产品设计的一项重要技术指标，测试时常用调压器对整机供电，即用调压器将交流电压调到 220 V，测试正常工作时整机的交流电流，交流电流值乘以 220 V 即得到整机的功率损耗。

① 通电检查。设备整体通电前应先检查电源极性是否正确、电压输出值是否正确，可以先将电压调至较低值，测试没有问题后再调至要求值。对于被测试的设备，在通电前必须检查被调试单元的电路板、元器件之间有无短路及有没有错误连接。一切正常方可通电。

② 电源调试。包括空载调试与有载调试。空载调试主要检查输出电压是否稳定、数值和波形是否达到设计要求，以免电源电路未经调试就加在整机上，而引起整机中电子元器件的损坏。有载调试常常是在初调正常后加额定负载，测试并调整电源的各项性能参数，使其带负载能力增强，达到最佳值。

③ 整机调试。整机是由各个调试好的小单元进行组装形成的，所以整机装配好后应对各单元的指标参数进行调整，使其符合整机要求。整机调试常分为静态调试和动态调试。静态调试是测试直流工作状态，分立元器件电路即测试电路的静态工作点，模拟集成电路即测试各引脚对地的电压值、电路耗散功率，对于数字电路应测试其输出电平。动态调试是测试加入负载后电路的工作状况，可以采用波形测试及瞬间观测法等，确定电路能否正常工作。

④ 整机技术指标测试。按照整机技术指标要求，对已经调整好的整机技术指标进行测试，判断是否达到质量技术要求，记录测试数据，分析测试结果，写出测试报告。

⑤ 例行试验。按工艺要求对整机进行可靠性试验和耐久性试验，如震动试验、低温运行试验、高温运行试验、抗干扰试验等。

⑥ 整机技术指标复测。依照整机技术指标要求，对完成例行试验的产品进行整机技术指标测试，记录测试数据，分析测试结果，写出测试报告，并与整机技术指标测试结果进行对比，将例行试验后的合格产品包装入库。

2. 调试要点及目的

调试技术包括调整和测试两部分内容。调整主要是对电路参数的调整，使电路达到预定的功能和性能要求。测试主要是对电路的各项技术指标和功能进行测量和试验，并同所设计的性能指标进行比较，以确定电路是否合格。

调试的目的包括发现设计缺陷和安装错误并改进与纠正，或提出改进建议，以及通过调整电路参数，确保产品的各项功能和性能指标均达到设计要求。

3. 调试过程

调试过程如图 2-5-3 所示。

4. 调试方法

调试包括调整和测试两个方面。调整和测试是相互依赖、相互补充的，通常统称为调试。在实际工作中，二者是一项工作的两个方面，测试、调整、再测试、再调整，直到实现电路设计指标。电子电路的调试是以达到电路设计指标为目的而反复进行的"测试—调整—再测试—再调整"过程。为了使调试顺利进行，设计的电路图上应当标明各点的电位值、相应的波形图及其他主要数据。调试方法通常采用先分调后联调的顺序。众所周知，任何复杂

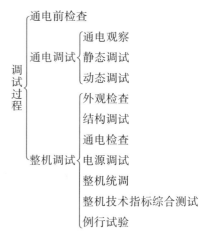

图 2-5-3 调试过程

电路都是由一些基本单元电路组成的，因此，调试时可以循着信号的流程，逐级调整各单元电路，使其参数基本符合设计指标。这种调试方法的核心是先调试好组成电路的各功能块（或基本单元电路），然后逐步扩大调试范围，最后完成整机调试。先分调后联调的优点是能及时发现问题和解决问题，新设计的电路一般采用此方法。对于包括模拟电路、数字电路和微机系统的电子装置，更应采用这种方法进行调试。因为只有将这三部分电路分开调试，使其分别达到设计指标，并经过信号及电平转换电路后才能实现整机联调，否则由于各电路的输入、输出电压和波形不符合要求，盲目进行联调可能造成大量的器件损坏。除了上述方法外，对于已定型的产品和需要相互配合才能运行的产品，也可采用一次性调试。

测试是对装配技术的总检查，装配质量越高，调试直通率越高，各种装配缺陷和错误都会在调试中暴露出来。调试又是对设计工作的检验，凡是设计工作中考虑不周或存在工艺缺陷的地方都可以通过调试发现，并提供改进和完善产品的依据。

产品从装配开始直到合格品入库，要经过若干个调试阶段，产品调试是装配工作

的工序之一，是按照生产工艺过程进行的。在调试工序中检测出的不合格产品将被淘汰，由其他工序处理。

样机泛指各种电子产品、试验电路、电子工装及开发设计的电子线路。在样机调试过程中，故障检测占了很大比例，而且调试和检测工作都是由专门技术人员完成的。样机调试是技术含量很高的工作，需要扎实的技术基础和一定的实践经验。

按照上述电路调试的原则，具体调试方法如下。

① 通电观察。首先把经过准确测量的电源接入电路，观察有无异常现象，包括有无冒烟、是否有异常气味、手摸元器件是否发烫、电源是否有短路现象等。如果出现异常，应立即切断电源，待故障排除后才能再通电。然后测量各路总电源电压和各器件的引脚电源电压，以保证元器件正常工作。如果通电观察后认为电路初步工作正常，即可转入正常调试。

② 静态调试。交流、直流并存是电子电路工作的一个重要特点。一般情况下，直流为交流服务，直流是电路工作的基础，因此电子电路的调试有静态调试和动态调试之分。静态调试一般是指在没有外加信号的条件下所进行的直流测试和调整过程。例如，通过静态测试模拟电路的静态工作点，数字电路的各输入端和输出端的高、低电平值及逻辑关系等，可以及时发现已经损坏的元器件，判断电路工作情况，并及时调整电路参数，使电路工作状态符合设计要求。

③ 动态调试。动态调试是在静态调试的基础上进行的。调试的方法是在电路的输入端接入适当频率和幅值的信号，并循着信号的流向逐级检测各有关点的波形、参数和性能指标。调试的关键是善于对实测数据、波形和现象进行分析与判断，这需要具备一定的理论知识和调试经验。当发现电路中存在的问题和异常现象时，应采取多种方法缩小故障范围，并设法排除故障。因为电子电路的各项指标互相影响，所以在调试某项指标时往往会影响另一项指标。实际情况错综复杂，出现的问题多种多样，处理的方法也是灵活多变的。

5. 故障检测方法

查找、判断和确定故障位置及其原因是故障检测的关键，也是一项困难的工作。要求技术人员具有一定的理论基础，同时要有丰富的实践经验。下面介绍的几种故障检测方法是在长期实践中总结归纳出来的，具体应用中要针对检测对象灵活运用，并不断总结适合自己工作领域的经验方法，这样才能达到快速、准确、有效排除故障的目的。

（1）观察法

观察法是指通过人体的视觉发现电子线路故障的方法，是一种最简单、最安全的方法，也是各种仪器设备通用的检测过程的第一步。观察法又可分为静态观察法和动态观察法。

静态观察法即不通电观察法。在线路通电前通过目视检查找出某些故障。实践证明，占线路故障相当比例的焊点失效、导线接头断开、接插件脱焊、连接点生锈等故障完全可以通过观察发现，没有必要大动干戈对整个电路进行检查，导致故障升级。静态观察要先外后内，循序渐进。打开机箱前，先检查电器外表有无碰伤，按键、插头座电线电缆有无损坏，保险是否烧断等。打开机箱后，先看机箱内各种装置和元器件有无相碰、断线、烧坏等现象，然后轻轻拨动一些元器件、导线等进行进一步检查。对于试验电路或样机，要对照原理图检查接线和元器件是否符合设计要求，IC 引脚有无插错方向或折弯，有无漏焊、桥接等故障。

动态观察法又称通电观察法。即给线路通电后，运用人体器官检查线路故障，一般情况下还应使用仪表（如电流表、电压表等）监视电路状态。通电后，眼要看电路内有无打火、冒烟等现象，耳要听电路内有无异常声音，鼻要闻电器内有无烧焦、烧煳的异味，手要触摸一些管子、集成电路等是否发烫，发现异常应立即断电。

（2）测量法

测量法是故障检测中使用最广泛、最有效的方法。根据检测的电参数特性又可分为电阻法、电压法、电流法、波形法和逻辑状态法。

① 电阻法。电阻是各种电子元器件和电路的基本特征，利用万用表测量电子元器件或电路各点之间的电阻值来判断故障的方法称为电阻法。测量电阻值有在线测量和离线测量两种方法，在线测量需要考虑被测元器件受其他串并联电路的影响，测量结果应对照原理图进行分析判断；离线测量需要将被测元器件或电路从整个印制电路板上脱焊下来，操作较麻烦，但测量结果准确、可靠。

② 电压法。电子线路正常工作时，线路各点都有一个确定的工作电压，通过测量电压来判断故障的方法称为电压法。电压法是通电检测手段中最基本、最常用的方法，根据电源性质又可分为交流和直流两种电压测量。交流电压测量较为简单，测量 50 Hz 市电升压或降压后的电压只需使用万用表。直流电压测量一般分为三步：测量稳压电路输出端是否正常；测量各单元电路及电路的关键"点"（如放大电路输出点、外接部件电源端等）处的电压是否正常；测量电路主要元器件（如晶体管、集成电路各引脚）的电压是否正常。根据产品手册中给出的电路理论上各点的正常工作电压或集成电路各引脚的工作电压，与测得的正常电路各点电压进行对比，偏离正常电压较多的部位或元器件往往就是故障所在部位。

③ 电流法。电子电路在正常工作时，与电压一样的是，各部分工作电流是稳定的，偏离正常值较大的部位往往是故障所在部位，这就是用电流法检测电路故障的原理。电流法有直接测量和间接测量两种方法。直接测量法就是将电流表直接串接在待检测的回路测得电流值的方法，这种方法直观、准确，但往往需要断开导线、脱焊元器件引脚等才能进行测量，因而不大方便。间接测量法实际上是将所测电压换算成电流值的方法，这种方法快捷方便，但若所选测量点的元器件有故障，则不容易准确判断。

④ 波形法。对交变信号产生和处理的电路来说，采用示波器观察各点的波形是最直观、最有效的故障检测方法，称作波形法。波形法主要应用于以下三种情况：通过测量电路相关点的波形有无或形状是否相差较大来判断故障，电路参数不匹配、元器

件选择不当或损坏都会引起波形失真；通过观测波形失真和分析电路可以找出故障原因；利用示波器测量波形的各种参数，如幅值、周期、前后沿、相位等，并与正常工作时的波形参数对照，找出故障原因。

⑤ 逻辑状态法。逻辑状态法是对数字电路的一种检测方法，对数字电路而言，只需判断电路各部位的逻辑状态即可确定电路工作是否正常。数字逻辑状态主要有高、低电平两种状态，另外还有脉冲串及高阻状态，因而可以使用逻辑笔进行电路检测，逻辑笔具有体积小、使用方便的优点。

（3）比较法

有时用多种检测手段及试验方法都不能判定故障所在，而并不复杂的比较法却能得到较好的检测结果。常用的有整机比较、调整比较、旁路比较及排除比较四种方法。

① 整机比较法。整机比较法是将故障机与同一类型正常工作的机器进行比较以查找故障的方法，这种方法对缺乏资料而本身又较复杂的设备尤为适用。整机比较法以检测法为基础，对可能存在故障的电路部分进行工作点测定、波形观察或信号监测，通过比较好坏设备的差别发现问题。当然，由于每台设备不可能完全一致，因此要对检测结果分析判断，这些都需要基本理论指导和日常工作经验的积累。

② 调整比较法。调整比较法是通过调整整机设备可调元器件或改变某些现状，比较调整前后电路的变化来确定故障的一种检测方法。这种方法特别适用于放置时间较长，或搬运、跌落等外部条件变化引起故障的设备。运用调整比较法时最忌讳乱调、乱动而又不做标记，调整和改变现状应一步一步来，并随时比较调整前后的状态，发现调整无效或电路往坏的方向变化应及时恢复。

③ 旁路比较法。旁路比较法是用适当容量和耐压的电容对被检测设备电路的某些部位进行旁路比较的检查方法，适用于电源干扰、寄生振荡等故障。因为旁路比较实际上是一种交流短路试验，所以一般情况下先选用一个容量较小的电容，临时跨接在有疑问的电路部位和"地"之间，观察比较故障现象的变化，如果电路往好的方向变化，可适当加大电容容量再次测试，直到故障消除，根据旁路的部位来判定故障的部位。

④ 排除比较法。排除比较法是逐一插入组件，同时监视整机或系统，如果系统正常工作，就可排除该组件损坏的嫌疑，再插入另一块组件试验，直到找出故障。有些组合整机或组合系统中往往有若干相同功能和结构的组件，调试中若发现系统功能不正常，而又不能确定引起故障的组件，这种情况下采用排除比较法容易确认故障所在。注意排除比较法既可以采用递加排除法，也可以采用递减排除法。多单元系统故障有时不是由一个单元组件引起的，这种情况下应多次比较才能排除，采用排除比较法时每次插入或拔出单元组件前都要断开电源，防止带电插拔造成系统损坏。

（4）替换法

替换法是用规格、性能相同的正常元器件、电路或部件替换电路中被怀疑的相应部分，从而判断故障所在的一种检测方法，也是电路调试、检修中最常用的方法之一。

实际应用中，按替换对象的不同，替换法可分为元器件替换、单元电路替换、部件替换三种。

① 元器件替换。元器件替换除某些电路结构较为方便外，一般都需拆焊操作，这样不仅麻烦而且容易损坏周边电路或印制电路板，因此元器件替换一般只作为各种检测方法均难判别时才采用的方法，并且应尽量避免对印制电路板做"大手术"。

② 单元电路替换。当怀疑某单元电路有故障时，可用一台同型号或同类型的正常电路替换待查机器的相应单元电路，以判定此单元电路是否正常。当电子设备采用单元电路为多板结构时，替换试验是比较方便的，因此对现场维修要求较高的设备应尽可能采用可替换的结构，使设备具有维修性。

③ 部件替换。随着集成电路和安装技术的发展，电子产品向集成度更高、功能更多、体积更小的方向发展，这不仅使元器件的替换试验更困难，也使单元电路替换越来越不方便，过去十几块甚至几十块电路的功能现在在一块集成电路上即可实现，单位面积的印制电路板上可以容纳更多的电路单元。电路的检测、维修逐渐向板卡级甚至整体方向发展，特别是较为复杂的由若干独立功能件组成的系统，其检测主要采用部件替换法。

（5）跟踪法

信号传输电路包括信号获取和信号处理，在现代电子电路中占很大比例，其检测常用跟踪法。跟踪法检测的关键是跟踪信号的传输环节，在具体应用中根据电路的种类分为信号寻迹法和信号注入法两种。

信号寻迹法是针对信号产生和处理电路的信号流向寻找信号踪迹的检测方法，具体检测时又可分为正向寻迹（按从输入到输出的顺序查找）、反向寻迹和等分寻迹三种。正向寻迹是常用的检测方法，可以借助测试仪器逐级定性、定量检测信号，从而确定故障部位。反向寻迹与正向寻迹仅仅是检测顺序不同。等分寻迹是将电路分为两部分，先判定故障在哪一部分，然后将有故障的部分再分为两部分进行检测，等分寻迹对于单元较多的电路是一种高效的检测方法。

对于本身不带信号产生电路或信号产生电路有故障的信号处理电路，信号注入法是有效的检测方法。信号注入法就是在信号处理电路的各级输入端输入已知的外加测试信号，通过终端仪器（如指示仪表、扬声器、显示器等）或检测仪器来判断电路的工作状态，从而找出电路故障的方法。

（6）旁路法

当有寄生振荡现象时，可以利用适当容量的电容器选择适当的检查点，将电容临时跨接在检查点与参考接地点之间。如果振荡消失，就表明振荡产生在此附近或前级电路中；否则就说明振荡在后级电路中，需要移动检查点继续寻找。应该指出的是，旁路电容要适当，不宜过大，能较好地消除有害信号即可。

（7）短路法

短路法是采取临时性短接一部分电路来寻找故障的方法。

（8）断路法

用断路法检查短路故障最有效。断路法也是一种使故障怀疑点范围逐步缩小的方法。例如，某稳压电源接入一个带有故障的电路，使输出电流过大，可采取依次断开电路某一支路的办法来检查故障。如果断开该支路后电流恢复正常，说明故障就发生在此支路。

（9）暴露法

有时故障不明显，或时有时无，一时很难确定，就可以采用暴露法。检查虚焊时对电路进行敲击就是暴露法的一种。另外，还可以让电路长时间（如几小时）工作，然后检查电路是否正常。这种情况下往往有些临界状态的元器件经不住长时间工作就会暴露问题，可对症处理。

6. 调试的注意事项及安全事项

（1）调试的注意事项

调试结果是否准确，很大程度上受测量是否正确和测量精度高低的影响。为了保证调试的效果，必须减小测量误差，提高测量精度。因此，需要注意以下几点：

① 正确使用测量仪器的接地端。凡是使用地端接机壳的电子仪器进行测量，仪器的接地端应和放大器的接地端连接在一起，否则仪器机壳引入的干扰不仅会使放大器的工作状态发生变化，还会使测量结果出现较大的误差。

② 在信号比较弱的输入端，应尽可能用屏蔽线连接。屏蔽线的外屏蔽层要接到公共地线上。在频率比较高时要设法隔离连接线分布电容的影响，如用示波器测量时应该使用有探头的测量线，以减少分布电容的影响。

③ 测量电压所用仪器的输入阻抗必须远大于被测处的等效阻抗。如果测量仪器的输入阻抗小，测量时就会引起分流，给测量结果带来很大的误差。

④ 测量仪器的带宽必须大于被测电路的带宽，否则测试结果就不能反映放大器的真实情况。此外，还要正确选择测量点。用同一台测量仪进行测量时，测量点不同，仪器内阻引进的误差大小也不同。

⑤ 测量方法要方便可行。当需要测量某电路的电流时，一般尽可能测电压而不测电流，因为测电压不必改动被测电路，测量方便。若需知道某一支路的电流值，则可以通过测量该支路上电阻两端的电压，经换算得到电流。

⑥ 调试过程中，不仅要认真观察和测量，还要善于记录。记录的内容包括测试条件、观察到的现象及测量的数据、波形和相位的关系等。只有有了大量可靠的试验记录，并与理论结果加以比较，才能发现电路设计上的问题，完善设计方案。

⑦ 调试时若出现故障，要认真查找故障原因，切不可一遇故障解决不了就拆掉线路重新安装。因为重新安装的线路仍可能存在各种问题，如果是原理上的问题，即使重新安装也解决不了。所以应当把查找故障并分析故障原因看成一次好的学习机会，通过这个机会不断提高自己分析问题和解决问题的能力。

（2）调试的安全事项

在检修过程中，应当切实注意安全问题。许多安全注意事项是普遍适用的，有的是针对人身安全的以保证操作人员的安全，有的是针对电子设备的以避免测试仪器和被检设备受到损坏。通用的安全事项如下：

① 许多电子设备的机壳与内电路的地线相连，测试仪器的"地"应与被检修设备的"地"相连。

② 检修带有高压危险的电子设备（如电视机显像管）时，打开其后盖板时应特别注意安全。

③ 在连接测试线到高压端子之前，应切断电源，如果做不到这一点，应特别注意避免碰及电路和接地物体，用一只手操作并站在有适当绝缘的地方，可降低电击的危险。

④ 滤波电容可能存有足以伤人的电荷量，在检修电路前，应使滤波电容放电。

⑤ 绝缘层破损可以引起高压危险，在用这种导线进行测试前，应检查测试线是否被划破。

⑥ 注意仪表使用规则，以免损坏表头。

⑦ 应该使用带屏蔽的探头，当用探头触及高压电路时，绝不能用手去碰及探头的金属端。

⑧ 大多数测试仪器对允许输入的电压和电流的最大值都有明确规定，不能超过这一最大值，以防止震动和机械冲击。

⑨ 测试前应研究待测电路，尽可能使电路与仪器的输出电容相匹配。

⑩ 在一些测试仪器上可以见到两个国际标准告警符号。一个符号是内有感叹号的三角形，告诫操作人员在使用一个特别端口或控制旋钮时，应按规程去做。另一个符号是表示电击的 Z 形符号，告诫操作人员在某一位置上有高压危险或使用这些端口或控制旋钮时应考虑电压极限。

能力训练项目

 ## 任务：智能循迹小车整机装调

● 实训目的

（1）掌握智能循迹小车的工作原理。

（2）掌握智能循迹小车的制作及调试方法。

● 实训仪器与材料

具体材料清单见表 2-5-1 至表 2-5-3。

● 实训内容

D2-7 型巡线小车是一套入门级的智能循迹小车。通过对其进行组装、调试，了解自动控制的原理和技术，为以后深入学习打下良好的基础。

表 2-5-1　电子元器件清单

序号	标号	名称	规格	数量	序号	标号	名称	规格	数量
1	IC_1	集成电路	LM393	1	15	R_{11}	色环电阻	51 Ω	1
2		集成电路座	8 脚	1	16	R_{12}		51 Ω	1
3	C_1	电解电容	100 μF	1	17	R_{15}		220 Ω	1
4	C_2		100 μF	1	18	R_{13}	光敏电阻	CDS5	1
5	R_1	可调电阻	10 kΩ	1	19	R_{14}		CDS5	1
6	R_2		10 kΩ	1	20	D_1	φ3.0 绿发绿发光二极管	LED	1
7	R_3		3.3 kΩ	1	21	D_2		LED	1
8	R_4		3.3 kΩ	1	22	LED_3	φ5.0 红发红发光二极管	LED	1
9	R_5		51 Ω	1	23	D_4		LED	1
10	R_6	色环电阻	51 Ω	1	24	D_5		LED	1
11	R_7		1 kΩ	1	25	Q_1	直插三极管	8550	1
12	R_8		1 kΩ	1	26	Q_2		8550	1
13	R_9		10 Ω	1	27	S_1	自锁开关	6 脚	1
14	R_{10}		10 Ω	1					

表 2-5-2　机械零部件清单

序号	标号	名称	规格	数量	序号	标号	名称	规格	数量
1	M_1	减速电动机	JD3-100	1	8		万向轮	M5	1
2	M_2			1	9		卡扣		4
3		车轮		2	10		螺丝	M3×25	4
4		硅胶轮胎	25×2.5	2	11		螺母	M3	4
5		轮毂螺丝	M2.2×7	2	12		螺丝	M2×10	2
6		万向轮螺丝	M5×30	1	13		螺母	M2	2
7		万向轮螺母	M5	1					

表 2-5-3　其他零配件清单

序号	名称	规格	数量	序号	名称	规格	数量
1	电路板	D2-7	1	4	胶底电池盒	A4×2	1
2	连接导线	红色	1	5	说明书	A4	1
3		黑色	1	6	外包装	10×16	1

一、智能循迹小车制作

1. 整机装配流程

准备好 D2-7 型循迹小车的所有零件，包括车身、车轮、电动机、电池盒、电动机支架等，确保所有零件完好无损，根据说明书或示意图将电动机支架固定在车身上，通常需要使用螺丝和螺母进行固定。

将电动机安装在电动机支架上，并通过螺丝和螺母固定；将电线正确连接到电池盒的正、负极上，并确保电线连接牢固；将车轮安装在电动机的轴上，并确保车轮与电动机轴牢固连接。

将电池放入电池盒中，然后将电池盒固定在车身上，用螺丝和螺母进行固定。根据说明书或示意图连接电池盒与电动机之间的电路，并确保连接稳固，确认所有部件安装完毕后，进行最终的检查，确保各部件固定、线路连接正确。

2. 组装说明

（1）电路装配

电路装配步骤如下：

① 按图 2-5-4 所示电路图和电路板上的标识符依次将色环电阻、8 脚 IC 座、开关、电位器、三极管、电解电容、$\phi 5.0$ 红发红发光二极管焊接在电路板上，注意 IC 座的方向不要焊错。为了调试方便，芯片暂不安装。

② 将电池盒按照电路板上的穿线孔和标识符的位置安装在电路板上，注意电源焊盘的极性不要焊反，通常红色导线为电源正极。

③ 将电路板正面朝上，万向轮螺丝穿入孔中，并旋入万向轮螺母将万向轮拧紧。

④ 将电路板底面朝上，按板子上的标识符将 $\phi 5.0$ 红发红发光二极管和光敏电阻焊接在板子上，要求红发红发光二极管和光敏电阻距离万向轮球面 5 mm 左右。

⑤ 在电池盒内装入 2 节 AA 电池，将开关拨在"ON"位置上，此时传感器的两个发光二极管和 LED3 应当发光，如果不发光，可能是将 $\phi 5.0$ 红发红发光二极管的正、负极焊反了，对调极性并调试成功后，弹起自锁开关断电待用。

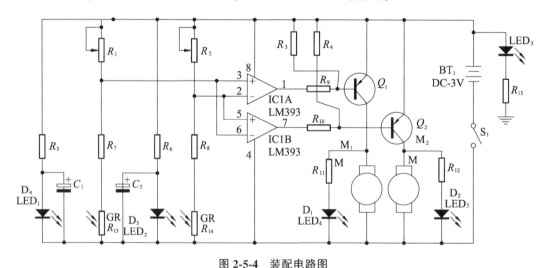

图 2-5-4　装配电路图

（2）机械零部件装配

将硅胶轮胎套在车轮上，将车轮用轮毂螺丝固定在减速电动机的轴上。将连接导线分成两截后上锡，分别焊在两台减速电动机上待用。按电路板上的标识符将电动机粘贴在电路板上，按标识符将电动机上的引线焊接在电路板上。

二、智能循迹小车调试

首先试测驱动电路，按下自锁开关通电，将 8 脚 IC 座的第 1 脚、第 7 脚、第 4 脚连接。这时的减速电动机应当向着前方转动，否则应调换相应电动机的引线位置。如果电动机不转，应检查三极管是否焊反、基极电阻阻值（10 Ω）是否正确。

然后断电，将 LM393 芯片插入 8 脚 IC 座上，上电后调节相应的电位器使小车能够在黑线上正常行走且不会跑出黑线的范围。说明书附测试跑道，也可以向经销商索取电子版，或者使用 1.5~2.0 cm 宽的黑胶带、绝缘胶带等当作跑道进行测试。

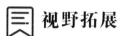 视野拓展

一、电子产品的可靠性分析

电子产品的可靠性是指电子产品在规定的条件下和给定的时间内执行所要求的功能且不出现失效的概率。提高产品可靠性是保证产品完好及其工作性能，减少维修费用的重要途径。在产品研制过程中，深入开展可靠性分析工作对提高产品可靠性具有十分重要的意义。

可靠性可以综合反映产品的质量。电子元器件的可靠性是电子设备可靠性的基础，要提高设备或系统的可靠性就必须提高电子元器件的可靠性。可靠性也是电子元器件的重要质量指标，须加以考核和检验。

1. 衡量可靠性的指标

衡量可靠性的指标有很多，常见的有以下几种。

① 可靠度 $R(1)$：即在规定条件下、规定时间内完成规定功能的概率，也称平均无故障时间（MTBF）。

② 平均维修时间（MTTR）：是指产品从发现故障到恢复规定功能所需的时间。

③ 失效率 $\lambda(t)$：是指产品在规定的使用条件下使用到 t 时刻后失效的概率。

④ 有效度 $A(1)$：指产品能正常工作或发生故障后能在规定时间内修复而不影响正常生产的概率。

产品的可靠性变化一般都有一定的规律，其特征曲线如图 2-5-5 所示，由于其形状像浴盆，因此俗称"浴盆曲线"。

① 早期失效期：新产品从安装调试过程至移交生产试用阶段，由于设计、制造中的缺陷，零部件加工质量

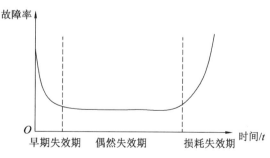

图 2-5-5 产品可靠性特征曲线

及操作工人尚未完全熟练掌握安装要素等原因，这一阶段的故障通常比较多，问题充分暴露，因此称这一阶段为早期失效期。

② 偶然失效期：通过修正设计、改进工艺、老化元器件及整机试验等，可使产品进入稳定的偶然失效期。这时产品已经稳定，操作人员已逐步掌握了产品的性能、原理和调整的特点，故障明显减少，产品进入正常运行阶段。这一阶段所发生的故障一般是由维护不当、使用不当、工作条件（负荷、温度、环境等）劣化等原因，或者材料缺陷、控制失灵、结构不合理等设计、制造上存在的问题导致的。

③ 损耗失效期：产品在使用一段时间后，由于器件耗损、整机老化及维护困难等原因，就进入了损耗失效期。随着使用时间延长，各元器件因磨损、腐蚀、疲劳、材料老化等逐渐加剧而失效，致使产品故障增多、效能下降，为排除故障所需的时间和排除故障的难度都逐渐增加，维修费用增多。

2. 电子元器件可靠性的影响因素

① 设计不合理。根据元器件失效分析统计情况，电子元器件的失效不仅是电子元器件本身的品质问题，还有些是设计不合理引起的。

② 人为因素。元器件在运输、检验、安装等情况下，都可能导致失效。失效的因素有电子元器件在运输过程中受到了震动、冲击、碰撞等机械应力；印制电路板焊接时存在过热现象；开关打开或关闭时产生浪涌电压；发动机产生的噪声；干燥环境下的静电影响；生产场地周围的电磁场；印制电路板焊接完成后，清洁工作中产生的超声振动等。

③ 自然环境因素。自然环境条件严重影响产品的可靠性，给国民经济造成重大损失。据美国国家标准学会近年来的调查，电子设备腐蚀使美国每年的损失相当于国内生产总值的4%，这比美国每年的水灾、风灾、雷击和地震等自然灾害所造成的损失的总和还要多。美国曾经对机载电子设备全年的故障进行剖析，发现故障的原因如下：50%以上的故障是由各种环境所致，而温度、震动、湿度三项环境因素造成了43.58%的电子设备故障率。所以，温度、震动、湿度等环境条件对电子设备及设备中电子元器件的影响必须引起足够的重视。

④ 其他因素。除了由自然环境和人为失误引起的物理应力外，电子元器件制造设备或系统的操作条件也会影响电子元器件的可靠性。实际上，组合环境对可靠性的影响要比单个环境的影响更大，如温度和湿度的共同作用往往是电子元器件腐蚀的主要原因。

3. 可靠性设计的注意事项

① 产品使用因素。温度、湿度、震动、腐蚀、污染、产品可能承受的压力、服务的严酷度、静电释放环境、射频干扰、吞吐量、应力强度等都是产品使用的因素，必须考察。

② 设计失效模式分析。就实际情况而言，了解失效的潜在原因是防止失效的根本，要预知所有这些原因几乎是不切实际的，所以还必须考虑其不确定性。在设计、开发

制造和服务的过程中，在可靠性工程方面的努力应该注重所有"可预计"和"可能未预计"的失效原因，以确保不发生失效或使发生失效的概率最小。

③ 失效模式和影响分析。失效模式和影响分析是指对系统进行分析，以识别潜在失效模式、分析失效原因及其对系统性能（包括组件、系统或者过程的性能）影响的系统化程序。此项分析应尽可能在开发周期的早期阶段成功进行，以获得消除或减少失效模式的最佳效费比。

失效模式和影响分析可描述为一组系统化的活动，目的是发现和评价产品生产过程中潜在的失效及后果，找到能够避免或减少这些潜在失效的措施。它是对设计过程的完善，以明确必须做什么样的设计和过程才能满足顾客的需要。

④ 容差分析。使用各种数学计算分析技术（如总和平方根、极值分析和统计公差）可以使影响可靠性的变差特性化。这种方法主要分析在规定的使用范围内产品的组成部分的参数偏差和寄生参数对性能容差的影响，并根据分析结果提出相应的改进措施。

电路容差分析工作应用在产品详细设计阶段，在具备电路的详细设计资料后完成即可。电路性能参数发生变化的主要表现有性能不稳定及参数发生漂移、退化等，造成这种现象的原因有组成电路的零部件的参数存在公差、环境条件的变化产生参数漂移及退化效应。设计过程中要分析电路上、下限工作条件。

⑤ 最坏情况分析法。最坏情况分析法是分析电路组成部分参数在最坏组合情况下的电路性能参数偏差的一种非概率统计方法。它利用已知零部件参数的变化极限来预计系统性能参数变化是否超过了允许范围。最坏情况分析法可以预测某个系统是否发生漂移故障，并提供改进方向。该方法简便、直观，但分析结果偏保守。

4. 可靠性设计内容

在产品设计过程中，为消除产品的潜在缺陷和薄弱环节、防止故障发生，以确保满足规定的固有可靠性要求所采取的技术行动叫作产品可靠性设计。可靠性设计是可靠性工程的重要组成部分，是实现产品固有可靠性要求的最关键环节，是在可靠性分析的基础上通过制订和贯彻可靠性设计准则来实现的。

在产品研制过程中，常用的可靠性设计有元器件选择和控制设计、热设计、简化设计、降额设计、冗余和容错设计、环境防护设计、健壮设计和人为因素设计等。元器件选择和控制设计、热设计主要用于电子产品的可靠性设计，其余设计均适用于电子产品和机械产品的可靠性设计。

（1）可靠性设计

可靠性设计包括：元器件的选型、购买、运输、储存；元器件的老化、筛选、测试；降额设计；冗余设计；电磁兼容设计；故障自动检测与诊断设计；软件可靠性设计；失效保险设计；热设计；EMC 设计；安规设计；环境设计；电路设计关键等。其中，电路设计关键包括防电流倒灌、热插拔、过流保护、反射波干扰、电源干扰、静电防护、商店复位设计、看门狗设计、时钟信号驱动设计、高速信号匹配设计、印制电路板布线检查、去耦电容检查等。

（2）可靠性测试

可靠性测试主要包括环境适应性测试、EMC 测试、其他测试等。

环境适应性测试包括高温测试（高温运行、高温储存）；低温测试（低温运行、低温储存）；高低温交变测试（循环测试、热冲击测试）；高温高湿测试（湿热储存、湿热循环）；机械振动测试（随机振动测试、扫频振动测试）；运输测试（模拟运输测试、碰撞测试）；机械冲击测试；开关电测试；拉偏测试；冷启动测试；盐雾测试；淋雨测试；尘沙测试；防硫化测试等。

EMC 测试包括传导发射；辐射发射；静电抗扰性测试；电快速脉冲串抗扰性测试；浪涌抗扰性测试；射频辐射抗扰性测试；传导抗扰性测试；电源跌落抗扰性测试；工频磁场抗扰性测试；电力线接触；电力线感应等。

其他测试主要包括外观测试、寿命测试、软件测试等。其中，外观测试包括附着力测试、耐磨性测试、耐醇性测试、硬度测试、耐手汗测试、耐化妆品测试等；寿命测试包括某器件在活动部件的活动次数、某部件的使用寿命、两个器件拔插连接的拔插次数等；软件测试包括基本性能测试、兼容性测试、边界测试、竞争测试、压迫测试、异常条件测试等。

二、电子产品生产的全面质量管理

产品的生产过程是一个质量管理的过程，产品生产过程包括设计阶段、试制阶段和制造阶段。如果在其中某个阶段有质量问题，那么该产品最终的成品一定也存在质量问题。由于一个电子产品由许多元器件、零部件经过多道工序制造而成，因此全面的质量管理工作就显得格外重要。质量是对产品适用性的一种度量，它包括产品的性能、寿命、可靠性、安全性、经济性等方面的内容，产品质量的优劣决定了产品的销路和企业的命运。

为了向用户提供满意的产品和服务，提高电子企业和产品的竞争力，世界各国都在积极推行全面质量管理。全面质量管理涉及产品的品质质量、制造产品的工序质量和工作质量及影响产品质量的各种直接或间接的工作。全面质量管理贯穿产品从设计到售后服务的整个过程，要动员企业的全体员工参与其中。

1. 产品设计阶段的质量管理

设计过程是产品质量产生和形成的起点。要设计出具有高性价比的产品，就必须从源头上把好质量关。设计阶段的任务是通过调研确定设计任务书，选择最佳设计方案，根据批准的设计任务书进行产品全面设计，编制产品设计文件和必要的工艺文件。本阶段与质量管理有关的内容主要有以下几个方面。

① 对新产品设计进行调研和用户访问，调查市场需求，搜集国内外的有关技术文献、情报资料，掌握新产品的质量情况与生产技术水平。

② 拟定研究方案，提出专题研究课题，明确主要技术要求，对各专题研究课题进

行理论分析与计算，探讨解决问题的途径，编制设计任务书草案。

③ 根据设计任务书草案进行试验，找出关键技术问题，成立技术攻关小组，解决技术难点，初步确定设计方案。突破复杂的关键技术，提出产品设计方案，确定设计任务书，审查批准设计任务书和设计方案。

④ 下达设计任务书，确定研制产品的目的、要求及主要技术性能指标。根据理论计算和必要的试验合理分配参数，确定工作原理、产品的基本组成部分、主要的新材料及结构和工艺上的主要问题的解决方案。根据用户的要求，从产品的性能指标、可靠性、价格、使用、维修及批量生产等方面进行设计方案论证，形成产品设计方案的论证报告，确定产品的最佳设计方案和质量标准。

⑤ 按照适用、可靠、用户满意、经济合理的质量标准进行技术设计和样机制造。对技术指标进行调整和分配，并考虑生产时的裕量，确定产品设计工作图纸及技术条件。对结构设计进行工艺性审查，制订工艺方案，设计制造必要的工艺装置和专用设备，制造零件、部件、整件与样机。

⑥ 进行相关文件编制。编制产品设计工作图纸、工艺性审查报告、必要的工艺文件、标准化审查报告及产品的技术经济分析报告；确定标准化综合要求；编制技术设计文件；试验关键工艺和新工艺，确定产品所需的原材料、协作配套件及外购件。

2. 产品试制阶段的质量管理

试制阶段包括产品设计定型、小批量生产两个过程。该阶段的主要工作是对研制出的样机进行使用现场的试验和鉴定，对产品的主要性能和工艺质量做出全面的评价，进行产品定型。补充完善工艺文件，进行小批量生产，全面考验设计文件和技术文件的正确性，进一步稳定和改进工艺。本阶段与质量管理有关的因素主要有以下几个方面。

① 现场试验。检查产品是否满足设计任务书规定的主要性能指标和要求，通过试验编写技术说明书，并修改产品设计文件。

② 对产品进行装配、调试、检验及各项试验工作，做好原始记录，统计分析各种技术定额，进行产品成本核算，召开设计定型会，对样机试生产提出结论性意见。

③ 调整工艺装置，补充设计和批量制造生产所需的工艺装置、专用设备及其设计图纸。进行工艺质量的评审，补充和完善工艺文件，形成对各项工艺文件的审查结论。

④ 在小批量试制中，认真进行工艺验证。通过试生产，分析生产过程的质量，验证电装、工装、设备、工艺操作规程、产品结构、原材料、生产环境等方面的工作，考查能否达到预定的设计质量标准，若达不到标准要求，则需进一步调整与完善。

⑤ 制定产品技术标准、技术文件，取得产品监督检查机构的鉴定合格证书，完善产品质量检测手段。

⑥ 编制和完善全套工艺文件，制订批量生产的工艺方案，进行工艺标准化和工艺质量审查，形成工艺文件成套性审查结论。

⑦ 按照生产定型条件和企业产品鉴定，召开生产定型会，审查产品的各项技术指

标是否符合国际或国家标准的规定，不断提高产品的标准化、系列化和通用程度，得出结论性意见。

⑧ 培训人员，指导批量生产，确定批量生产时的流水线，拟定正式生产时的工时及材料消耗定额，计算产品劳动量及成本。

3. 产品制造阶段的质量管理

制造阶段是产品大批量生产的阶段，这一阶段的质量管理内容有以下几个方面。

① 按工艺文件在各工序、各工种、制造中的各个环节设置质量监控点，严把质量关。

② 严格执行各项质量控制工艺要求，做到不合格的原材料不上机、不合格的零部件不转到下道工序、不合格的整机产品不出厂。

③ 定期计量鉴定，定期维修保养各类测量工具、仪器仪表，保证规定的精度标准。生产线上尽量使用自动化设备，尽可能避免手工操作。有的生产线上还要有防静电设备，确保零部件不被损坏。

④ 加强对员工质量意识的培养，提高员工对质量要求的自觉性。必须根据需要对各岗位上的员工进行培训与考核，考核合格后才能上岗。

⑤ 加强对其他生产辅助部门的管理。

思 考 题

1. 电子产品整机装配的工艺要求有哪些？
2. 电子产品整机装配的基本要求有哪些？
3. 简述电子产品整机装配的工艺流程。
4. 电子产品整机装配的原则有哪些？
5. 整机调试一般有哪些步骤？

第三篇

综合实训与创新制作

思政聚焦

大国重器

中国北斗三十年坎坷史

项目一

基于 OpenMV 的扫码识别

实训知识储备

一、认识 OpenMV

OpenMV 是一种基于 Python 编程语言和 MicroPython 固件的开源嵌入式视觉处理平台，旨在简化计算机视觉的应用开发。它搭载了高性能的图像传感器和处理器，可以实时采集图像并进行图像处理、识别和分析。

用户可以通过简单的 Python 脚本完成 OpenMV 的各种视觉处理任务，如颜色识别、形状识别、条形码扫描、人脸检测等。OpenMV 功能丰富的 API 及内置的图像处理库使得用户无需深入了解底层硬件和图像处理算法就能轻松开发视觉应用。

OpenMV 具有小巧、高效的特点，适用于很多嵌入式视觉项目，如机器人导航、自动化控制、安防监控等领域。用户可以通过 USB 接口将 Python 脚本上传至 OpenMV 设备，实时执行程序并与外部硬件进行交互，从而实现各种有趣的应用。

总的来说，OpenMV 提供了一种简易的方式来实现实时视觉处理，让开发者可以快速搭建自己的视觉系统，从而探索和应用计算机视觉技术。

图 3-1-1 所示为 OpenMV4-Plus-的引脚图，后续接线可以参考该图像或者查看 OpenMV 背面标注。OpenMV 的所有引脚均可承受 5 V 电压，其输出电压为 3.3 V。所有引脚都可以提供最高 25 mA 的拉电流（source）或灌电流（sink）。

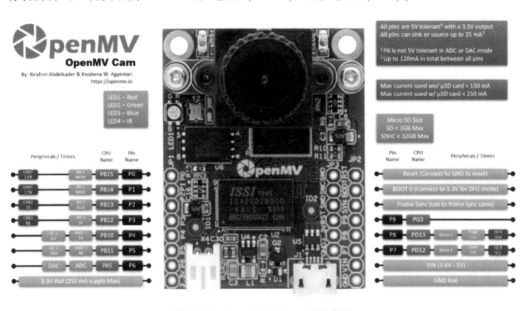

图 3-1-1　OpenMV4-Plus-的引脚图

二、OpenMV 原理解析

使用 OpenMV 进行条形码识别时，先获取图像并将每个检测到的条形码用矩形框框出，获取条形码类型、数据、旋转角度等信息，同时打印条形码并在终端显示。若没有检测到条形码则会重新获取图像。对于二维码识别及条形码识别，需要考虑镜头的畸变问题，可以使用 OpenMV 内置的算法 lens corr（）来矫正畸变。但软件的算法会导致识别帧率下降，如果想在不降低帧率的同时保证识别精确度，可以采用无畸变镜头。

实训操作准备

一、材料清单

材料清单见表 3-1-1。

表 3-1-1　材料清单

序号	名称	型号	数量
1	OpenMV	主板+OV5640 500 W 模组	1

二、OpenMV 识别条形码程序设计

程序代码如下：

```
1    # 条形码识别例程
2    #
3    # 这个例子展示了使用 OpenMV Cam M7 来检测条形码是多么容易。条形码检测不适用于 M4
4      相机。
5
6    import sensor, image, time, math
7
8    sensor.reset()
9    sensor.set_pixformat(sensor.GRAYSCALE)
10   sensor.set_framesize(sensor.VGA) # High Res!
11   sensor.set_windowing((640, 80)) # V Res of 80==less work (40 for 2X the speed).
12   sensor.skip_frames(time = 2000)
13   sensor.set_auto_gain(False)   # 必须关闭此功能,以防止图像冲洗…
14   sensor.set_auto_whitebal(False)   # 必须关闭此功能,以防止图像冲洗…
15   clock = time.clock()
16
17   # 条形码检测可以在 OpenMV Cam 的 OV7725 相机模块的 640×480 分辨率下运行。
18   # 条形码检测也将在 RGB565 模式下工作,但分辨率较低。
19   # 也就是说,条形码检测需要更高的分辨率才能正常工作,因此应始终以 640×480 的灰度运行。
```

```
20    def barcode_name( code ) :
21        if( code.type( ) = =image.EAN2 ) :
22            return " EAN2"
23        if( code.type( ) = =image.EAN5 ) :
24            return " EAN5"
25        if( code.type( ) = =image.EAN8 ) :
26            return " EAN8"
27        if( code.type( ) = =image.UPCE ) :
28            return " UPCE"
29        if( code.type( ) = =image.ISBN10 ) :
30            return " ISBN10"
31        if( code.type( ) = =image.UPCA ) :
32            return " UPCA"
33        if( code.type( ) = =image.EAN13 ) :
34            return " EAN13"
35        if( code.type( ) = =image.ISBN13 ) :
36            return " ISBN13"
37        if( code.type( ) = =image.I25 ) :
38            return " I25"
39        if( code.type( ) = =image.DATABAR ) :
40            return " DATABAR"
41        if( code.type( ) = =image.DATABAR_EXP ) :
42            return " DATABAR_EXP"
43        if( code.type( ) = =image.CODABAR ) :
44            return " CODABAR"
45        if( code.type( ) = =image.CODE39 ) :
46            return " CODE39"
47        if( code.type( ) = =image.PDF417 ) :
48            return " PDF417"
49        if( code.type( ) = =image.CODE93 ) :
50            return " CODE93"
51        if( code.type( ) = =image.CODE128 ) :
52            return " CODE128"
53
54    while( True ) :
55        clock.tick( )
56        img =sensor.snapshot( )
57        codes =img.find_barcodes( )
58        for code in codes :
```

```
59        img.draw_rectangle( code.rect( ) )
60        print_args = ( barcode_name( code ), code.payload( ), ( 180  *  code.rotation( ) ) /
61          math.pi, code.quality( ), clock.fps( ) )
62        print( " Barcode %s, Payload \" %s\", rotation %f ( degrees ), quality %d, FPS %f"
63          % print_args )
64      if not codes:
65        print( " FPS %f"  % clock.fps( ) )
```

三、OpenMV 识别二维码程序设计

程序代码如下:

```
1   # 二维码例程
2   #
3   # 这个例子展示了 OpenMV Cam 使用镜头校正来检测 QR 码的功能( 请参阅 qrcodes_with_lens
4   _corr.py 脚本以获得更高的性能) 。
5   import sensor, image, time
6
7   sensor.reset( )
8   sensor.set_pixformat( sensor.RGB565 )
9   sensor.set_framesize( sensor.QVGA )
10  sensor.skip_frames( time = 2000 )
11  sensor.set_auto_gain( False )    # 必须关闭此功能,以防止图像冲洗…
12  clock = time.clock( )
13
14  while( True ):
15      clock.tick( )
16      img = sensor.snapshot( )
17      img.lens_corr( 1.8 ) # 1.8 的强度参数对于 2.8mm 镜头来说是不错的。
18      for code in img.find_qrcodes( ):
19          img.draw_rectangle( code.rect( ), color = ( 255, 0, 0 ) )
20          print( code )
21      print( clock.fps( ) )
```

▤ 安装与调试

一、OpenMV IDE 的安装

(1) IDE 下载

搜索下载网址 https://singtown.com/openmv-download/, 进入图 3-1-2 所示页面进行安装版本选择。

软件下载
2.5.1

OPENMV IDE中文版 由 *星瞳科技* 联合美国官方独家发布

图 3-1-2　软件下载与版本选择页面

（2）OpenMV IDE 安装流程

下载完成后，单击图 3-1-3 中的"下一步"。

图 3-1-3　软件安装向导

选择安装路径，默认安装路径是 C 盘，可修改为其他路径（如 D 盘），如图 3-1-4 所示，单击"下一步"。

图 3-1-4　安装路径选择界面

选择安装路径后，进入接受许可协议界面，如图 3-1-5 所示，选择"我接受此许可"，单击"下一步"。

图 3-1-5　接受许可协议界面

选入安装界面，中途会提示安装驱动，默认选择"安装"即可，如图 3-1-6 所示。

图 3-1-6　安装驱动

安装完成界面如图 3-1-7 所示。

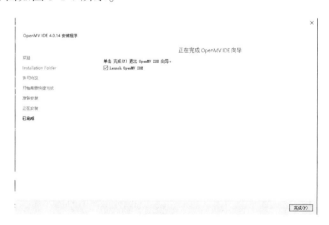

图 3-1-7　安装完成界面

二、硬件连接

如图 3-1-8 所示，硬件连接即把 OpenMV 上的 microUSB 接口接线并插入电脑。

图 3-1-8　OpenMV 硬件连接

三、代码调试

代码调试步骤如下：

① 粘贴代码。

② 点击链接按钮，如图 3-1-9 所示。

③ 连接成功后，运行按钮会变成绿色高亮，点击运行按钮，如图 3-1-10 所示。

图 3-1-9　链接按钮

图 3-1-10　运行按钮

④ 扫描条形码或二维码，在串行终端查看数据，如图 3-1-11 所示。

⑤ 当使用扫描条形码的代码对条形码进行扫描时，若发现串行终端条形码的有效载荷的字符串为 6935683300106（这是条形码最重要的数据），说明已经成功运行，如图 3-1-12 所示。

图 3-1-11　OpenMV 运行图

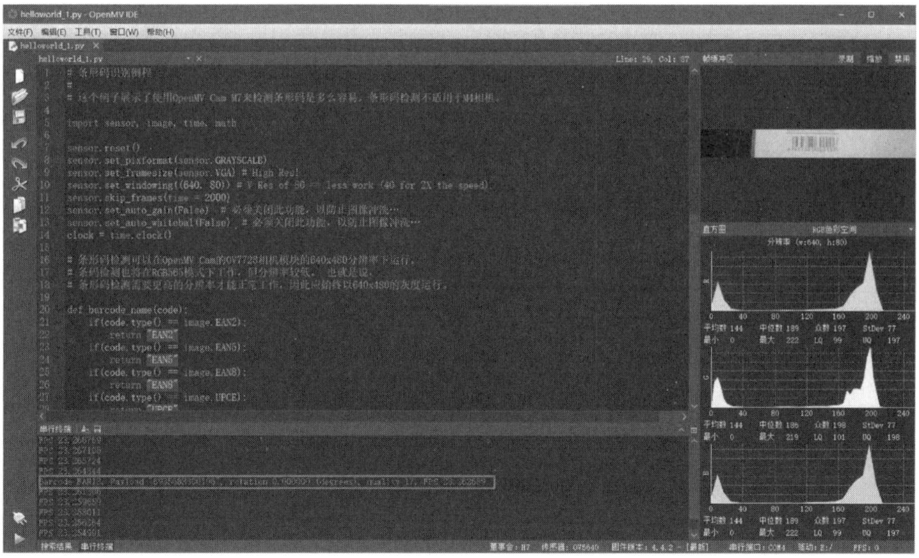

图 3-1-12　条形码扫描串行终端显示

当使用扫描二维码的代码对二维码进行扫描时，若发现串行终端二维码的内容是"123+321"，说明已经成功运行，如图 3-1-13 所示。

图 3-1-13　二维码扫描串行终端显示

项目二

基于 STM32 的循迹避障小车

📑 实训知识储备

一、超声波测距模块

超声波测距模块是根据超声波遇障碍反射的原理进行测距的，它能够发送超声波、接收超声波并通过处理输出一段和发送与接收间隔时间相同的高电平信号，是常用的测距模块之一。HC-SR04 超声波模块是最常用的超声波测距模块之一，可提供 2～400 cm 的非接触式距离感测功能，测距精度可达 3 mm，工作电压为 5 V，内部模块包括超声波发射器、接收器与控制电路。HC-SR04 超声波模块实物如图 3-2-1 所示。

图 3-2-1　HC-SR04 超声波模块

接口说明如下：

① Vcc：直流 5 V 电压输入口。

② GND：接地口。

③ Trig：触发控制信号输入口。

④ Echo：回响信号输出口。

HC-SR04 超声波模块的工作原理是：采用 IO 触发测距给至少 10 μs 的高电平信号。模块自动发送 8 个 40 kHz 的方波，自动检测是否有信号返回。

若有信号返回，则通过 Echo 引脚输出一高电平，高电平持续的时间就是超声波从发射到返回的时间，测试距离 $= \dfrac{\text{高电平持续时间}\times\text{声速（340 m/s）}}{2}$。

二、5 路循迹红外传感器

5 路循迹红外传感器采用 TCRT5000，利用红外光探测，其特点是灵敏度高、抗干扰能力强、稳定性好、安全可靠性高。TCRT5000 传感器的红外发射二极管不断发射红外线，当发射出的红外线没有被反射回来或被反射回来但强度不够大时，红外接收管就一直处于关断状态，此时模块的输出端为高电平，指示二极管一直处于熄灭状态；当被检测物体出现在检测范围内时，红外线被反射回来且强度足够大，红外接收管饱和，此时模块的输出端为低电平，指示二极管被点亮。

图 3-2-2　5 路循迹红外传感器模块

实际上，因为循迹线路为黑色胶带，所以红外线被黑色胶带吸收，导致反射回来的红外线强度不够，因此在黑线上时，循迹模块的指示灯会灭，利用单片机读取电平则会显示 1，而在白色空地上时指示灯又会被点亮，利用单片机读取电平显示 0。5 路循迹红外传感器模块实物图如图 3-2-2 所示。

接口说明如下：

① Vcc：外接 3.3~5 V 电压，可以直接与 5 V 单片机和 3.3 V 单片机相连。

② GND：接地口。

③ OUT：小板数字量输出接口（0 或 1）。

三、7 针 OLED 显示屏

有机发光二极管（organic light emitting diode，OLED）又称有机电激光显示，OLED 显示技术具有自发光的特性，其采用薄的有机材料涂层和玻璃基板，当有电流通过时，这些有机材料就会发光。OLED 具有自发光、不需背光源（只上电是不会亮的，驱动程序和接线正确才会点亮）、对比度高、厚度小、视角广、反应速度快、可用于挠曲面板、使用温度范围广、结构及制作简单、功耗低等优异特性。最早接触的 12864 屏都是 LCD 的，需要背光，功耗较高，而 OLED 的功耗低，更加适合小系统；两者的发光材料不同，在不同的环境中，OLED 的显示效果较佳。模块供电可以是 3.3 V，也可以是 5 V，不需要修改模块电路，OLED 屏具有多个控制指令，可以控制 OLED 的亮度、对比度、开关升压电路等。OLED 操作方便、功能丰富，可以显示汉字、ASCII、图案等，同时为了将其应用在产品上，OLED 往往预留 4 个 M3 固定孔，方便用户将其固定在机壳上。7 针 OLED 显示屏模块实物如图 3-2-3 所示。

图 3-2-3　7 针 OLED 显示屏模块

接口说明如下：

① GND：接地口。

② VCC：电源正 3.3 V。

③ D0：SPI 接口时为 SPI 时钟线，IIC 接口时为 IIC 时钟线。

④ D1：SPI 接口时为 SPI 数据线，IIC 接口时为 IIC 数据线。

⑤ RES：OLED 复位，OLED 在上电后需要一次复位。

⑥ DC：SPI 数据/命令选择脚，IIC 接口时用来设 IIC 地址。

⑦ CS：OLED SPI 片选，低电平有效，如不想用必接地。

四、直流电动机和驱动模块

直流电动机是指能将直流电能转换成机械能的设备，其两端接上额定的直流电源（如电池）就能转动。小型直流电动机广泛应用在各种电动玩具中，如遥控小车、遥控舰船、小机器人等。直流电动机分有刷直流电动机和无刷直流电动机两种，电动玩具中使用的大多是有刷直流电动机，计算机的散热风扇使用的是无刷直流电动机。遥控小车中使用电动机时通常要用变速器降低转速，但在降低转速的同时也增加了力矩。图 3-2-4 所示为常见的 TT 马达小黄电动机。

图 3-2-4　TT 马达小黄电动机

有了电动机，必不可少的就是驱动，常用的驱动模块为 L298N。L298N 就是 L298 的立式封装，是一款可接受高电压、大电流的双路全桥式电动机驱动芯片，工作电压可达 46 V，输出电流最高可至 4 A，接受标准 TTL 逻辑电平信号，具有两个使能控制端，在不受输入信号影响的情况下可以通过板载跳帽插拔的方式动态调整电路运作方式。它有一个逻辑电源输入端，通过内置的稳压芯片 78MO5 可以使内部逻辑电路部分在低电压下工作，也可以对外输出 5 V 逻辑电压。为了避免稳压芯片损坏，当使用大于 12 V 的驱动电压时，务必使用外置的 5 V 接口独立供电。

L298N 通过控制主控芯片上的 I/O 输入端，直接通过电源来调节输出电压，即可实现电动机的正转、反转、停止。由于 L298N 电路简单、使用方便，通常情况下可直接驱动继电器（四路）、螺线管、电磁阀、直流电动机（两台）及步进电动机（一台两相或四相）。图 3-2-5 所示为 L298N 电动机驱动板。

图 3-2-5　L298N 电动机驱动板

新手使用 L298N 时很容易出现接线错误的情况，因此需要特别注意 L298N 的接线，如图 3-2-6 所示。

接口说明如下：

① 12 V 供电：电池正极接线。

② 供电 GND：电池负极及单片机上的 GND。

③ 5 V 供电：单片机 5 V 输入口。

④ 通道 A/B 使能：单片机上的定时器通道任取其二。

⑤ 逻辑输入：单片机上正常推挽输出 I/O

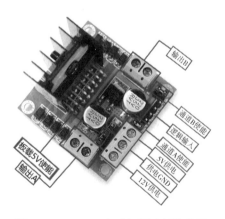

图 3-2-6　L298N 电动机驱动板接线图

口任取四。

⑥ 输出 A/B：一个电动机接输出 A，另一个电动机接输出 B，电动机连线无需区分，后期可以调整。

五、STM32 单片机

新手入门一般推荐使用 STM32F103C8T6 芯片制作的最小系统板。该芯片 FLASH 内存为 64 K，RAM 内存为 20 K，具有 4 个定时器、3 个串口，可以满足新手学习的基本需求。同时，最小系统板采用焊针设计，如图 3-2-7 所示，一旦发生意外（如短路），方便拔下来换上新的单片机。

图 3-2-7　STM32F103C8T6 最小系统板

六、基于 STM32 单片机的循迹避障小车

循迹避障小车在接通电源打开开关后，在 OLED 屏的第一行会显示 5 路循迹模块各个检测器的当前状态，例如当中间的探测头检测到黑线时，整个 OLED 第一行会显示 00100，在 OLED 屏的第二行则会显示障碍物与小车的当前距离。用 OLED 来显示各个模块检测参数的可视化方法可以较为方便地发现各个模块是否出现问题。比如，当障碍物放在距离小车 20 cm 的位置，而小车上的 OLED 屏显示 100 cm，此时就需要对超声波模块进行检查，或者对代码进行校验。

小车开始行驶时，会一边进行循迹模块数据的读取，一边对前方障碍物进行测距，当黑线在左侧（即小车的位置过于靠近右侧）时，OLED 屏显示 10000 或 11000，需要采取措施让小车朝左侧靠拢，代码端的反映情况应该是左侧轮子减速、右侧轮子加速，这样便可以实现向左转；同时，一旦超声波模块传回来的数据计算得出的结果小于避让距离，小车就会立即停止当前的代码循迹并实施避障措施，比如向右转一个 180°左右的大弯来躲开障碍物，然后再进行循迹代码的运行。

实训操作准备

一、材料清单

材料清单见表 3-2-1。

表 3-2-1　材料清单

序号	名称	型号	数量
1	STM32F103C8T6	STM32F103C8T6（不焊但送排针）	2
2	OLED	0.96 寸 OLED 7 针（白色显示）	1
3	5 路循迹模块	tcrt5000l 5 路循迹红外传感器（送杜邦线）	1
4	L298N 电动机驱动模块	L298N 直流步进电动机驱动板模块（红色版新款）	1
5	12 V 小蓝电池	3 节 12 V 1500 mA 双头（送充电器）	1
6	万向轮		1
7	橡皮轮		2
8	电动机固定件		2
9	小黄电动机	1：48 单轴	2
10	ST-LINK		1
11	CH340 USB 转 TTL		1
12	面包板	400 孔面包板，8.5 mm×8.5 mm，可组合拼接	1
13	超声波模块	HC-SR04 新版本，宽电压 3.3～5 V	1

二、STM32 单片机程序设计

STM32 单片机程序一般在 Keil5 软件上写成，需要提前安装好该软件及包含对应芯片的芯片包。STM32 单片机的代码是项目类型的，可以在其中按照不同的模块写出对应的模块代码，然后在函数中进行调用。其程序编写采用了模块化设计的方法，需要准备好各个模块的代码（如超声波模块各个函数，循迹探测头状态读取函数，OLED 显示数字函数，小车左转、右转、直行、刹车函数等），在主函数中根据指令调用相应的函数，采用模块化设计简化程序，使层次更加清楚，也便于调试、修改和维护。

注：这里先对下文要出现的 xx.c 与 xx.h 进行一个简单的解释，方便大家理解。通常习惯于在以 .h 结尾的文件中写入函数的声明或定义，方便其他以 .c 结尾的文件进行函数的调用，而以 .c 结尾的文件中一般是函数的具体内容。例如，在 motor.h 文件中命名一个叫 motorA_ctrl（）的函数来控制 A 号电动机（当然这个名字可以随便起），在 motor.c 文件中会把 motorA_ctrl（）这个函数如何实现控制 A 号电动机的程序写出来。在 main.c 文件中就可以先在前面进行头文件的调用，就像"include 'motor.h'"，然后在主函数 main（）中使用 motorA_ctrl（）这个函数。初学 C 语言的朋友应该会发现第一行代码就是"include 'stdio.h'"，其实这就是对一个名为 stdio 的库进行调用，如果不写这句话，就无法在 main（）中使用 printf（）这样的函数了。而在这里将库换成了 motor，而且这个库是我们自己建立的，这样就方便我们在 main（）中用到类似的话时不需要复制粘贴一段代码，只需简单地调用一个函数就能实现功能。

程序代码如下：

（1）main. c

```
1    #include " delay.h"
2    #include " key.h"
3    #include " sys.h"
4    #include " oled.h"
5    #include " moter.h"
6    #include " steer.h"
7    #include " xunji.h"
8    #include " csb.h" //头文件的调用
9    extern float distance1 =0;
10   int main( void)
11   {
12       delay_init( ) ;
13       RCC_APB2PeriphClockCmd( RCC_APB2Periph_GPIOB I RCC_APB2Periph_AFIO, ENABLE) ;
14       GPIO_PinRemapConfig( GPIO_Remap_SWJ_JTAGDisable, ENABLE) ;
15       MOTER_Init( ) ;
16       TIM1_PWM_Init( 49,71) ;
17       xunji_init( ) ;
18   TIM4_Cap_Init( ) ;
19       OLED_Init( ) ;//各个模块初始化
20
21   while( 1)
22   {
23   distance1 =CSB_begin1( ) ;
24       if( distance1<20)
25       {
26       MotorA_Ctrl( 30) ;
27       MotorB_Ctrl( 0) ;
28       delay_ms( 500) ;
29       delay_ms( 300) ;
30
31       MotorA_Ctrl( 30) ;
32       MotorB_Ctrl( 30) ;
33       delay_ms( 500) ;
34       delay_ms( 500) ;
35
36       MotorA_Ctrl( 0) ;
37       MotorB_Ctrl( 30) ;
38       delay_ms( 500) ;
```

```
39          delay_ms(500);
40
41          MotorA_Ctrl(30);
42          MotorB_Ctrl(30);
43          delay_ms(500);
44          delay_ms(200);
45
46          MotorA_Ctrl(0);
47          MotorB_Ctrl(30);
48          delay_ms(500);
49          delay_ms(500);
50
51          MotorA_Ctrl(30);
52          MotorB_Ctrl(30);
53          delay_ms(500);
54          delay_ms(200);
55
56          MotorA_Ctrl(30);
57          MotorB_Ctrl(0);
58          delay_ms(500);
59          delay_ms(400);
60
61          MotorA_Ctrl(0);
62          MotorB_Ctrl(0);
63
64      }
65
66  if(xunji_ML==0&&xunji_SL==1&&xunji_M==1&&xunji_SR==1&&xunji_MR==1)
67  //01111
68      {
69          MotorA_Ctrl(30);
70          MotorB_Ctrl(0);
71          delay_ms(10);
72      }
73  if(xunji_ML==1&&xunji_SL==0&&xunji_M==1&&xunji_SR==1&&xunji_MR==1)
74  //10111
75      {
76          MotorA_Ctrl(30);
77          MotorB_Ctrl(0);
```

```
78              delay_ms(10);
79              }
80     if(xunji_ML==1&&xunji_SL==1&&xunji_M==0&&xunji_SR==1&&xunji_MR==1)
81     //11011
82              {
83              MotorA_Ctrl(30);
84              MotorB_Ctrl(30);
85              }
86
87     if(xunji_ML==1&&xunji_SL==1&&xunji_M==1&&xunji_SR==0&&xunji_MR==1)
88     //11101
89              {
90              MotorA_Ctrl(0);
91              MotorB_Ctrl(30);
92              delay_ms(10);
93              }
94     if(xunji_ML==1&&xunji_SL==1&&xunji_M==1&&xunji_SR==1&&xunji_MR==0)
95     //11110
96              {
97              MotorA_Ctrl(0);
98              MotorB_Ctrl(30);
99              delay_ms(10);
100             }
101               if(xunji_SL==0&&xunji_M==0&&xunji_SR==0)//11110
102             {
103             MotorA_Ctrl(0);
104             MotorB_Ctrl(0);
105             }
106    //利用 if 判断语句对小车当前相对黑线的位置进行判断,做出反应
107            OLED_ShowNum(0,12,xunji_ML,1,12);
108            OLED_ShowNum(12,12,xunji_SL,1,12);
109            OLED_ShowNum(24,12,xunji_M,1,12);
110            OLED_ShowNum(36,12,xunji_SR,1,12);
111            OLED_ShowNum(48,12,xunji_MR,1,12);
112            OLED_ShowNum(0,24,distance1,5,12);
113            OLED_Refresh_Gram();
114    //显示状态到 OLED 屏上
115    }
116    }
```

（2） motor. h

```
1    #ifndef __MOTER_H
2    #define__MOTER_H
3    #include " stm32f10x.h"
4    #include " sys.h"
5
6    void TIM1_PWM_Init( u16 arr,u16 psc) ;
7    void MOTER_Init( void) ;
8
9    void MotorA_Ctrl( int Compare) ;
10   void MotorB_Ctrl( int Compare) ;
11   void MotorC_Ctrl( int Compare) ;
12   void MotorD_Ctrl( int Compare) ;
13   #endif
14
```

（3） motor. c

```
1    #include " motor.h"
2    #include " delay.h"
3    #include " stm32f10x.h"
4    #include " stm32f10x_tim.h"
5    void MOTER_Init( void)
6    {
7      GPIO_InitTypeDef   GPIO_InitStructure;
8
9      RCC_APB2PeriphClockCmd( RCC_APB2Periph_GPIOB IRCC_APB2Periph_AFIO,ENABLE) ;
10   GPIO_PinRemapConfig( GPIO_Remap_SWJ_JTAGDisable,ENABLE) ;
11
12     GPIO_InitStructure.GPIO_Pin =GPIO_Pin_0IGPIO_Pin_1IGPIO_Pin_10IGPIO_Pin_11;
13     GPIO_InitStructure.GPIO_Mode =GPIO_Mode_Out_PP;
14     GPIO_InitStructure.GPIO_Speed =GPIO_Speed_50MHz;
15     GPIO_Init( GPIOB, &GPIO_InitStructure) ;
16     GPIO_ResetBits( GPIOB,GPIO_Pin_0IGPIO_Pin_1IGPIO_Pin_10IGPIO_Pin_11) ;
17
18   }
19
20   void TIM1_PWM_Init( u16 arr,u16 psc)
21   {
22       GPIO_InitTypeDef GPIO_InitStructure;
23       TIM_TimeBaseInitTypeDef   TIM_TimeBaseStructure;
```

```
24      TIM_OCInitTypeDef    TIM_OCInitStructure;
25      RCC_APB2PeriphClockCmd( RCC_APB2Periph_TIM1, ENABLE);
26      RCC_APB2PeriphClockCmd( RCC_APB2Periph_GPIOA, ENABLE);
27
28      GPIO_InitStructure.GPIO_Pin =GPIO_Pin_8 | GPIO_Pin_9;
29      GPIO_InitStructure.GPIO_Mode =GPIO_Mode_AF_PP;
30      GPIO_InitStructure.GPIO_Speed =GPIO_Speed_50MHz;
31      GPIO_Init( GPIOA, &GPIO_InitStructure);
32      TIM_TimeBaseStructure.TIM_Period =arr;
33      TIM_TimeBaseStructure.TIM_Prescaler =psc;
34      TIM_TimeBaseStructure.TIM_ClockDivision =0;
35      TIM_TimeBaseStructure.TIM_CounterMode =TIM_CounterMode_Up;
36      TIM_TimeBaseInit( TIM1, &TIM_TimeBaseStructure);
37      TIM_OCInitStructure.TIM_OCMode =TIM_OCMode_PWM1;
38      TIM_OCInitStructure.TIM_OutputState =TIM_OutputState_Enable;
39      TIM_OCInitStructure.TIM_OCPolarity =TIM_OCPolarity_High;
40      TIM_OC1Init( TIM1, &TIM_OCInitStructure);
41      TIM_OC2Init( TIM1, &TIM_OCInitStructure);
42
43
44    TIM_CtrlPWMOutputs (TIM1,ENABLE );
45
46    TIM_OC1PreloadConfig( TIM1, TIM_OCPreload_Enable);
47    TIM_OC2PreloadConfig( TIM1, TIM_OCPreload_Enable);
48    TIM_Cmd( TIM1, ENABLE);
49  }
50  void MotorA_Ctrl( int Compare)
51  {
52      if( Compare>Pwm_Er)
53      {
54      GPIO_ResetBits( GPIOB,GPIO_Pin_0);
55      GPIO_SetBits( GPIOB,GPIO_Pin_1);
56      TIM_SetCompare1( TIM1,Compare);
57      }
58      else if( Compare<-Pwm_Er)
59      {
60      GPIO_SetBits( GPIOB,GPIO_Pin_0);
61      GPIO_ResetBits( GPIOB,GPIO_Pin_1);
62      TIM_SetCompare1( TIM1,-Compare);
```

```
63          }
64          else
65          {
66          GPIO_ResetBits( GPIOB,GPIO_Pin_0);
67          GPIO_ResetBits( GPIOB,GPIO_Pin_1);
68          }
69      }
70      void MotorB_Ctrl( int Compare)
71      {
72          if( Compare>Pwm_Er)
73          {
74          GPIO_ResetBits( GPIOB,GPIO_Pin_10);
75          GPIO_SetBits( GPIOB,GPIO_Pin_11);
76          TIM_SetCompare2( TIM1,Compare);
77          }
78          else if( Compare<-Pwm_Er)
79          {
80          GPIO_SetBits( GPIOB,GPIO_Pin_10);
81          GPIO_ResetBits( GPIOB,GPIO_Pin_11);
82          TIM_SetCompare2( TIM1,-Compare);
83          }
84          else
85          {
86          GPIO_ResetBits( GPIOB,GPIO_Pin_10);
87          GPIO_ResetBits( GPIOB,GPIO_Pin_11);
88          }
89      }
```

（4）xunji. h

```
1      #ifndef __XUNJI_H
2      #define __XUNJI_H
3
4      #include " stm32f10x.h"
5
6      #define xunji_ML GPIO_ReadInputDataBit( GPIOA,GPIO_Pin_0)
7      #define xunji_SL GPIO_ReadInputDataBit( GPIOA,GPIO_Pin_1)
8      #define xunji_M GPIO_ReadInputDataBit( GPIOA,GPIO_Pin_2)
9      #define xunji_SR GPIO_ReadInputDataBit( GPIOA,GPIO_Pin_3)
10     #define xunji_MR GPIO_ReadInputDataBit( GPIOA,GPIO_Pin_4)
```

```
11
12    void xunji_init(void);
13    #endif
14
```

(5) xunji. c

```
1    #include " xunji.h"
2    #include " delay.h"
3
4    void xunji_init(void)
5    {
6      GPIO_InitTypeDef GPIO_InitStructure;
7    RCC_APB2PeriphClockCmd( RCC_APB2Periph_GPIOA, ENABLE); //PC
8
9      GPIO_InitStructure.GPIO_Pin =   GPIO_Pin_0 | GPIO_Pin_1 | GPIO_Pin_2 | GPIO_Pin_3 |
          GPIO_Pin_4;
10     GPIO_InitStructure.GPIO_Mode =GPIO_Mode_IPU;
11     GPIO_InitStructure.GPIO_Speed =GPIO_Speed_50MHz;
12     GPIO_Init( GPIOA, &GPIO_InitStructure);
13
14   }
```

(6) sonic. h

```
1    #ifndef __SONIC_H
2    #define __SONIC_H
3    #include " sys.h"
4
5    #define Trig1 PBout(8)
6    void TIM4_Cap_Init(void);
7    void TIM4_IRQHandler(void);
8    float CSB_begin1(void);
9
10   #endif
```

(7) sonic. c

```
1    #include " csb.h"
2    #include " led.h"
3    #include " delay.h"
4    #include " sys.h"
5    #include " duoji.h"
6    #include " key.h"
```

```
7    #include " oled.h"
8    extern vu8 key;
9    void TIM4_Cap_Init( void)
10   {
11   GPIO_InitTypeDef GPIO_InitStructure;
12   TIM_TimeBaseInitTypeDef   TIM_TimeBaseStructure;
13   NVIC_InitTypeDef NVIC_InitStructure;
14
15   RCC_APB1PeriphClockCmd( RCC_APB1Periph_TIM4, ENABLE);
16   RCC_APB2PeriphClockCmd( RCC_APB2Periph_GPIOB, ENABLE);
17   GPIO_InitStructure.GPIO_Pin =( GPIO_Pin_8);
18   GPIO_InitStructure.GPIO_Mode =GPIO_Mode_Out_PP;
19   GPIO_InitStructure.GPIO_Speed =GPIO_Speed_50MHz;
20   GPIO_Init( GPIOB, &GPIO_InitStructure);
21   GPIO_ResetBits( GPIOB,GPIO_Pin_8);
22   GPIO_InitStructure.GPIO_Pin =( GPIO_Pin_9);
23   GPIO_InitStructure.GPIO_Mode =GPIO_Mode_IPD;
24   GPIO_InitStructure.GPIO_Speed =GPIO_Speed_50MHz;
25   GPIO_Init( GPIOB, &GPIO_InitStructure);
26   GPIO_ResetBits( GPIOB,GPIO_Pin_9);
27
28   TIM_TimeBaseStructure.TIM_Period =1000-1;
29   TIM_TimeBaseStructure.TIM_Prescaler =72-1;
30   TIM_TimeBaseStructure.TIM_ClockDivision =TIM_CKD_DIV1;
31   TIM_TimeBaseStructure.TIM_CounterMode =TIM_CounterMode_Up;
32   TIM_TimeBaseInit( TIM4, &TIM_TimeBaseStructure);
33
34   NVIC_InitStructure.NVIC_IRQChannel =TIM4_IRQn;
35   NVIC_InitStructure.NVIC_IRQChannelPreemptionPriority =2;
36   NVIC_InitStructure.NVIC_IRQChannelSubPriority =0;
37   NVIC_InitStructure.NVIC_IRQChannelCmd =ENABLE;
38   NVIC_Init( &NVIC_InitStructure);
39   TIM_ITConfig( TIM4,TIM_IT_Update,ENABLE);
40   TIM_Cmd( TIM4,DISABLE );          }
41   int overcount1 =0;
42   void TIM4_IRQHandler( void)
43   {
44       if ( TIM_GetITStatus( TIM4, TIM_IT_Update)! =RESET)
45       {
```

```
46        TIM_ClearITPendingBit(TIM4, TIM_IT_Update);
47        overcount1++;
48      }
49    }
50    float distance1;
51
52    float CSB_begin1()
53    {
54        float length1 =0,sum1 =0;
55        u16 tim1;
56        int i1 =0;
57
58        while(i1!  =5)
59        {
60            PBout(8) =1;
61            delay_us(20);
62            PBout(8) =0;
63            while(GPIO_ReadInputDataBit(GPIOB,GPIO_Pin_9) = =RESET);
64
65            TIM_Cmd(TIM4,ENABLE );
66            i1+ =1;
67
68            while(GPIO_ReadInputDataBit(GPIOB,GPIO_Pin_9) = =SET);
69            TIM_Cmd(TIM4,DISABLE );
70
71            tim1 =TIM_GetCounter(TIM4);
72            length1 =(tim1+overcount1 * 1000) * 0.017;
73            sum1 =length1+sum1;
74
75            TIM4->CNT =0;
76
77            overcount1 =0;
78            delay_ms(10);
79        }
80
81        distance1 =sum1/5;
82    return distance1;
83    }
```

安装与调试

循迹避障小车可以使用现成的套件组装，超声波、5 路循迹和电动机驱动也使用成品模块，再用一块小面包板接线，因此安装工作并不复杂。

一、小车底盘装配

先将减速电动机安装在底盘上，然后将万向轮固定在底盘上，将两只车轮固定到电动机轴上，同时将 L298N 固定在小车上（用胶水粘住或用螺丝固定），这样小车就装好了，如图 3-2-8 所示。

图 3-2-8　电动机、万向轮、L298N 固定图

二、控制电路搭建

在底盘上用螺钉固定好 STM32 印制电路板或面包板、超声波模块、5 路循迹模块，装上电源、开关。用杜邦线连接各模块和控制器，连接电动机，在电源正极连线中接入电池开关。循迹避障小车安装图如图 3-2-9 所示，整体接线示意图如图 3-2-10 所示。

接线情况如下。

① 超声波 HC-SR04：Vcc 接面包板正极；Trig 接 B8；Echo 接 B9；GND 接面包板负极。

图 3-2-9　循迹避障小车安装图

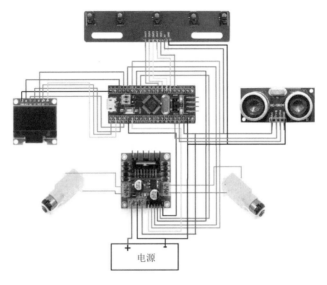

图 3-2-10　循迹避障小车整体接线示意图

② 5 路循迹红外传感器：GND 接面包板负极；5 V 接面包板正极；OUT1 接 A0；OUT2 接 A1；OUT3 接 A2；OUT4 接 A3；OUT5 接 A4。

③ 7 针 OLED 显示屏：GND 接面包板负极；VCC 接单片机上的 3.3 V；D0 接 B15；D1 接 B14；RES 接单片机上的 R；DC 接 B12；CS 接 B13。

④ L298N：左侧 OUT1、OUT2 接左侧电动机线（两根线分别接 OUT1、OUT2）；右侧 OUT3、OUT4 接右侧电动机线；12 V 接电池正极；GND 接电池负极与面包板负极；5 V 接面包板正极；ENA 接 A9；IN1 接 B10；IN2 接 B11；IN3 接 B1；IN4 接 B0；ENB 接 A8。

⑤ 单片机：5 V 接面包板正极；G 接面包板负极。

三、下载程序与调试

单片机代码的烧录采用 ST-LINK 驱动，需要提前安装好对应的驱动软件。ST-LINK 是专门针对意法半导体 STM8 和 STM32 系列芯片的仿真器。ST-LINK /V2 指定的 SWIM 标准接口和 JTAG / SWD 标准接口的主要功能如下。

① 编程功能：可烧写 FLASH ROM、EEPROM、AFR 等。

② 编程性能：采用 USB 2.0 接口进行 SWIM 和 JTAG / SWD 下载，下载速度快。

③ 仿真功能：支持全速运行、单步调试、断点调试等各种调试方法，可查看 I/O 状态、变量数据等。

④ 仿真性能：采用 USB 2.0 接口进行仿真调试、单步调试、断点调试，反应速度快。

写完代码之后，在上方工具栏找到单箭头向下的按钮进行编译，如图 3-2-11 所示。

图 3-2-11　编译按钮

当编译结果中显示 0 错误之后即可进行烧录（注：警告可以无视），如图 3-2-12所示。

```
Build target 'Target 1'
".\Objects\c8t6.axf" - 0 Error(s), 0 Warning(s).
Build Time Elapsed:   00:00:06
```

图 3-2-12　编译结果

烧录时点击上方工具栏中的 LOAD 双向下箭头按钮，如图 3-2-13 所示。

图 3-2-13　烧录按钮

成功烧录会显示 Verify OK. 语句，如图 3-2-14 所示。

图 3-2-14　烧录成功界面

在控制过程中如果发现小车的动作和操作不一致，说明存在故障或者接线错误，常见的故障和解决方法见表 3-2-2。

表 3-2-2　常见的故障和解决方法

序号	故障	解决方法
1	5 路循迹模块和黑线位置不匹配	在探测头外包裹黑胶带进行遮光或更换 5 路循迹模块
2	超声波无法正确显示数值	先检查接线，后检查代码，若问题仍存在则更换超声波模块
3	应当前进时小车后退	两个电动机的连线均接反了，调换每个电动机的接头
4	电动机不转	检查电动机和驱动模块的接线是否松动或者有错误
5	应当前进时小车原地打转	一个电动机的接线反了，调换接头
6	应当左转时小车右转，应当右转时小车左转	两个电动机连线接错，左右调换即可

项目三

基于 Arduino 的蓝牙控制小车

实训知识储备

一、元器件介绍

1. 蓝牙串口模块

蓝牙（bluetooth）是一种短距离无线传输技术，由通信协议和硬件收发器芯片组成，其特点是传输距离近、功耗低。它使用 2.4～2.4835 GHz 的 ISM 波段的无线电波，能够以无线电通信的方式简化掌上电脑、笔记本电脑和手机等移动通信终端设备之间的通信，也能够简化这些设备与因特网之间的通信。另外，无线鼠标、蓝牙耳机、无线遥控器、游戏手柄、新型数码相机、媒体播放器等设备中也使用了蓝牙技术。对于没有蓝牙的计算机，配置一个 USB 蓝牙适配器就可以和其他蓝牙设备通信了。

蓝牙遥控小车上用的蓝牙设备是一块蓝牙串口模块，通过它可以实现 Arduino 和计算机或手机之间的无线串口通信。蓝牙串口模块的外形和主要端口如图 3-3-1 所示，它可以方便地焊接到电路板上使用。有时候为了方便，将该模块焊接在一块底板上作为独立模块使用，底板上已经焊接好作蓝牙工作状态指示用的 LED 和插件等附件，电源电压范围也从原来的 3.3 V 扩展到 3.6～6 V，可以接 5 V 电源使用，引出接口包括 Vcc、GND、TXD、RXD 等，直接用杜邦线连接就可以使用，带底板的蓝牙串口模块如图 3-3-2 所示。蓝牙串口模块未配对时工作电流约 30 mA，配对后工作电流约 10 mA，有效通信距离可达 10 m，电源电压不超过 7 V。TXD 和 RXD 接口电平为 3.3 V，可以直接和 Arduino 连接，不用进行电平转换。TXD 为模块的发送端，使用时必须接另一个设备的 RXD；RXD 为模块的接收端，使用时必须接另一个设备的 TXD。

图 3-3-1　蓝牙串口模块

图 3-3-2　带底板的蓝牙串口模块

蓝牙串口模块有主机和从机之分，相互通信的一对必须一个是主机，一个是从机。因此蓝牙串口模块有主机、从机和主从一体机三种规格，其中主从一体机既可以作主机用，也可以作从机用，可通过编程确定其类型。本项目采用的是 HC-05 模块及主从一体机，在这里用作从机。

2. 直流电动机和驱动模块

此内容在项目二已有介绍，不再赘述。

图 3-3-3 所示为典型的直流减速电动机。直流电动机的工作电流较大，Arduino 的输出端口无法直接驱动，通常要使用晶体管或场效应晶体管作为开关并将其接在直流电源上，控制直流电动机的转动或停止。图中直流电动机使用了一组独立的电源，这样做的目的是防止直流电动机电刷产生的电火花及电压波动干扰 Arduino 的正常工作。

图 3-3-3　直流减速电动机

在电路中，当其中一个输出端输出高电平时，晶体管 VT 导通，直流电动机转动；输出低电平时，直流电动机停止。如果用 PWM 脉冲信号控制晶体管 VT，就可以通过调整脉冲宽度来改变直流电动机的速度。图中二极管 VD 用于吸收直流电动机断电时所产生的反向高压脉冲，以避免晶体管 VT 被反向高压击穿损坏。

上述电路中，直流电动机只能向一个方向转动，如果想让直流电动机改变旋转方向，就需要用到 H 桥集成电路，常用的驱动电动机的 H 桥集成电路有 L298N 和 L9110，其中 L298N 是双 H 桥电路，可以驱动两路电动机，其电路模块如图 3-3-4 所示。

图 3-3-4　L298N 电路模块

3. Arduino UNO 开发板

Arduino UNO 是一款广泛使用的开源微控制器开发板，基于 ATmega328P 微处理器。它拥有 14 个数字输入/输出引脚（其中 6 个可以用作 PWM 输出）、6 个模拟输入、一个 16 MHz 的晶体振荡器、一个 USB 接口、一个电源插孔、一个 ICSP 接口及一个复位按钮。Arduino UNO 非常适合初学者和高级用户进行快速原型设计和电子项目开发，它支持多种编程语言，但主要通过 Arduino IDE 使用 C 语言或 C++两种语言进行编程，这使得它易于学习和使用。此外，其庞大的用户社区和丰富的学习资源使得解决问题和分享经验更加容易。图 3-3-5 所示为一块 Arduino UNO 开发板。

图 3-3-5　Arduino UNO 开发板

二、蓝牙遥控小车的工作流程

蓝牙遥控小车的工作流程如图 3-3-6 所示。具体工作流程如下。

① 手机软件发送指令：用户通过手机软件向蓝牙模块（HC-05）发送控制指令，这些指令通常涉及前进、后退、左转、右转等操作。

② 蓝牙模块接收指令：HC-05 蓝牙模块作为接收端，接收来自手机软件的控制指令。HC-05 通过其串口与 Arduino UNO 主控板连接，可以将接收到的指令传输给

Arduino UNO。

③ Arduino UNO 处理指令：Arduino UNO 接收到来自 HC-05 的指令后，根据指令内容执行相应的处理逻辑。例如，如果接收到的是"前进"指令，Arduino UNO 将执行驱动电动机前进的逻辑代码。

④ L298N 电动机驱动模块执行动作：Arduino UNO 通过控制 L298N 电动机驱动模块来驱动小车的电动机进行相应的动作。L298N 能够控制电动机的方向和速度，从而使小车前进、后退、转向等。

⑤ 小车动作：小车根据用户通过手机软件发送的控制指令执行相应的动作，如前进、后退、左转或右转。

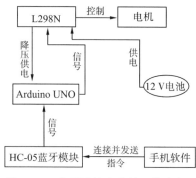

图 3-3-6　蓝牙遥控小车的工作流程图

实训操作准备

一、材料清单

材料清单见表 3-3-1。

表 3-3-1　材料清单

序号	名称	型号	数量（单位）
1	小车固定底板及配套支架	切割亚克力板	1（套）
2	直流减速电动机	DC3-6V 减速电动机	2（个）
3	电动机驱动模块	L298N	1（个）
4	面包板		1（只）
5	电池	12 V 锂电池	1（只）
6	杜邦线		若干
7	单片机开发板	Arduino UNO	1（块）

二、程序设计

1. Arduino 程序设计

Arduino 程序由串口接收和小车控制两部分组成。void loop（）函数主要接收串口指令数据，并根据接收到的指令数据进行相应的操作。

程序编写采用了模块化设计的方法，每个指令对应的动作都编写了一个函数，如前进函数、停止函数、右转函数、左转函数等，在 void loop（）函数中根据指令调用相应的函数即可。采用模块化设计简化了程序，使其层次更加清楚，也便于调试、修改和维护。

程序代码如下：

（1）引脚定义

```
charserial_val;//存储串口的数据
int left=3 ;//设定引脚号左前轮对应3.4号引脚   in1
int left2=6 ; // in2
int right=9 ;//设定引脚号右前轮对应2.3号引脚   in3
int right2=10 ;//in4
```

（2）模式配置

```
void setup( )
{
//设定引脚的模式
pinMode( right,OUTPUT) ;
pinMode( left,OUTPUT) ;
pinMode( right2,OUTPUT) ;
pinMode( left2,OUTPUT) ;


Serial.begin( 9600) ;//配置蓝牙串口波特率
}
```

（3）程序循环运行部分

```
void loop( )
    {

        if ( Serial.available( )>0)//检查串口有无数据
        {
        serial_val =Serial.read( ) ;
      if ( serial_val == ′0′)//发送 w 时前进
        {
        advance( ) ;
        Serial.println( " The car is ardvancing " ) ;

        }
        else if ( serial_val == ′1′)//发送 a 时左转
          {
        turn_left( ) ;
        Serial.println( " The car is turning left" ) ;
        }
        else if ( serial_val == ′2′)//发送 d 时右转
```

```
        }
    turn_right( ) ;
    Serial.println( " The car is turning right" ) ;
        }
    else   if ( serial_val == ´3´ ) //发送 r 时后退
        {
    retreat( ) ;
    Serial.println( " The car is retreating" ) ;
        }
    else   if ( serial_val == ´4´) //发送 s 时停止
        {
     stop( ) ;
    Serial.println( " The car is stopping" ) ;
        }


    }
  }
```

（4）功能函数定义

```
void advance( ) //前进函数
{
    digitalWrite( left, LOW) ;
    analogWrite( left2, 100) ;

    digitalWrite( right, LOW) ;
    analogWrite( right2, 100) ;

}
voidturn_left( ) //左转函数
{
    digitalWrite( left, LOW) ;
    digitalWrite( left2, LOW) ;
    digitalWrite( right, LOW) ;
    analogWrite( right2, 50) ;

}
voidturn_right( ) //右转函数
{
    digitalWrite( left, LOW) ;
```

```
    analogWrite(left2,50);
    digitalWrite(right,LOW);
    digitalWrite(right2,LOW);

    //digitalWrite( left, LOW);
    //analogWrite(left2, 100);
    //
    //digitalWrite( right, LOW);
    //digitalWrite( right2, 50);

}
void retreat( )//后退函数
{
    analogWrite(left,50);
    digitalWrite(left2,LOW);
    analogWrite(right,50);
    digitalWrite(right2,LOW);
}
void stop( )//停止函数
{
    digitalWrite(left,LOW);
    digitalWrite(left2,LOW);
    digitalWrite(right,LOW);
    digitalWrite(right2,LOW);
}
```

2. 手机 App 软件设计

手机端控制软件有 7 个按键，分别为前进、后退、左转、右转、停止、加速、减速，按键时对应发送 1~7 的字符，即按"前进"发送 1，按"后退"发送 2，等等。

遥控小车程序全部按键设置好的窗口如图 3-3-7 所示。

图 3-3-7 遥控小车 App 窗口图

安装与调试

蓝牙遥控智能小车可使用现成的套件组装，蓝牙和电动机驱动也使用成品模块，再用一块小面包板接线，因此安装工作并不复杂。

一、控制电路搭建

在小车底盘上先固定好面包板、L298N 电路模块，再将 Arduino UNO 开发板固定在面包板上，装上电源和开关，如图 3-3-8 所示。

用杜邦线连接各模块和控制器，连接电动机，在电源正极连线中接入电池开关，电池正极和接地都使用面包板做公共接线端。蓝牙小车安装完成后如图 3-3-9 所示。

图 3-3-8　小车模块固定图

图 3-3-9　小车接线完成图

二、下载程序与调试

断开电源，用 USB 线连接计算机下载程序。注意下载程序前要将蓝牙模块断电（拔下电源正极即可），否则可能造成串口冲突而无法下载程序，因为蓝牙通信也使用了 Arduino 的串口。下载完程序后重新接通电源，这时就可以看到小车蓝牙模块的指示灯在闪烁，说明它还没有配对，接下来将其和手机蓝牙进行配对。过程如下：

① 打开手机的蓝牙功能，搜索蓝牙就能找到小车的蓝牙模块，如图 3-3-10 所示。

② 单击找到的蓝牙模块 HC-05 进行配对，如图 3-3-11 所示，配对成功后 HC-05 会出现。

③ 退出蓝牙设置，打开手机端控制 App，单击"选择蓝牙"，在跳出的窗口中选择刚才配对的 HC-05。成功后自动返回主窗口，显示连接成功。如果蓝牙模块连接不上，请检查小车接线有无错误，比如 TXD 和 RXD 有没有接反、连线有没有松动。蓝牙连接成功后，单击"前进""后退""停止"等按键就可以控制小车的运动。

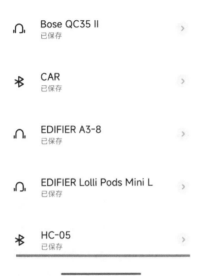

图 3-3-10　手机蓝牙连接搜索界面　　　图 3-3-11　手机蓝牙与小车连接成功图

在控制过程中如果发现小车的动作和操作不一致，说明存在故障或接线错误，常见的故障和解决方法见表 3-3-2。

表 3-3-2　常见的故障和解决方法

序号	故障	解决方法
1	电动机不转	检查电动机和驱动模块的接线是否松动或者有错误
2	按"前进"或"后退"时小车原地打转	一个电动机的接线反了，调换接头即可
3	按"前进"时小车后退，按"后退"时小车前进	两个电动机的连线均接反了，调换每个电动机的接头
4	按"左转"时小车右转，按"右转"时小车左转	两个电动机连线接错，左右调换一下

项目四

Bittle 仿生四足开源机器狗

实训知识储备

Bittle 是由 Petoi 与柴火创客教育合作研发的仿生四足开源机器狗套件，如图 3-4-1 所示，它是一个微型但功能强大的机器人，可以像真实动物一样运动。Bittle 还是一个开放平台，可将多个不同的产品融合到一个有机系统中，通过 Arduino 控制板协调所有的运动形态，通过安装各种传感器以带入感知功能。通过有线/无线连接安装 RPi 或其他 AI 芯片，还可以使 Bittle 成为 AI 机器人。

图 3-4-1　Bittle 仿生四足开源机器狗

一、功能特性

① 高强度注塑成型塑料。高强度注塑成型塑料可为 Bittle 提供最佳保护，防止碰撞和灰尘进入（不防水）。在压力测试中，组装好的机器人可以承受成年人的踩踏而不会损坏任何组件。

② 定制 Arduino 开发板。Bittle 由 NyBoard V1 驱动，NyBoard V1 是具有丰富外设的定制 Arduino 开发板，它充分利用了常规 Arduino UNO 芯片来协调复杂的动作。该板可驱动 16 个 PWM 舵机，并且使用 IMU（惯性测量单元）作为平衡感知。

③ 动态运动与协调。腿式运动赋予 Bittle 在非结构化地形上有更大的自由度。

④ 支持图形化编程和 Arduino IDE。可以在各种编程环境中对 Bittle 进行不同级别的编程，包括用于 C 语言的 Arduino IDE 和用于图形化编程的 Codecraft，是完全开源的。

二、套件清单

Bittle 套件包括塑料主体零件、舵机、7.4 V 可充电锂电池、NyBoard V1 主控板、USB-TTL 编程下载器、Grove 运动传感器、Grove 语音识别传感器、MU 图像识别传感器、Grove 超声波距离传感器、Grove 声音传感器、Grove OLED 显示器等，如图 3-4-2 所示。

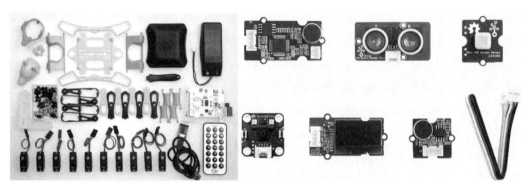

图 3-4-2 Bittle 套件

三、元器件参数

Bittle 套件整体采用防震 ABS 注塑塑料和弹簧式腿部，整体尺寸为 20 cm×11 cm× 15 cm，质量为 290 g，最大负载质量约 300 g，具体元器件参数如表 3-4-1 所示。

表 3-4-1　元器件参数

元器件名称	舵机	电池	主板
具体参数	型号 P1S 电压 8.4 V 工作角度 270° 失速电流 1500 mA 失速扭矩 3.15 kg/cm	2 片锂离子电池模块 电压 7.4 V 电流 5 A 容量 1000 mAh / 7.4 Wh micro USB-A 充电	NyBoard V1_ 1　ATmega328P； 16 MHz，内存 2KB SRAM，32KB flash，1KB 内部 EEPROM + 8KB I2C EEPROM； 4 个 Grove 接口，1 个 UART，1 个 I2C，1 个 SPI

四、硬件介绍

机器人是一种复杂的机电系统，由多个不同的组件共同作用来执行复杂的运动动作，具体如下。

① 主体：可活动的每个关节及关节中的舵机，即肩关节、髋关节和头部平移关节。

② 舵机：可精确地控制机器人旋转到某个角度。舵机与电动马达非常相似，实际上它是一种封装在塑料外壳内的带有控制芯片、电位计和用于降低速度的齿轮的电动马达。

③ 电池：Bittle 使用的电池是锂离子电池，锂离子电池是用于计算机和移动电话的轻型大功率电池。

④ 主板：主板位于顶盖后，其主控芯片 ATmega328P 位于主板背面。在电路板中心的是另一个芯片 PCA9685，它用于控制伺服驱动器。主控芯片可视为大脑，伺服驱动器芯片可视为动物的脊髓，负责运动协调。

⑤ Grove 接口：在主板顶部有 4 个 Grove 接口，包括 2 个数字接口、1 个模拟接口和 1 个 I2C 接口。数字信号只能为 0 或 1，如按钮、巡线传感器、超声波传感器、电磁

铁模块；模拟信号可以是从 0 到主板的工作电压范围的电压信号，如温度感应器、声音感应器、水位传感器、土壤湿度传感器；I2C 接口可将各种 I2C 设备连接到 Bittle，I2C 是串行通信协议，是类似于 USB（代表通用串行总线）的通信方式。由于采用寻址系统，因此多个模块可以并行连接到 I2C 总线，如 I2C 颜色传感器、加速度计、机电检测器。

Grove 接口中有 4 个引脚，2 个用于电源（GND 和 Vcc），2 个用于信号。但是大多数 Grove 模块仅使用一根电线作为信号输入，因此在仅使用一根电线连接的模块中需要选择较高的引脚号。例如，在连接到 Grove 端口 D6-D7 时，应选择 D6 引脚。

⑥ Neopixel RGB LED：主板顶部有 7 个 LED 灯，每个都可以单独寻址，并且可以更改对应的颜色。

📑 实训操作准备

一、硬件准备

① 计算机：可以使用基于 x86 架构或 ARM 架构的计算机，有标准 USB 接口，安装 Arduino IDE 1.8 及以上版本的软件。

② 充电：Bittle 使用的是 2 片 1000 mAh 的锂离子电池（串联），容量约 1000 mAh/7.4 Wh。最大放电电流 5 A，最大充电电流 1 A。充电接口及指示灯如图 3-4-3 所示。

图 3-4-3　充电接口及指示灯

③ 检测电池电压：短按电池上的开关按钮，若电池电量充足，则电池指示灯显示蓝色，15 s 后熄灭；若电池需要充电，则电池指示灯显示红色，15 s 后熄灭。

④ 给电池充电：使用标准 5 V USB 充电器进行充电，连接包装中的 MicroUSB 数据线至电池的 MicroUSB 充电接口。接上充电器时，检测电池电压，LED 为绿色；充电时，LED 为红色；充电完成，LED 变回绿色。

⑤ 启动电源：长按电池上的开关按钮 2 s 以上启动电源。若电池电量充足，则电池指示灯为蓝色且常亮；若电池电量不足，需要充电，则电池指示灯为红色且闪烁。

⑥ 关闭电源：长按电池背面的按钮 2 s 以上，电池指示灯由蓝色熄灭，表示电源

已经关闭。

注：使用 USB 调试 Bittle 时也要打开电池电源，标准 USB 的供电能力不足以驱动 Bittle 工作，还可能会导致计算机 USB 接口上发生电涌，启动 USB 自恢复保险，致使当前 USB 接口无法使用（可以重启计算机恢复）。每次使用 Bittle 前请将电池充满电，较低的电量虽然可以使 Bittle 工作，但较低的电压会使舵机的性能下降。长时间不使用 Bittle 时，请保持电池有电，并贮藏在干燥通风的地方。

二、驱动安装

① 首先下载下方网址中的驱动文件。

Windows：http：//www. wch. cn/download/CH341SER_EXE. html

Mac：http：//www. wch. cn/download/CH341SER_MAC_ZIP. html

② 以 Windows 为例，下载完成后可以得到 "CH341SER. EXE" 文件。

③ 在文件上右击，以管理员权限打开程序。

④ 点击安装，出现 "安装成功" 的提示代表驱动已经安装成功。

三、编程环境

1. Bittle 连接计算机

将 Bittle 放置在平坦的桌面上，沿其中部轻轻抠开卡扣并取下盖子，露出主板。将下载器正面朝上插入接口，注意正反。如图 3-4-4 所示。

图 3-4-4　Bittle 连接计算机示意图

注：① 请勿将 Vcc "5 V" 字样的电源接口插入 GND。

② 请注意下载器的 "TX" "RX" 字样的收发端口的连接顺序，下载器的 "TX" 和 NyBoard 的 "RX" 相接。

③ "DTR" 端口连接重启电路。若未连接，请下载时手动复位。

④ 确定接线无误后，将下载器的 USB 接口同计算机的 USB 接口连接，进行下一步。

2. Arduino 的安装与搭建

① 下载 Arduino。根据计算机系统类型从 Arduino 官网下载对应软件的最新版本，网址为 https://www.arduino.cc/en/Main/Software。

② 连接 Arduino 与 Bittle 的串口。安装完成后，打开 Arduino，在"工具—端口"处可以看到对应的 COM 口。如果计算机有多个 COM 口，请在计算机的设备管理中查看。在 Windows 下，使用设备管理器；在 Linux 或 RPi 下，查看 /dev/ttyUSB 中的接口列表；在 Mac 下，查看/dev 中的接口列表。

③ 连接测试。打开 Bittle 的开关，打开 Arduino 的串口监视器，将波特率改成 115200 [RL1] 后，按下 Bittle 的 Reset 按钮。若能在串口中显示 Bittle test 的代码，则表示连接成功。

④ 选择开发环境。Bittle 是基于标准的 Arduino 开发板设计的，使用 16 MHz 的 ATmega328P（UNO 开发板），打开"工具—开发板"，选择"Arduino AVR Boards"中的"Arduino UNO"即可。至此，Arduino 环境搭建完成。

⑤ 下载 Bittle 的代码用于二次开发。从 GitHub 上下载 OpenCat 代码，网址为 https://github.com/PetoiCamp/OpenCat。最好使用 git clone 来获得全部代码及版本控制功能，否则请确保每次下载时都同步文件夹中的所有内容，因为代码之间是相互关联的；在 ModuleTests 文件夹里有一些 testX.ino 代码，用于测试每个独立的功能模块。例如，可以用最简单的 testBuzzer.ino 作为上传的第一个代码验证连接和设置，并测试蜂鸣器的功能。在开发板选项中选择"Arduino UNO"并编译，点击"上传"可将代码上传到 NyBoard 上，TX 和 RX 会快速闪烁，提示正在通信。上传完成后代码会立刻在板上运行。点击 IDE 右上角的放大镜图标可以打开串口监视器，如果程序有输出就会在这里显示。串口监视器的波特率应该和程序中的串口初始化参数一致。

安装与调试

一、开机与关机

开、关机操作在"实训操作准备"已有详细介绍，此处不再赘述。

二、编程与调试

首次启动时，Bittle 将运行简单的预置程序，可以使用遥控器测试其功能。当上传其他程序代码后，预置程序将被覆盖。Bittle 附带了一个标准的红外遥控器，如图 3-4-5 所示，显示了 Bittle 技能与按键的对应关系。

图 3-4-5　Bittle 遥控器上技能与按键的对应关系

除了遥控器之外，还可以使用任何支持 UART 协议的设备与 Bittle 进行通信并对其进行控制。Bittle 的默认波特率是 115200，其控制命令如图 3-4-6 所示。例如，为了使 Bittle 向前走，可发送"w"。

OpenCat 串口通信协议简介							
接口	令牌	编码	参数		格式	大小	功能
树莓派串口	'h'	Ascii			char	1	指令帮助
	'c'		idx^*, $angle^{**}$	'\n'	string	string+2	校准单个舵机的角度
	'm'		idx^*, $angle^{**}$	'\n'	string	string+2	控制单个舵机的角度
	'j'				char	1	显示全部舵机的角度
	'd'				char	1	关闭全部舵机
	'p'				char	1	暂停动作
	'a'				char	1	放弃校准内容
	's'				char	1	保存校准内容
	'k'		abbreviation	'\n'	string	string+2	读取运动指令
	'w'		command	'\n'	string	string+2	保留
	'r'				char	1	重启主板
	'i'	Binary	idx_1 a_1 $\cdots$ idx_N a_N $\cdots$		string	strlen+2	带索引的舵机角度列表
	'l'		a_1 a_2 $\cdots$ a_{DoF} $\cdots$		string	DoF+2	全部自由度的舵机角度列表

* 索引编号：0~（自由度−1）

** 角度范围：−90~90，匹配 signed char 范围（−128~127）.

图 3-4-6　Bittle 的控制命令

项目五

三相异步电动机正转、反转的 PLC 控制

📑 实训知识储备

一、电气接线图

图 3-5-1 所示为三相异步电动机正转、反转控制的主回路，图 3-5-2 所示为三相异步电动机正转、反转控制的回路接线图。

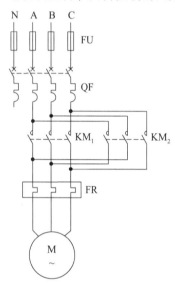

图 3-5-1 三相异步电动机正转、
反转控制的主回路

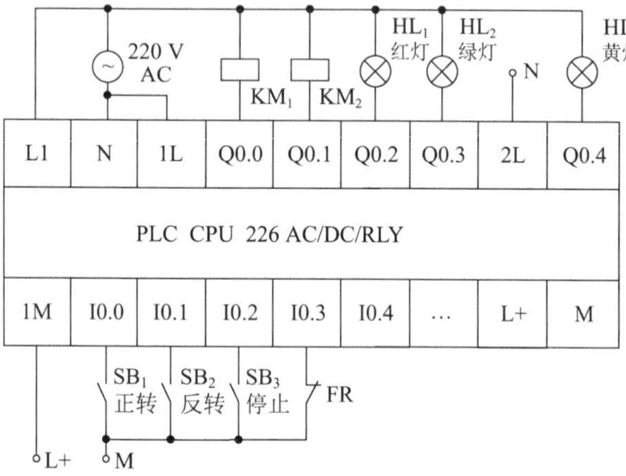

图 3-5-2 三相异步电动机正转、
反转控制的回路接线图

二、三相异步电动机正转、反转运行的工作原理

三相异步电动机的转向由电动机绕组的工作相序决定，三相异步电动机的电气控制主回路中使用了两个交流接触器 KM_1 和 KM_2，当 KM_1 闭合、KM_2 断开时，电动机绕组供电相序为 A、B、C，假设此时电动机为正转；若要实现反转，只需将 KM_1 断开、KM_2 闭合，KM_2 交换了两相相序，使电动机绕组的供电相序发生变化，从而使电动机的转向也发生变化。在电动机正、反转控制中，两组交流接触器的触点严禁同时闭合，一旦同时闭合，电源就会发生短路故障。例如，在电动机由正转工作状态切换到反转工作状态时，必须先断开 KM_1，并且确定 KM_1 可靠断开后才能闭合 KM_2；同样地，在电动机由反转工作状态切换到正转工作状态时，也应先断开 KM_2，并确定 KM_2 断开后再闭合 KM_1。这种保护称为互锁保护，可以通过在 KM_1 线圈控制回路中串接 KM_2 的辅助常闭触点、在 KM_2 线圈控制回路中串接 KM_1 的辅助常闭触点实现。

三、I/O 的分配

依据控制要求，需使用 PLC 的 4 个输入点和 5 个输出点，I/O 的分配如表 3-5-1 所示。

表 3-5-1　I/O 的分配

输入信号			输出信号		
代号	名称	输入继电器	代号	名称	输出继电器
SB₁	正转启动（常开）	I0.0	KM₁	1#交流接触器线圈	Q0.0
SB₂	反转启动（常开）	I0.1	KM₂	2#交流接触器线圈	Q0.1
SB₃	停止按钮（常开）	I0.2	HL₁	红色指示灯	Q0.2
FR	热继电器动断触点	I0.3	HL₂	绿色指示灯	Q0.3
			HL₃	黄色指示灯	Q0.4

实训操作准备

实现三相异步电动机正转、反转的 PLC 控制方案有如下两种。

1. 方案一

方案一的梯形图程序如图 3-5-3 所示。

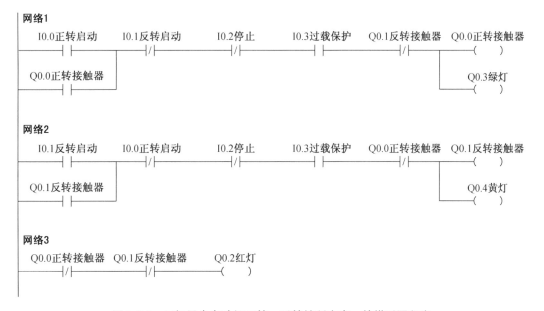

图 3-5-3　三相异步电动机正转、反转控制方案一的梯形图程序

在梯形图中，网络 1 实现正转启动控制、正转停车控制及正转指示灯绿灯的控制。按下正转启动按钮 SB₁，I0.0 接通使 Q0.0 和 Q0.3 得电并保持，Q0.0 驱动交流接触器线圈 KM₁ 使得电动机正转运行，Q0.3 得电驱动正转指示灯绿灯亮；按下停止按钮 SB₃，Q0.0 和 Q0.3 断电，电动机停止运转。网络 1 第一行串联的 I0.1 常闭触点的功能是按钮互锁，实现当按下反转启动按钮时切断正转 Q0.0 的得电。网络 1 第一行串联的 Q0.1 常闭触点类似于继电器接触器电路中的电气互锁，实现 Q0.0 和 Q0.1 不能同时得电。网络 2 实现反转启动控制、反转停车控制及反转指示灯黄灯的控制，其工作原理与网络 1 类似。网络 3 实现电动机停止运转指示灯红灯的控制，当 KM₁ 和 KM₂ 都断开时，电动机停止

运转，因而红灯的控制使用 Q0.0 和 Q0.1 的常闭触点的串联来完成，当 Q0.0 和 Q0.1 都断电时，Q0.0 和 Q0.1 的常闭触点闭合使得 Q0.2 得电，红色指示灯亮。

注：虽然梯形图程序中网络 1、网络 2 使用了 Q0.0 和 Q0.1 软继电器的互锁触点，但在外部硬件 PLC 输出控制电路中还必须使用 KM$_1$ 和 KM$_2$ 的硬件常闭触点进行互锁，原因是 PLC 执行程序的循环扫描周期的输出处理时间远小于外部硬件触点的动作时间，比如在电动机正转时按下反转启动按钮，反转启动按钮虽然使 Q0.0 立即断开，但 Q0.0 驱动的 KM$_1$ 的交流接触器的触点尚未断开或由于断开时存在电弧，若没有外部硬件互锁，因反转启动按钮操作后也立即使 Q0.1 得电，KM$_2$ 的触点接通，则引起主电路短路。因此为避免接触器 KM$_1$ 和 KM$_2$ 的主触点同时闭合引起主电路短路，必须采用软硬件双重互锁，以提高控制系统的可靠性。

2. 方案二

方案二的梯形图程序如图 3-5-4 所示。

PLC 采用周期性循环扫描的工作方式，在一个扫描周期中，输出、刷新集中进行，即所有输出点的状态变换同时进行。当电动机由正转切换到反转时，Q0.0 断电和 Q0.1 得电同时进行，从而使 KM$_1$ 的断电和 KM$_2$ 的得电同时进行。在功率较大且为电感性负载的应用场合，有可能出现 KM$_1$ 断开但电弧尚未熄灭时 KM$_2$ 的触点就已闭合的情况，这会使电源相间瞬时短路。本方案中使用了定时器延时，使正、反转切换时被切断的接触器瞬时动作，被接通的接触器延时一段时间动作，从而避免了两个接触器同时切换造成的相间短路，提高了软件互锁的可靠性。

整个梯形图程序由 5 个网络构成：网络 1 实现正转启动、保持、停止及正转指示灯控制；网络 2 实现反转启动、保持、停止及反转指示灯控制；网络 3 是正转启动延时；网络 4 是反转启动延时；网络 5 是电动机停止运转指示灯红灯的控制网络。当按下正转启动按钮时，输入采样 I0.0 状态为 1，网络 2 中 I0.0 常闭触点将切断 Q0.1 的得电回路，使 Q0.1 断电，网络 3 中 I0.0 常开触点闭合使定时器 T37 定时 200 ms，定时时间到后，T37 状态位为 1，网络 1 中的 T37 常开触点启动正转。按下反转启动按钮时，也是同样的工作过程。由此可见，程序实现正、反转切换时被切断的接触器瞬时动作，被接通的接触器延时一段时间动作，但当电动机处于静止状态时，不论按下正转启动按钮还是反转启动按钮，电动机都不能马上启动运行，需要延时后才能启动，这是本方案的弊端。网络 3 正转启动延时保持回路使用了 M0.0 常开触点和 Q0.0 常闭触点的串联，Q0.0 常闭触点的使用实现了当电动机处于正转运转状态时操作正转启动按钮，网络 3 将不会正转启动延时，从而网络 1 也不会再次启动正转。

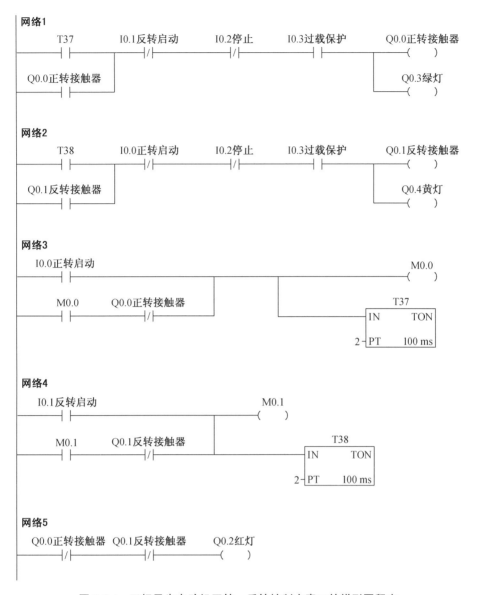

图 3-5-4　三相异步电动机正转、反转控制方案二的梯形图程序

安装与调试

一、连接三相异步电动机正转、反转控制的主回路

按图 3-5-1 所示连接三相异步电动机正转、反转控制的主回路。主回路 A、B、C 三相电从实训设备一次动力电源处获取。从一次动力电源板输出黄、绿、红端子处引线出来与 1#交流接触器主回路触点上桩头黄、绿、红端子相接；1#交流接触器主回路触点下桩头黄、绿、红端子引线与热继电器板 1#热继电器主接点上桩头黄、绿、红端子分别连接；1#热继电器主接点下桩头黄、绿、红端子分别与电动机端子 D1、D3、D5

连接，三相异步电动机端子按三角形接法处理，D1、D6 短接，D2、D3 短接，D4、D5 短接；2#交流接触器主回路触点上桩头黄、绿、红端子与一次动力电源板输出黄、绿、红端子分别连接，2#交流接触器主回路触点下桩头绿、黄、红端子分别与 1#交流接触器主回路触点下桩头黄、绿、红端子相连。

二、连接三相异步电动机正转、反转 PLC 控制电路

按图 3-5-2 所示连接三相异步电动机正转、反转 PLC 控制电路。PLC 控制电路接线按照先接 PLC 供电电源，再接 PLC 输入点，最后接 PLC 输出点的步骤进行。

三、通电调试

（1）检查接线是否有错误。

（2）将两种方案的梯形图程序编写到计算机。

（3）下载、调试不同方案的程序。

（4）在确认接线无误的情况下，合上实训台总电源后，确认 PLC 的供电电源，观察 PLC 的工作情况，PLC 工作正常后下载程序。程序下载成功后，设置程序运行后调试程序，程序初始运行状态是电动机停止运转的工作状态，此时红色指示灯亮；按下正转启动按钮，绿色指示灯亮，KM1 交流接触器动作；按下反转启动按钮，黄色指示灯亮，KM2 交流接触器动作；按下停止按钮，电动机停止运转，红色指示灯亮。

四、注意事项

（1）合上实训台总电源前务必检查接线，确保接线无误。

（2）PLC 程序下载前应确认 PLC 的供电电源已接到二次操作电源面板上的 A、N 接线端子。

（3）调试时要先调试控制电路及程序，控制现象正确后再接通主电路的三相电，以调试主电路的工作。